移动应用开发技术丛书

Kotlin
移动应用开发

[德] 彼得·佐默霍夫（Peter Sommerhoff）著
陈洋 王亚鑫 康颢曦 译

Kotlin
for Android App
Development

图书在版编目（CIP）数据

Kotlin 移动应用开发 /（德）彼得 · 佐默霍夫（Peter Sommerhoff）著；陈洋，王亚鑫，康颢曦译 . —北京：机械工业出版社，2020.4
（移动应用开发技术丛书）
书名原文：Kotlin for Android App Development

ISBN 978-7-111-65093-5

I. K… II. ① 彼… ② 陈… ③ 王… ④ 康… III. 移动终端 - 应用程序 - 程序设计 IV. TN929.53

中国版本图书馆 CIP 数据核字（2020）第 044503 号

本书版权登记号：图字 01-2019-2156

Kotlin 移动应用开发

出版发行：机械工业出版社（北京市西城区百万庄大街 22 号 邮政编码：100037）

责任编辑：赵 静　　责任校对：殷 虹

印 刷：中国电影出版社印刷厂　　版 次：2020 年 5 月第 1 版第 1 次印刷

开 本：186mm × 240mm 1/16　　印 张：21.75

书 号：ISBN 978-7-111-65093-5　　定 价：99.00 元

客服电话：（010）88361066 88379833 68326294　　投稿热线：（010）88379604

华章网站：www.hzbook.com　　读者信箱：hzit@hzbook.com

The Translators' Words 译者序

自2017年Kotlin被Google宣布为Android官方开发语言以来，虽然很多国内开发者通过各种渠道听说了用Kotlin进行Android开发的方便性，却迟迟不敢在自己或公司的项目中使用。他们或许觉得Kotlin的学习成本太高，或许害怕Kotlin会和现有的Android生态不兼容，等等。

在Kotlin发布后，我们就开始在各大生产项目中使用Kotlin进行Android项目的开发，并从开发中深深感受到了Kotlin带来的生产效率的提高和它强大的兼容性。所以，我们迫不及待地想要把Kotlin介绍给大家，希望大家都能通过使用Kotlin来体验生产力提高所带来的酣畅淋漓的感觉。

正当我们为如何把Kotlin推荐给大家而踌躇时，十分有幸得到了翻译本书的机会。我们希望能够通过这次机会向国内广大的Android开发者介绍Kotlin这门语言，也希望大家能够理解这门语言，爱上这门语言，最后在项目中使用这门语言，并享受它带来的便利。

作者在本书中通过大量的代码对Kotlin进行了深入浅出的讲解，并通过两个Android应用程序来一步步指导读者进行实践。作者还将Kotlin与Java的实现和使用方式进行了大量对比，介绍了许多实践时非常有用的小技巧。因此，本书对于初学者来说是非常容易阅读且上手实践的。希望每个读者都能通过阅读本书打消对Kotlin的顾虑，并完完全全地掌握这门语言，然后成为团队中Kotlin的推动者，让广大的Android开发者都能够了解并使用这门语言。

我们深知一本好的Kotlin书籍对于希望学习这门语言的读者来说是多么重要，也深感翻译本书的责任之重大，所以在翻译过程中一刻也不敢怠慢。我们查阅了大量关于Kotlin的资料来完善翻译细节，斟酌每一个单词，尽量做到将原文准确、清晰地翻译成中文。为了能尽快将本书翻译完成并呈现在广大读者面前，我们热情高涨地投入了几乎全部的业余时间。因此，我们要感谢家人们对翻译工作的大力支持，感谢在翻译工作中给予我们帮助的朋友，感谢本书编辑们的默默付出。

由于译者水平所限，书中难免出现疏漏之处，敬请读者不吝指正。

陈洋　王亚鑫　康颢曦
于西安

序 Foreword

“语言的局限意味着我的世界的局限。”这句话可以追溯到生于奥地利的英国哲学家 Ludwig Wittgenstein。随着现代数字化的所有领域对新软件需求的稳步增长，软件开发人员的开发效率变得越来越重要。一个重要的先决条件是选择最适合解决相关问题的编程语言。

十几年来，Java 仍然是各个领域的主导语言。它之所以如此成功，最初是因为它的程序可以通过互联网下载，并在客户的计算机上以安全沙箱的形式执行，后来又因为虚拟机（VM）的存在允许开发人员从不断变化的令人烦恼的技术细节中抽离出来。此外，类型安全是该语言的核心，且由 VM 强制执行。目前，下一代语言就是在这些成就的基础上发展起来的。

Kotlin 是这些下一代语言中最杰出的语言之一。至少在某些领域，该语言本身极有可能成为未来 10 年最重要的语言之一。这有很多原因，既有技术上的原因，也有与市场相关的原因。

Kotlin 之所以能够在现有的年轻编程语言中脱颖而出，是因为它的受欢迎程度迅速增长，尤其是在 2017 年 5 月成为谷歌支持的 Android 应用程序开发的官方语言之后。这给了 Kotlin 一个巨大的推动力，也是各种计算机科学课程开始从目前使用 Java 转向更优雅的 Kotlin 的原因。

Kotlin 提供了一个强大的工具集，因此能够快速地开发工业规模的软件。此外，因为其基于 Java VM，所以可以在各种系统上轻松地执行。Kotlin 也与 Java 兼容，可以重用各种 Java 库，而这种库的即时可用性是一种新语言成功的关键。

最重要的是，Kotlin 也是一种强类型语言，为面向对象和高阶函数编程提供了有效的语言构造。一个强类型系统使开发人员能够自动防止许多单调乏味的错误。因为类型系统从一开始就指导我们正确地使用 API，包括编辑器中的自动完成、对文档的快速访问、有效的代码导航和复杂的代码重构。但 Kotlin 也以各种方式放松了这种类型系统的限制，以允许高效地开发。例如，它沿着继承层次结构提供了一个类型安全的向下强制转换。最好的集成概念之一是对象类型的定义不包括 null，如果需要，则要显式地添加 null 值，类似使用可选类型。

Kotlin 还为高阶函数提供了各种语言支持，从而允许将系统的某些部分切换到函数式编程风格。集成面向对象和函数式风格为我们提供了一种强大而有效的可编程语言——为了能够确保正确地使用这些风格，掌握这两种风格是很重要的。

在本书中，Peter Sommerhoff 采用了一种实用的方式，即通过大量代码清单来讲解 Kotlin，展示其语言特性，并一步一步地指导读者开发两个 Android 应用程序。本书涵盖了 Kotlin 本身以及如何在 Android 上使用它，Peter 找到了一个很好的平衡点，哪些是必要的，哪些可以留给读者以后掌握。因此，本书是一个开始 Kotlin 编程的有效且易于理解的开端。

敬请享受本书吧！

Bernhard Rumpe

2018 年 8 月于德国亚琛

前　言 Preface

读者对象

本书适合所有具有一年以上编程经验的读者，并且试图为读者描绘出这门编程语言的基本结构。阅读本书之前，你并不需要具备任何 Kotlin 或 Java 的经验。如果你已经具备一些 Android 的基础知识，这将会对阅读和完成本书的练习部分非常有用，但这些知识并不是必需的。

同样，本书假设你已经了解了一些基本的软件开发专业术语。如果你在阅读本书内容时遇到不熟悉的专业术语，可以查阅书后的术语表。

简而言之，本书适合以下任何一种类型的读者。

- 具有一年以上编程经验。
- Java 或者 Android 开发人员。
- 想使用 Kotlin 开发 Android 应用的程序员。
- 在大学学习过编程导论课程的人员。

然而，本书面向的读者并不仅限于以上列出的类型。最重要的是你非常渴望学习 Kotlin，并且希望通过使用这门编程语言开发 Android 应用来加以实践。

本书结构

本书一开始将从细节入手教会你 Kotlin 的所有基本语言特性，接着介绍在 Android 环境下使用 Kotlin。虽然本书会全面介绍 Kotlin，但并不意味着这是一本语言参考书，相反，本书是一本侧重于读者亲自动手练习的实战书籍。

第一部分介绍 Kotlin 编程语言。

- 第 1 章对 Kotlin 进行概述并介绍为什么要学习这门语言。
- 第 2 章介绍基本的语言结构，例如，控制流、函数和异常。同时着重介绍了 Kotlin 的底层原理以及这些原理如何反映在该语言的设计上。

- 第 3 章展示 Kotlin 如何引入函数式编程概念，如何使用函数式编程，以及函数式编程的优点。
- 第 4 章介绍在 Kotlin 中如何处理面向对象，以及 Kotlin 提供的能写出可复用且简洁代码的有趣特性。并且再次强调了所选择的语言设计策略。
- 第 5 章讨论常见问题、解决办法以及与 Java 互操作方面的最佳实践。
- 第 6 章涵盖以协程为主要内容的并发性，以及 Kotlin 如何对异步及并发编程进行处理。

第二部分通过完成两个 Android 应用实践第一部分学到的知识。

- 第 7 章将使用 Kotlin 并遵循最佳实践来完成一个待办事项的应用。例如，使用 Android 的架构组件（Architecture Component）、回收视图（RecyclerView）以及协程（Coroutine）。
- 第 8 章将指导你通过完成一个较为复杂的应用来为使用者提供营养数据。这些数据来自一个第三方的 API，并通过映射到内部的数据展示给用户。这个应用引入了很多 Android 中常用的工具和最佳实践，例如使用 Retrofit 来进行网络请求，将应用拆分为多个 Fragment，并且使用一个数据仓库作为单一的真实数据来源。
- 第 9 章涵盖如何简洁地综合使用 Kotlin 的语言特性来创建简单的领域特定语言。这些领域特定语言能够增强代码的可读性和可靠性。
- 第 10 章为 Java 迁移到 Kotlin 提供指导，包括如何评估使用 Kotlin 是否合适、常见障碍以及帮助公司成功使用 Kotlin 的实践。

如何使用本书

除非你已经深刻地理解了 Kotlin，否则你应该先学习第一部分，然后再去尝试完成第二部分中的应用。第 5 章讲述了如何与 Java 互操作，你可以选择跳过这一章，但是阅读这部分内容有助于你理解在底层发生了什么以及 Kotlin 如何编译成 Java 字节码。当然，即便你已经了解了 Kotlin，但如果不熟悉协程，你肯定想要阅读第 6 章的内容。

在第二部分中，可以跳过第 9 章，这一章包含领域特定语言，它并不是阅读其他章节的前提条件。但是 DSL 是一种非常流行的 Kotlin 特性，它可以改善你的代码，而且它很好地概括了第 1 章中介绍过的有趣的语言特性。最后，如果你对如何将现有应用移植到 Kotlin 或者在工作中如何使用 Kotlin 不感兴趣，可以跳过第 10 章。

本书中所有相关资源、更新和新闻，请访问网站 https://kotlinandroidbook.com。

这个网站提供了你在本书中所使用到的全部代码，并列出了所有相关的资源和 GitHub 仓库，以及本书的任何更新和勘误。简言之，它是你阅读本书和在工作中付诸实践的伴侣。本书的主 GitHub 仓库地址为：github.com/petersommerhoff/kotlin-for-android-app-development。

书中约定

本书遵循了如下几个约定。

- 除非另有说明，否则本书中的所有代码清单都假定它们作为 Kotlin 脚本文件（扩展名为 .kts）运行，因此不使用 main 函数。第 7 章和第 8 章除外，因为它们的代码运行在 Android 上。
- 在第一部分中，标记为“在 Java 中需注意”的内容是为 Java 开发人员准备的。该内容通常会将一个概念与其对应的 Java 概念进行比较。如果不了解 Java，则可以放心地忽略这些内容。
- 我的目标是准确一致地使用本书中的所有术语。如果你对一个术语不理解，可以在术语表中进行查找。

致谢

本书有着各种不同的审校者，从学生到教授，从编程初学者到高级开发人员和技术领导人。他们能够从不同的角度来提供反馈，对此我感到非常幸运。

首先，我要感谢亚琛工业大学软件工程学院的 Bernhard Rumpe 教授，在我创作本书的过程中，他一直在给予我充分的支持。我还要感谢研究助理 Katrin Hölldobler，她负责的几个章节的手稿都为我提供了非常有价值的反馈。

由于本书的实践部分涵盖了 Android 应用程序开发，我也很高兴能够与三位 Android 开发人员合作，他们对本书进行了审校。特别感谢 Globant 公司的软件架构师 Miguel Castiblanco 和 Uber 的技术主管 Ty Smith，他们详细的注释不仅帮助我改进了 Android 开发部分，还帮助我完善了本书的其余部分。我还要感谢 PAX 实验室的高级 Android 工程师 Amanda Hill 对本书几个章节的反馈，这些反馈帮助我进一步完善了草稿。

本书的大部分内容都在介绍 Kotlin 编程语言本身，我很幸运地让 JetBrains 的两名员工也阅读了部分内容。首先，我要感谢 JetBrains 的开发人员 Hadi Hariri，他审阅了本书大纲的早期版本。其次，感谢 JetBrains 的 Kotlin 库团队负责人 Roman Elizarov，他审阅了第 6 章，其中包括并发性和 Kotlin 协程的内容。

最后，我要感谢我的爱人 Yifan，她对第一部分持续的支持和详细的反馈，帮助我大大提高了这部分内容的可读性和可理解性。

关于作者

Peter Sommerhoff 是一名热爱教学的软件开发人员，也是一名在线教师和 CodeAlong.TV（https://www.codealong.tv）的创始人。在这个网站，他向全球各地的学生讲授软件开发和设计知识。Kotlin 是他在 2016 年讲授的第一个主题。现在，他正在为 35 000 多名积极进取的学生提供各种主题的在线课程和现场培训。

Peter 拥有德国亚琛工业大学计算机科学硕士学位，除了学习和教学之外，他还喜欢骑自行车旅行和打羽毛球，喜欢为朋友和家人做饭。

你可以在 Twitter（https://twitter.com/petersommerhoff）和 YouTube（https://www.youtube.com/c/Petersommerhoff）上关注他，他在上面分享的教育内容能帮助你成为更好的软件开发人员。

目　录 *Contents*

第二部分　使用 Kotlin 进行 Android 开发

第 7 章　使用 Kotlin 进行 Android 应用程序开发：Kudoo App …188

第 8 章　使用 Kotlin 进行 Android 应用程序开发：Nutrilicious …221

第 9 章　Kotlin DSL …289

第一部分 Part 1

学习 Kotlin

Chapter 1 第1章

Kotlin简介

成功的秘诀就是开始行动。

——马克·吐温

本章将简要介绍Kotlin的语法、Kotlin的构建原理、Kotlin相较于Java的优点，并会重点介绍使用Kotlin进行Android应用开发。同时还会介绍Kotlin语言的生态系统、相关社区以及在线学习资源。

1.1 Kotlin是什么

Kotlin是一门开源免费的静态类型编程语言。Kotlin代码可以编译成Java字节码，因此可以在Java虚拟机（JVM）和Android[一]系统上运行。此外，Kotlin代码还可以编译成JavaScript[二]，甚至还可以在嵌入式设备和iOS[三]设备上运行。Kotlin的宏伟目标是能够针对这些不同的平台使用同一种语言，并且能够在这些平台设备上共享部分代码。本书的内容主要针对能够编译为Java字节码的Kotlin，且主要面向Android系统。

Kotlin是由捷克软件工具公司JetBrains[四]开发的，该公司的产品有IntelliJ集成开发环境（IDE）等软件。Kotlin能够和Java相互操作，这意味着Kotlin代码能够调用任何Java类和第三方库，反之亦然。虽然Kotlin和Java在很多方面都很相似，但是Kotlin语言更加简洁，并且借鉴了Java从1996年第1版发布以来所积累的软件开发和编程设计的专业

[一] https://developer.android.com/。

[二] https://developer.mozilla.org/en-US/docs/Web/javascript/。

[三] https://developer.apple.com/ios/。

[四] https://www.jetbrains.com/。

经验。例如，强制的（checked）异常检查机制在大规模的软件开发中会有明显的缺陷（而Kotlin 提供了非强制的（unchecked）异常检查），Java 代码会有很多类似模板的重复代码（而 Kotlin 更加简洁，能够避免存在模板代码），Java 代码中的继承会导致耦合度较高（而Kotlin 类在默认情况下是不可继承的）。总之，Kotlin 是一门全新的语言，没有太多的遗留问题，这使得它从一开始就是一门融合了最佳实践的简洁语言。

1.2　Kotlin 的目标和语言特性

Kotlin 的主要目标是提供一种实用、简洁、互操作性好且安全的编程语言。

- **实用**：Kotlin 是为开发企业级应用而生的，旨在解决大规模软件开发过程中的常见问题并根据行业反馈不断地进行改进。
- **简洁**：Kotlin 支持类型推断、数据类和 Lambda 表达式等，使代码更加简洁。简洁的代码可以极大地提高代码的可读性和可维护性，毕竟阅读代码的频率要远高于编写代码的频率。
- **互操作性**：为了能够在使用 Java 的任何地方都能使用 Kotlin，互操作性是非常必要的。这包括 Android 开发、服务器端代码、后端开发和桌面应用开发。同时，Kotlin 也大量重用和扩展了 Java 标准库，例如 Collection 应用程序编程接口（API）[一]。类似的互操作性也同样存在于 JavaScript 与 Kotlin 之间。
- **安全**：Kotlin 通过其自身的语言设计能够防止许多软件开发错误。这一目标是通过强制执行一系列的最佳实践而实现的。例如，能够被继承的类需要显式声明，并提供空安全处理方法。在 Kotlin 中，任何一种类型都需要显式地指定为可空，否则默认不能为空。这种方式能极大地帮助开发者避免空指针异常（NullPointerException）。当与 Java 进行互操作时尤其要注意避免这种空指针异常。

Kotlin 与许多其他现代的 JVM 语言（例如 Scala[二]、Ceylon[三]和 Clojure[四]）最大的不同是它更加注重面向企业级应用，而不仅仅停留于纸上谈兵。Kotlin 由 JetBrains 维护和开发，而JetBrains 本身也大量使用 Kotlin 来开发他们的很多 IDE 和其他软件工具产品。

此外，与 Scala 等同类语言相比我们会发现，Kotlin 因自身存在的众多约束而变得更加轻量。原因在于：首先，约束提高了可修补性，因为编译器、IDE 和其他软件工具都只需要支持很少的语言概念；其次，约束使语言更为简单，这提高了代码的易用性和可读性；最后，约束限制了解决问题的途径，从而使如何解决问题变得更加清晰。

㊀ API 是一组定义良好且可以复用的接口。

㊁ https://scala-lang.org/。

㊂ https://www.ceylon-lang.org/。

㊃ https://clojure.org/。

1.3 为什么在 Android 系统开发中使用 Kotlin

在 2017 年度的谷歌 I/O 开发者大会上，谷歌[1]官方宣布支持 Kotlin 语言，将它作为 Android 应用开发的语言之一，与 Java、C++ 一样。谷歌做出这一决定的动机无疑与甲骨文公司关于 Java API 的专利诉讼有关，但本节的重点还是回归到“从语言的角度来看，为什么 Kotlin 可能比 Java 更好”的问题上来。

Kotlin 之所以可以成为一种可行的编写 Android 应用的语言，是因为它不仅可以在 JVM 上运行，而且完全兼容了 Java 6。同时，又因为它与 Java 有很多相似之处，Android 开发人员不论是学习 Kotlin 的语法，还是理解其语义都会很快。这不仅意味着从 Java 转换为 Kotlin 所需的成本相对更低，也意味着语言转换所带来的风险更小。从性能方面考虑，用 Kotlin 取代 Java 并不会产生额外的开销，Kotlin 经编译产生的字节码与 Java 字节码在执行速度方面同样快，而且 Kotlin 运行时的内存占比相当小，它不会使应用程序变笨重。

1.3.1 Android 中的 Java

为了理解 Kotlin 是如何融入 Java 与 Android 的生态系统的，首先我们简要回顾一下使用 Java 开发 Android 应用的前世与今生。当然，这里仍会有重点，即对与当前 Android 版本相关的 Java 6 及以上的版本进行回顾。

Java 6 支持很多从 Java 5 继承而来的重要语言特性，包括泛型、枚举类型、注解、可变参数、for-each 循环，以及静态导入。另外，Java 6 本身也在核心平台、编译器和同步代码方面增添了显著的性能提升。一般而言，每种语言更新都会伴随着更高的性能，更健壮的核心平台，以及更丰富的语法增强。因此，使用更新版的 Java 语言通常可以提高生产效率，让开发人员写出更为简洁且容易维护的代码。不幸的是，在编写本书时，大多数 Android 开发人员遇到了一种罕见的情况，使他们仍然不得不依赖 Java 7，即目标平台（本例中指 Android 设备）与所需的 Java 版本不兼容。

如今，如果 Android 开发人员想要使其应用支持至少 96% 的 Android 设备，那么需要使用 Android 4.4 (API level 19) 版本；如果想要使其应用的支持率提升到 98%，那么必须使用 Android 4.2(API level 17) 版本；如果想要支持 100% 的 Android 设备，那么必须使用 Android 2.3.3 (API level 10) 版本。可以从 Android 的发布网站[2]上查看最新的相关数据。

在任何一台运行 Android 4.4 及以下版本的设备上，Android 应用都是在 Dalvik 虚拟机中运行的，Dalvik 虚拟机也是操作系统的一部分。在 Android 设备上，Java 字节码不会直接执行，而是首先转换成 Dalvik 可执行文件。但在 Android 4.4 版本之后，Dalvik 已经被 Android 运行时（ART）所取代，且在 Android 5.0 及更高的版本中，只包含运行时。除了运行时之外，可用的 Java 特性还取决于使用的工具链。例如，Android Studio 3.1 中取代 DX

[1] https://www.google.com/intl/en_de/about/。

[2] https://developer.android.com/about/dashboards/。

的 D8 dexer 允许你使用一些 Java 8 特性，比如 Lambda 表达式。也正是由于上述的两个原因（运行时和工具链），使得没有从 Android 版本到支持的 Java 版本的直接映射。因此，每种语言都可能被 ART 与工具链支持，也有可能不被它们支持。随着时间的推移，更多的 Java 语言特性将被整合到 Android 中，但是有很大的延迟。而使用 Kotlin，你甚至可以拥有 Java 8 之外的语言特性。

1.3.2　Android 中的 Kotlin

如今，开发 Android 应用程序时，大部分情况是与 Java 7 绑定的。在 Android Studio 3.0 及更高版本中，Java 7 的所有特性和 Java 8 的几个特性（最突出的是 Lambda 表达式、方法引用和默认接口方法）都可用于所有 API 级别。但是，想要支持的设备越多，可用的语言特性就越少，编写可维护的高质量代码就越困难。此外，我们必须一直等待 Android 支持新的 Java 特性。例如，在编写本书时，Java 8 特性 Streams 只在 API 级别 24 及以上才工作，而 Kotlin 的等效序列则与 API 级别无关，始终可以工作。

使用 Kotlin，无须与任何 Java 版本绑定，同时你仍然可以使用开发人员梦寐以求的所有 Java 8 特性，甚至更多。使用高阶函数和 Lambda 表达式的函数式编程从一开始就被 Kotlin 支持。这让 Kotlin 与 Java 相比，在语法设计上拥有更多的优势。在 Kotlin 中，为集合与 I/O 操作提供的强大的 API 取代了在 Java 中做同样事情的 Streams，另外，Kotlin 也同样拥有默认接口方法。

1.4　Kotlin 与 Java 8

Java 8 作为 Java 的一次重大更新，改变了开发人员编写代码的方式，这种改变并非在 Java 每次发布新版本时都会发生。例如，Java 9 主要改变了开发人员打包和部署代码的方式（由于模块系统的原因），但并没有改变他们思考问题和编写代码的方式。正如之前讨论的语言概念，Kotlin 有几个有用的语言特性，而 Java 8 甚至 Java 9、10 或 11 都没有提供这些特性。这些特性包括：使 Null 更安全的可空类型，全面的类型推断，扩展函数，智能类型转换，命名参数和默认参数等。大多数新特性都可以使代码在更加简洁的同时也更具可读性。类似这些的新特性将在本书的第一部分中进行详细介绍。

使用 Kotlin，除了 Java 标准库之外，还可以使用一个强大的标准库。Kotlin 标准库包含许多函数式风格的方法可用来处理集合和 I/O 流，许多有用的预定义扩展函数，以及各种第三方库来简化 JavaFX[1]、Android[2]、数据库[3]的处理等。在本书中，将介绍如何使用 Anko 库开发 Android 应用程序。

---

[1] TornadoFX, https://github.com/edvin/tornadofx。

[2] Anko, https://github.com/Kotlin/anko。

[3] Exposed, https://github.com/JetBrains/Exposed。

1.5 支持的工具与社区

从根本上讲，Kotlin 的设计底层被高度可工具化。例如，静态类型支持复杂的重构、编译时校验，以及自动完成建议。考虑到 JetBrains 是一家软件工具开发商，Kotlin 的工具性能不被视为次要因素就不会让人感到意外了。支持 Kotlin 的 IDE 包括 IntelliJ IDEA、Android Studio、Eclipse 和 NetBeans。在使用上述 IDE 编写 Kotlin 代码时，这些工具会给出更好且更符合 Kotlin 语言习惯的重写建议，促使开发人员更快地适应 Kotlin 的语言风格。

在过去的几十年中，有无数为 Java 开发的工具、库和框架，但并不代表它们都能与 Kotlin 一起顺利地工作，比如静态分析工具和 linter、构建工具 Buck[一]或 mock 库 Mockito[二]。幸运的是，大多数现有的工具和库都可以与 Kotlin 一起顺利工作，例如 Gradle[三]、Retrofit[四]和 Android 架构组件。特别是在 Android 上，谷歌正在发布为 Kotlin 量身制定的 API，比如 Android KTX[五]，它能帮助开发人员更有效地编写代码。

围绕 Kotlin 有一个活跃的社区，该社区致力于通过不同的渠道为 Kotlin 团队收集反馈，从而帮助团队塑造 Kotlin 语言演进的方式。Slack 有非常活跃的讨论频道[六]，是开发者在学习 Kotlin 时提出问题的好地方。此外，还有一个论坛[七]，经常以深度讨论为特色，内容有关语言设计决策和 Kotlin 的未来演进方向。除此之外，Reddit 还有一个专门针对 Kotlin 的讨论区[八]，以及各种关于这种语言的讨论。所有社区资源的概括均可在 Kotlin 官网[九]上找到。

1.6 商业角度

让开发人员容易地从 Java 切换到 Kotlin，这一目标对于 Kotlin 而言一直都是很重要的，因为 Kotlin 的目的是——能运行 Java 的地方就能运行 Kotlin。事实上，对于正在使用 Java 或相似语言的开发人员而言，学习 Kotlin 所需的精力是相当低的，因为很多语言的概念非常相近，例如类、接口，以及泛型。但是，对于一些正在使用没有函数式编程特性语言的开发人员来说，一些语言概念可能就不是那么熟悉了，例如 Lambda 表达式和流操作。还有一些语言概念对于大部分语言都没有涉及过，例如非空类型和扩展函数。

这些与之前所使用的语言之间的差别便是采用一门新语言会带来一定风险的常见原因之一。因此，我们不得不在真正享受新语言、新特性带来的生产效率提升的效果之前，先

㊀ https://buckbuild.com/。
㊁ https://site.mockito.org/。
㊂ https://gradle.org/。
㊃ http://square.github.io/retrofit/。
㊄ https://developer.android.com/kotlin/ktx。
㊅ http://slack.kotlinlang.org/。
㊆ https://discuss.kotlinlang.org。
㊇ https://www.reddit.com/r/Kotlin/。
㊈ https://kotlinlang.org/community/。

预期会有一个过渡期，在此期间生产效率会有所下降，并且企业还必须为开发人员所需的相关培训提供时间与资源。

另外，在项目上采用新语言这件事本身就很难逆转。如果决定在旗舰产品中，将几个 Java 文件转换为使用 Kotlin 编写，并且在其中做一些改动，那么如果想将这些文件再转换回 Java 语言时，就需要花些时间在反编译之后重构了。因此，明智的做法是，在一些不关键的测试环境或一个自定义项目上尝试使用 Kotlin，使自己熟悉语法和相关工具，这样就可以规避一些不必要的风险了。第 10 章将详细讨论迁移到 Kotlin 的最佳实践。

Kotlin 的开发工具包括 IntelliJ IDEA 和 Android Studio，这些 IDE 可以安装 Kotlin 插件，Kotlin 插件会附带一个 Java-to-Kotlin 转换器，这个转换器有两个作用：第一，帮助开发人员更快地将 Java 代码转换为 Kotlin 代码。但是，自动转换生成的代码自然无法避免一些错误和阅读时的机械感，因此就需要后续大量的人工更改工作，使代码变得更加清晰、可读。第二，转换器可用于学习 Kotlin 语法。因为开发人员可以理解他们的 Java 代码，这样就可以与转换器生成的 Kotlin 代码进行比较、对照，从而了解语言概念和语言元素的差别所在。这也是 Java 开发人员可以相对更快地学习 Kotlin 的原因。但是别忘了，切换语言时，为了防止意外可以备份原始的 Java 文件。

由于 Kotlin 语言通过设计实现了许多最佳实践，并且可以让开发人员以更少的代码表达更多的内容，因此，一旦开发人员熟悉 Kotlin 语言之后，工作效率就会得到显著提升。例如，正确使用可空类型可以避免空指针异常，从而提升代码的健壮性。同样，在 Kotlin 中，类之间的继承关系是默认关闭的，因此，只有在显式设计中明确允许继承，它才会生效。总而言之，Kotlin 的这些语言特性都是为了让代码更不容易出错，并且降低维护成本。

1.7　谁在使用 Kotlin

从年轻的初创企业到大型企业，已经有成百上千家公司将 Kotlin 纳入本公司的技术栈中。除了众所周知正在大量使用 Kotlin 的 Google、JetBrains 公司之外，还有 Pinterest[一]、Slack[二]、Uber[三]、Netflix[四]、WordPress[五]、Udacity[六]、Evernote[七]、Lyft[八]和 Trello[九]。很多来自这些公司的开发人员通过分享 Kotlin 的使用经验以及他们发现的最佳实践，不断地为 Kotlin 社区做贡献。

㊀ https://www.pinterest.com/。
㊁ https://slack.com/。
㊂ https://www.uber.com/。
㊃ https://www.netflix.com/。
㊄ https://wordpress.com/。
㊅ https://udacity.com。
㊆ https://evernote.com/。
㊇ https://www.lyft.com/。
㊈ https://trello.com/。

尽管 Kotlin 的兴起离不开它被指定为 Android 开发的官方语言，但 Kotlin 的目标从一开始就不仅仅局限于此，而是要做到几乎在任何地方都是可部署的。同时也有三个编译目标来指明 Kotlin 可以运行的平台：

- **Kotlin/JVM** 以 Kotlin 和 Android 为目标的 Kotlin/JVM，它将 Kotlin 代码编译为 Java 字节码。这使 Kotlin 可使用在开发后端、服务器、Android 开发，以及桌面应用等任何使用 Java 开发的地方。本书涵盖了 Kotlin/JVM 的介绍，且对 Android 开发进行了着重介绍，但是介绍 Kotlin 语法和特性的几个章节的内容和平台并没有关系。
- **Kotlin/JS** 以 Web 应用程序和浏览器中运行的代码为目标的 Kotlin/JS，它将 Kotlin 编译为 JavaScript 代码。Kotlin 代码与 JavaScript 代码的互操作类似于 JVM 上 Kotlin 代码与 Java 代码的互操作。
- **Kotlin/Native** 以 iOS 系统和一般嵌入式系统为目标的 Kotlin/Native，它将 Kotlin 代码编译为本地二进制文件。这些文件不需要类似 JVM 的任何虚拟机便可以运行，并且还可以与其他本地代码进行互操作。

这些宏伟蓝图便是 Kotlin 团队的目标所在，缺一不可，尤其是 Kotlin/Native。尽管这些目标仍在实现的过程中，但 Kotlin 语言是足够稳定的，并且与 Java、JavaScript、C 语言[⊖]相比，已经让使用者受益良多。本书也将着重介绍利用 Kotlin 完成 Android 开发的优势所在。

1.8 本章小结

Kotlin 是兼具面向对象与函数式编程语言元素的静态类型语言，它在很多方面与 Java 8 类似。但是，附加的语言特性允许 Kotlin 的使用者避免大量的样板代码，从而提高代码简洁性和可读性。Kotlin 不是一个学术项目，也不尝试发明任何新东西，而是结合了一些在大型软件开发过程中，解决实际问题的方式而形成的语言。

目前，Kotlin 可以在 JVM 和任何使用 Java 的地方运行，并且不会对运行时的性能产生明显的影响。同样，它还有一些能使开发任务变得方便的工具和库，如用于 Android 开发的 Anko 库。Java 和 Android 开发人员通常可以快速学习 Kotlin，然后使用 Kotlin 提供的所有语言特性，这些特性足以超越 Java 8、9、10，甚至 Java 11。

⊖ C 编程语言：http://www.bell-labs.com/usr/dmr/www/chist.html。

第 2 章 Chapter 2

走进 Kotlin

当你发现潜力之时，即是激情诞生之时。

——Zig Ziglar

本章将介绍 Kotlin 的语法、特性和基本概念。除了数据类型和控制流程等基础知识外，本章还将介绍如何在 Kotlin 中避免 null、如何创建不同类型的函数、如何检查两个变量是否相等以及如何处理异常。

2.1 Kotlin REPL 交互式编程命令行

为了方便地运行较为简单的代码，Kotlin 提供了一个读取 – 求值 – 打印 – 循环（REPL）方式的交互式编程命令行。REPL 可以直接执行一段代码并将运行结果打印出来。这种方式非常适合用来快速尝试编程语言特性、第三方代码库或者在同事之间分享代码片段。因此，它加速了反馈环并有助于快速地学习编程语言。

每个 IDE 在激活了 Kotlin 插件后都会包含 Kotlin REPL 交互式编程命令行。在 Android Studio 和 IntelliJ 中，你可以在“Tools”菜单“Kotlin”子菜单中的“Kotlin REPL”选项中打开它。或者可以在一个 IntelliJ 项目㊀中创建 Kotlin 脚本文件（以 `.kts` 作为文件扩展名）来运行本章及后续章节中的代码示例。REPL 和脚本文件允许在没有 main 函数的情况下运行代码。如果创建了扩展名为 `.kt` 的标准 Kotlin 文件，则需要手动将扩展名改为 `.kts`。最后，可以使用 Kotlin 网站㊁上的在线编辑器编写代码，但必须将代码写在 `main` 函数中。

㊀ 创建一个 Kotlin / JVM 项目可以选择菜单“File”“New”“Project…”，然后选择“Kotlin/JVM”。

㊁ https://try.kotlinlang.org/。

注意

本书中的所有示例代码都以 Kotlin 脚本文件格式展示，并以 .kts 而非 .kt 结尾。为了简洁起见，一些示例代码仅展示了部分内容，要想实际运行可能需要添加额外的代码。但大多数代码都可以作为脚本来运行。

总之，大家可以在 GitHub 仓库[1]中找到可运行的完整代码清单。也可以通过浏览器在本书的配套网址[2]上直接运行所有代码。

2.2 变量和数据类型

本节将介绍变量声明、基本数据类型、基本类型如何与字节码中的 Java 类型相匹配以及如何使用类型推导来编写更为简洁的代码。

2.2.1 变量声明

在 Kotlin 中有两个关键字可以用来声明变量。第一个是 var，它可以创建一个可变变量。该变量可被多次赋值，如代码清单 2-1 所示。

代码清单2-1 声明可变变量

```
var mercury: String = "Mercury"  // Declares a mutable String variable
mercury = "Venus"                // Can be reassigned because mutable
```

在 Kotlin 中，var 关键字位于变量名之前。变量名之后依次是冒号、变量类型和赋值语句。在后面的内容中会讲解如何使用类型推导来简化此处的声明代码。

Kotlin 中提倡只要在条件允许的情况下，应尽可能地使用不可变变量。因此，创建变量时尽量使用 val 关键字来创建只读变量，如示例代码 2-2 所示。

代码清单2-2 声明只读变量

```
val mercury: String = "Mercury"  // Declares a read-only variable
mercury = "Venus"                // Compile-time error: "val cannot be reassigned"
```

在上面的代码中，变量在声明后不能被再次赋值，如果尝试给 mercury 赋予不同的值将会出现编译时错误。对于局部变量来说，还可以将变量声明和变量初始化分开进行。总之，只读变量一旦被赋值就不能被再次赋值。

---

[1] https://github.com/petersommerhoff/kotlin-for-android-app-development。

[2] https://www.kotlinandroidbook.com/listings。

注意

变量本身是可变的（可以重新赋值）还是只读的（只能赋一次值）与变量中存储的对象是否可变无关。例如，代码清单 2-1 展示了可变变量对不可变的 String 类型对象的引用。

同样，你可以使用 val 声明的变量来引用可变对象。因此，仅仅使用 val 无法确保变量一定是不可变的，引用的对象也必须是不可变的才可以。

不可变性的重要性

Kotlin 在语言设计和编码习惯上都提倡不可变性。因为 Kotlin 一直致力于将众多经过业内验证的最佳实践应用于构建大型软件系统中，而其中的一个最佳实践就是使用不可变性。

使用不可变变量避免了许多常见的错误，尤其像在 Android 这样的多线程代码中。由于不可变变量不会产生副作用和出现非预期的操作问题，因此代码更健壮、更易于理解。不可变性是函数式编程的基本原则之一，第 3 章将详细介绍不可变性。

2.2.2 基本数据类型

Kotlin 中的基本数据类型与其他编程语言中的基本数据类型相似。因为基本数据类型在运行时是作为对象存在的，所以无须考虑它们的原始类型。表 2-1 给出了 Kotlin 中基本数据类型的内存使用情况和取值范围。

表 2-1 Kotlin 中的数据类型

数据类型	位	取值范围
Boolean	1	{ true, false }
Byte	8	-128..127
Short	16	-32768..32767
Int	32	-2147483648..2147483647
Long	64	-18446744073709551616..18446744073709551615
Float	32	1.4e — 45..3.4028235e38
Double	64	4.9e — 324..1.7976931348623157e308
Char	16	16 位 Unicode 字符
String	16 * 长度	Unicode 字符串

所有数字类型都属于有符号数[⊖]，包括负数和正数。此外，所有字符串都是不可变的，当给可变字符串变量赋值时都会创建一个新的 String 对象。

⊖ Kotlin 1.3 中引入了无符号整型，例如 UShort、UInt 和 ULong。

请注意，浮点数的精度是有限的。例如，0.000000001 - 0.00000000005 可以被正确地计算并得到结果为 9.5E-10。但是再多一个 0 将会使结果变为 9.500000000000001E-11。因此，绝对不要将 Float 类型的值和 Double 类型的值进行等值比较，而应该在同一个取值范围的数据类型中进行比较。对于计算结果来说，即使一点点的不精确都可能会导致数值产生误差。

基本类型映射

在使用 Kotlin 进行 Android 开发时，代码最终会转换为 Java 字节码。因此，了解基本类型如何在 Kotlin 和 Java 之间进行映射是非常重要的。

- 当从 Java 中接收数据时，Java 的原始类型会在编译时映射成相应的 Kotlin 类型。例如，char 映射成 kotlin.Char、int 映射成 kotlin.Int。这使得在使用 Java 基本类型值时就像在使用 Kotlin 自己的基本类型一样。
- 反之，Kotlin 的基本类型会在运行时映射成相应的 Java 基本类型，例如，kotlin.Int 映射成 int、kotlin.Double 映射成 double。映射能够成功的原因在于 Kotlin 类型默认不能为空，意味着这些基本类型永远不会为 **null**。而不为空的 Kotlin 基本类型就可以映射成 Java 的基本类型而不会映射成包装类，如 java.lang.Integer。

一旦你了解了更多的 Kotlin 语言特性和库，就会发现在类型映射时存在很多规则。

2.2.3 类型推导

Kotlin 的语言特性之一就是将类型推导作为惯用的编码方式。在 Kotlin 编译器可以推导出变量类型的情况下，声明变量时就可以跳过类型声明。因此，可以像代码清单 2-3 中那样声明变量。

代码清单2-3 类型推导

```
val mercury = "Mercury"      // Inferred type: String
val maxSurfaceTempInK = 700  // Inferred type: Int
val radiusInKm = 2439.7      // Inferred type: Double
```

第一行代码在语义上与代码清单 2-2 中声明变量时显式指定类型为 String 的那行代码相同。利用类型推导可以写出关注内容的更加简洁的代码。如果类型推导对于代码阅读者来说意义并不明晰的话，依然可以使用显式声明类型的方式。Android Studio 中还有一个选项可以用来显示推导的类型，这在刚开始使用类型推导的时候非常有用。

需要注意的是，在 Kotlin 中不能向一个需要 Float 或 Double 类型参数的函数传递 Int 类型，这与 Java 中能够传递基本类型的情况有所不同。Kotlin 不能对这些类型进行自动转换，但是可以借助标准库中的 toInt、toDouble 等函数来完成这些转换。

在Java中需注意

Java 10中通过Java开发工具集（JDK）增强建议（JEP）286[1]引入了本地变量类型推导。在此之前，Java仅支持使用菱形运算符的泛型参数进行类型推导（从Java 7开始）[2]。

2.3 条件语句

Kotlin中的条件控制流由if和when来实现。由于两者都是具有返回值的表达式，因此可以将它们赋给变量。但也可以忽略其返回值，从而仅仅像使用不具有返回值的语句那样使用它们。

2.3.1 将if和when作为语句

Kotlin为条件控制流提供了**if**和**when**这两个关键字。当使用这两个关键字时，只有满足其中的条件才能运行相应部分的代码。**if**条件语句的语义与C语言或Java语言中的if条件语句相似，而**when**关键字跟这两种语言中的**switch**关键字相似但功能更加强大。**if**条件语句的书写格式可参见代码清单2-4。

代码清单2-4 if条件语句

```
if (mercury == "Mercury") {
  println("Universe is intact.")
} else if (mercury == "mercury") {
  println("Still all right.")
} else {
  println("Universe out of order.")
}
```

其中，**else-if**和**else**分支是可选的。可以使用**&&**(与）和**||**(或）来构成条件语句，还可以使用!（非）来构成一个否定条件的条件语句。如果一个条件语句由多个原子条件通过使用&&或||来组成的话，其每个原子条件都是惰性执行的。例如在a && b中，如果a的执行结果是**false**的话，第二个条件语句b就不会执行，因为整个条件语句的结果一定是**false**。这种做法被称为*短路*，旨在提高代码性能。

除了**if**，Kotlin还提供了功能强大的**when**条件表达式。它可以用来为一组不同的值分别定义不同的行为。通过这种方式就可以使用**when**编写出更为简洁的级联条件语句。可以像代码清单2-5中那样用**when**来代替代码清单2-4中的**if**，使得代码行数比使用级联**else-if**分支语句减少2行（约29%）代码。

[1] http://openjdk.java.net/jeps/286。

[2] https://docs.oracle.com/javase/7/docs/technotes/guides/language/type-inference-generic-instancecreation.html。

代码清单2-5 使用when实现级联条件语句

```
when (mercury) {
  "Mercury" -> println("Universe is intact.")
  "mercury" -> println("Still all right.")
  else -> println("Universe out of order.")
}
```

首先，将用来进行条件判断的变量放入小括号，然后用大括号将 **when** 代码块括起来，每个条件分支都用箭头予以区分（->），需要满足的条件在箭头左侧，该条件分支的执行语句在箭头右侧。如果左侧的条件值与变量值相匹配，则执行该条件分支箭头右侧的代码，之后不再继续判断是否满足其他条件。

when 语句相较于其他编程语言中作用相似的 **switch** 语句功能更加强大，因为它能执行多种类型检测，如代码清单 2-6 所示。

代码清单2-6 when语句中的条件类型

```
when(maxSurfaceTempInK) {
  700              -> println("This is Mercury's maximum surface temperature") // 1
  0, 1, 2          -> println("It's as cold as it gets")                       // 2
  in 300..699      -> println("This temperature is also possible on Mercury")  // 3
  !in 0..300       -> println("This is pretty hot")                            // 4
  earthSurfaceTemp() -> println("This is earth's average surface temperature") // 5
  is Int             -> println("Given variable is of type Int")               // 6
  else               -> {                                                      // 7
    // You can also use blocks of code on the right-hand-side, like here
    println("Default case")
  }
}
```

代码清单 2-6 中展示了如何将不同类型的条件检测组合在一个 **when** 条件语句中，下面将逐句进行讲解。

1. **when** 代码块中的第一个条件分支检测 `maxSurfaceTempInK` 是否等于 700。

2. 第二个条件分支检测给出的几个用逗号分隔的值是否至少有一个与变量相等。如果有的话，将执行右侧的代码。

3. 第三个条件分支用 **in** 关键字检测给定的变量值是否在 300 至 699 的范围内（包含两个边界值）。该范围是用 Kotlin 中的简写运算符 `n..m` 创建的，该运算符在内部调用 `n.rangeTo(m)` 函数来返回一个 `IntRange` 类型。在 Android Studio 中，你可以像查看函数的声明一样来查看运算符的声明，以便了解它们的作用。

4. 第四个条件分支与前一个类似，检测变量是否在给定的范围以外。

5. 在第五个条件分支中，你还可以在左侧通过调用函数来指定要检查的条件值。如果该函数返回的是一个可迭代对象或者一个范围，则可以将 **in** 与该函数一起使用，例如 **in** earthSurfaceTempRange() -> … 。

6. 第六个条件分支用来检测变量的类型，在这里检测了是否为 Int 类型。类型检测会在第 4 章中详细讲解。

7. 最后，**else** 关键字用于定义默认情况，仅当前面的所有条件都不满足时才会执行。可以使用大括号在每个条件分支右侧来定义一个需要执行的代码块，如代码清单 2-6 所示。在这种情况下，最后一行代码的执行结果表示这个 **when** 表达式的返回值，参见下一节“条件表达式”。

> **注意**
>
> 请注意这里没有使用 **break** 语句。当检测到第一个匹配的条件分支并执行右侧相应的代码后，不再对后续的条件进行检测。就好像每个条件分支的结尾都包含了一个隐式 **break** 语句一样，从而避免因忘记写 **break** 语句而引发的错误。

为了替换条件的任意级联，可以省略括号中的变量，然后在左侧使用布尔表达式，如代码清单 2-7 所示。

代码清单2-7 when语句中使用任意布尔条件

```
when {
  age < 18 && hasAccess -> println("False positive")
  age > 21 && !hasAccess -> println("False negative")
  else -> println("All working as expected")
}
```

2.3.2 条件表达式

在 Kotlin 中，**if** 和 **when** 都是表达式，也就是说它们都拥有返回值。如果不使用该返回值，它们就相当于那些没有返回值的语句。不过，将它们作为表达式使用时具有很多好处，例如可以在某些情况下避免 **null**。

在 **if** 和 **when** 表达式中，每个条件分支（以及整个表达式）的值都是由相应代码块中的最后一行代码决定的。因此，代码清单 2-5 可以使用作为表达式的 **if** 语句来重写，如代码清单 2-8 所示。

代码清单2-8 if表达式

```
val status = if (mercury == "Mercury") {  // 'if' is an expression (it has a value)
  "Universe is intact"     // Expression value in case 'if' block is run
} else {
```

```
  "Universe out of order"  // Expression value in case 'else' block is run
}
```

这里，**if** 表达式的值被赋给了 status 变量。为了返回字符串值而不是立即打印该值，从而删除了 println 语句。删除了 **else-if** 分支以使代码简洁，然而在编写代码时可以使用任意数量的 **else-if** 分支。请注意，这里通过使用类型推导省略了 status 的类型声明。如果 **if** 代码块和 **else** 代码块具有不同类型的返回值，Kotlin 就会使用 Any 作为整个 **if** 表达式的类型。Any 是 Kotlin 中所有非可空类的父类。

在 Kotlin 中没有三目条件运算符（结果 = 条件 ? 表达式 1 : 表达式 2），因为使用 **if** 表达式就可以达到目的。参见代码清单 2-9，其简化了代码清单 2-8 的实现。

代码清单2-9　if作为三目条件运算符

```
val status = if (mercury == "Mercury") "Intact" else "Out of order"
```

注意

以上场景体现了当 **if** 作为三目条件运算符的时候，如果分支语句仅由一个表达式构成，则可以省略大括号和换行符。其运行结果与不省略换行符和大括号时是一致的。

同样，这种结构也可以加入任意数量的 **else-if** 分支语句。但是这种情况并不常见，因为代码会变得没有可读性。

when 表达式与此类似：每个条件分支代码块的最后一行都定义了该 **when** 表达式相应的值（如果该条件分支被执行）。例如，可以在右侧仅使用字符串的方式来重写代码清单 2-6，这样 **when** 表达式就具有字符串返回值，该返回值可以赋值给变量。如代码清单 2-10 所示。

代码清单2-10　使用when作为表达式

```
val temperatureDescription = when(maxSurfaceTempInK) {
  700 -> "This is Mercury's maximum surface temperature"
  // ...
  else -> {
    // More code...
    "Default case"  // Expression value if 'else' case is reached
  }
}
```

在上述代码中，如果每个条件分支语句都没有其他代码需要执行的话，则可以在右侧直接定义每种条件下 when 表达式的值，或者可以在代码块的最后一行中定义表达式的值，就像 **else** 分支中那样。

2.4 循环和范围

Kotlin 为循环控制流程提供了 **for** 循环、**while** 循环和 **do-while** 循环。**while** 循环和 **do-while** 循环的工作方式与 Java 语言相同，而 **for** 循环与其他许多编程语言中的 foreach 循环相同。

2.4.1 while 循环

while 循环和 **do-while** 循环用来实现以下场景：当满足给定条件时，则重复执行某个代码块。循环条件定义在 **while** 关键字后面的括号中，如代码清单 2-11 所示。

代码清单2-11　while循环

```
val number = 42
var approxSqrt = 1.0
var error = 1.0

while (error > 0.0001) {  // Repeats code block until error is below threshold
  approxSqrt = 0.5 * (approxSqrt + number / approxSqrt)
  error = Math.abs((number - approxSqrt*approxSqrt) / (2*approxSqrt))
}
```

第一个例子中，当循环条件一直为 **true** 时，即当 error 一直大于 0.0001 的时候，**while** 循环将会反复执行该代码块。该代码使用巴比伦算法来求给定数字的平方根，计算结果的最大公差为 0.0001。需要注意的是 `java.util.Math` 可以直接使用。

do-while 循环的特点是至少执行一次代码块，然后才检查是否符合循环条件。代码清单 2-12 展示了该循环的通常用法。

代码清单2-12　do while循环

```
do {
  val command = readLine()    // Reads user command from console
  // Handle command...
} while (command != ":quit")  // Repeats code block until user enters ":quit"
```

该代码读取用户的输入（例如，使用命令行工具），直到用户主动退出为止。通常，如果想要保证至少执行一次迭代的话，可以使用 **do-while** 循环。

2.4.2 for 循环

Kotlin 中的 **for** 循环与其他编程语言中的 foreach 循环相似，可以用来执行任意类型的迭代器。甚至可以包括范围、集合和字符串，如代码清单 2-13 所示。

代码清单2-13 for循环

```
for (i in 1..100) println(i)        // Iterates over a range from 1 to 100

for (i in 1 until 100) println(i)  // Iterates over a range from 1 to 99

for (planet in planets)             // Iterates over a collection
  println(planet)

for (character in "Mercury") {      // Iterates over a String character by character
  println("$character, ")
}
```

就像你在 **when** 表达式中看到的那样，第一行代码使用语法 `1..100` 创建了一个 `IntRange` 类型来进行迭代。所以第一个循环会打印从 1 到 100 的数字。有关 **for** 循环中范围的更多常见用法参见下一小节。第二行代码使用 `until` 创建了一个不包括右节点的范围。第三个循环是对一个 planets 集合进行迭代。集合将在第 3 章中详细介绍。最后，可以使用 **for** 循环来对一个字符串中的字符进行逐一迭代。

请注意，最后一个 **for** 循环还展示了 Kotlin 的另一个有趣特性，该特性被称为字符串插值。这意味着可以通过使用 $ 符号作为前缀来将一个变量的值插入到一个字符串中，如：`$character`。复杂的表达式必须用大括号括起来，以便与周围的字符串进行区分，例如 `"Letter: \${character.toUpperCase()}"`。

在 for 循环中使用范围

看过之前有关在 **for** 循环中使用范围的示例后，你可能想进一步了解如何对更复杂的元素结构进行迭代，例如数字从 100 到 1 依次递减，并以 5 的步长进行递减。Kotlin 提供了 `downTo` 函数和 `step` 函数来方便开发人员创建这样的范围，如代码清单 2-14 所示。

代码清单2-14 for循环中的范围

```
for (i in 100 downTo 1) println(i)         // 100, 99, 98, …, 3, 2, 1
for (i in 1..10 step 2) println(i)         // 1, 3, 5, 7, 9
for (i in 100 downTo 1 step 5) println(i)  // 100, 95, 90, …, 15, 10, 5
```

代码中使用了中缀函数这样的有趣语法。调用 `100 downTo 1` 相当于调用 `100.downTo(1)`。由于 downTo 被声明为中缀函数，所以该函数可以写在两个参数中间。同样，`1..10 step 2` 相当于 `(1..10).step(2)`，而且第三个范围可以写成 `100.downTo(1).step(5)`。因此，使用中缀函数可以编写更具有可读性的代码，从而避免了括号的干扰。请注意，中缀函数必须拥有两个参数。下一小节将会介绍如何创建和使用自定义函数，包括中缀函数。

2.5　函数

函数是 Kotlin 语言中一个强大的语言特性。本节首先介绍了如何创建和调用函数的基础知识，其次介绍了如何使用参数的默认值以及如何定义特殊类型的函数，如扩展函数、中缀函数和运算符函数。

2.5.1　函数签名

函数签名是函数声明的一部分，它定义了函数的名称、参数和返回值。函数签名与函数体一起定义了完整的函数。Kotlin 中的函数声明如代码清单 2-15 中所示。

代码清单2-15　声明一个函数

```
fun fib(n: Int): Long {
  return if (n < 2) {
    1
  } else {
    fib(n-1) + fib(n-2)  // Calls 'fib' recursively
  }
}
```

这是众所周知的斐波那契数列的（低效）实现。其中，`fun fib(n: Int): Long` 是函数签名。Kotlin 中用 **`fun`** 关键字作为函数声明的开始，之后依次是函数名、参数（用括号括起）、冒号和返回值。为了与 Kotlin 中的变量声明保持一致，类型也位于名称之后。

在函数体中使用 **`if`** 表达式来代替在每个分支语句中都使用 **`return`** 语句的方式。这种写法可以像使用三目条件运算符那样使用一行代码来编写函数体，参见下一小节。

可以通过使用函数名和参数（用括号括起）来调用 `fib` 函数，如代码清单 2-16 所示。在标准 Kotlin 文件（非脚本文件）中 `main` 函数以外的地方声明 `fib` 函数也同样有效。这样 `fib` 函数就是一个顶级函数，意味着它是在文件级别上直接进行声明的，而不是在其他声明（例如，类或其他函数）中进行声明。在本书中，术语顶级（top-level）和文件级（file-level）意义相同。

代码清单2-16　函数调用

```
val fib = fib(7)  // Assigns value 21L ('L' indicates Long)
```

函数返回值存储在名为 `fib` 的变量中，该变量隐式地具有 `Long` 类型。请注意，因为函数调用中使用了小括号，所以编译器始终可以区分变量名和函数名，并不会引起冲突。

注意

请注意，本节中的术语**参数**（parameter，形参）是指在声明函数时作为函数签名的一部分，而**实参**（argument）是在函数调用时实际使用的值。所以，在代码清单 2-15 中对 fib 进行声明时，n 是类型为 Int 的参数（形参）而 7 是实参，如代码清单 2-16 所示。

2.5.2 单行表达式函数的简写方式

对于单行表达式函数，Kotlin 提供了一种很像变量声明的写法。让我们用两个步骤来简化 fib 函数的声明。首先，将函数体中的表达式简写为单行表达式（一行代码），如代码清单 2-17 所示。

代码清单2-17 将函数体转换为单行表达式

```
fun fib(n: Int): Long {
  return if (n < 2) 1 else fib(n-1) + fib(n-2) // Uses 'if' as a ternary operator
}
```

接着，删除 **return** 关键字并将表达式以值的形式赋给函数，如代码清单 2-18 所示。

代码清单2-18 用等号简化函数声明

```
fun fib(n: Int): Long = if (n < 2) 1 else fib(n-1) + fib(n-2)
```

如上所示，函数 fib 可以采用 Kotlin 提供的简化方式，即使用等号来定义函数体。因为这种方式可以将表达式的值指定为函数的值，所以适用于仅包含单行表达式的函数。在上述代码中仍然需要显式指定返回类型，因为类型推导会进入无限递归中。但通常在使用简写方式时，可以对返回类型使用类型推导。

2.5.3 main 函数

特殊的 main 函数定义了程序的入口。使用顶级函数来创建 main 函数是最简单的方式，如代码清单 2-19 所示。必须在标准 Kotlin 文件中使用，而非脚本文件中。

代码清单2-19 声明main函数

```
fun main(args: Array<String>) {  // A main function must have this signature
  println("Hello World!")
}
```

main 函数与其他顶级函数的声明方式一样，而且可以使用字符串数组来接收命令行参数。省略了返回类型暗示着这是一个无返回值的函数。Kotlin 中使用 Unit 类型表示无返回值，以确保每个函数在被调用后都会有一个返回值可以赋值给变量。Unit 是默认的返回类型，所以如果没有显式声明函数的返回类型，函数将返回 Unit（与 main 函数相同）。

注意

main 函数允许使用标准 Kotlin 文件（以 .kt 扩展名结尾）来运行代码，而不使用 Kotlin 脚本文件（以 .kts 扩展名结尾）。例如，可以在 .kt 文件中使用 main 函数来运行 print 语句。本书中的代码清单除非另有说明，否则默认使用脚本文件而非 main 函数。

2.5.4　参数默认值和指定参数名称

Kotlin 中可以为函数参数定义默认值。这就使定义了默认值的参数成为可选参数，当该参数没有被传递值时就会使用默认值。在代码清单 2-20 中，参数 depth 的默认值为 0。

代码清单2-20　定义参数的默认值

```
fun exploreDirectory(path: String, depth: Int = 0) { … }  // Default depth is zero
```

参数定义的语法与变量声明类似，但没有使用 **val** 或 **var** 关键字。此外，参数类型不能被省略，因为它是函数声明的组成部分，必须明确定义。

由于第二个参数是可选参数，因此你可以使用几种不同的方式来调用这个函数。可以指定参数名称来为需要的参数赋值或改变传入参数的顺序，如代码清单 2-21 所示。

代码清单2-21　指定参数名称

```
val directory = "/home/johndoe/pictures"

exploreDirectory(directory)                 // Without optional argument, depth is 0
exploreDirectory(directory, 1)              // Recursion depth set to 1
exploreDirectory(directory, depth=2)        // Uses named parameter to set depth
exploreDirectory(depth=3, path=directory)  // Uses named parameters to change order
```

上面的示例是用来检索文件系统目录的。第一次调用 exploreDirectory 函数时省略了可选参数，所以参数 zero 使用了默认值 0 。第二次调用时定义了所有参数的值。而第三次调用时指定了参数名称以向参数 depth 传递值。这样做不是必需的，但可以提高代码的可读性。相反，由于最后一次调用时在指定参数名称的同时改变了传入参数的顺序，因此所有参数都必须显式地指定参数名称。另外，对于具有多个默认值参数的函数，使用指定参数名称的方式可以传入可选参数的任意子集。

注意

具有默认值的参数应该放在参数列表的末尾。这样做可以在一开始就将值传入所有必需的参数，而不会出现不知道哪个传入值属于哪个参数的问题。如果具有多个相同类型的可选参数，它们的顺序决定了哪个值属于哪个参数。

一旦传参出现歧义，可以使用指定参数名称的方式来化解歧义。

重载

函数可以在创建时通过使用相同的函数名和不同的参数来进行重载。常见的用法是使用不同的方式来表示函数所需要的数据，如代码清单 2-22 所示。

代码清单2-22 函数重载

```
fun sendEmail(message: String) { … }
fun sendEmail(message: HTML) { … }
```

通过这样的方式，`sendEmail` 函数在被调用时可以传入字符串来发送纯文本电子邮件，或者传入一些 `HTML` 对象来发送带有 HTML 内容的电子邮件。

在 Java 中需注意

在不能定义参数默认值的编程语言中（如 Java）使用重载的一个常见原因是为了实现可选参数。通过添加省略了可选参数的重载函数，并将其委托给定义了完整参数的函数来为省略的参数传入默认值，这样就可以实现可选参数。由于在 Kotlin 中可以使用默认参数值，因此不需要使用函数重载，这种方式能够显著地减少代码行数。

```
// Java code
Pizza makePizza(List<String> toppings) {
  return new Pizza(toppings);
}
Pizza makePizza() {
  return makePizza(Arrays.asList());
}
```

由于 Kotlin 提供了默认参数值的方式，所以这里就不再需要使用函数重载：

```
fun makePizza(toppings: List<String> = emptyList()) = Pizza(toppings)
```

所减少的冗余代码行数随可选参数的数量呈指数增长。

2.5.5 扩展函数

如果使用过其他编程语言，你可能已经对诸如 `StringUtils` 或 `DateUtils` 等工具类非常熟悉了。它们为字符串或日期定义了各种辅助函数，目的是通过新添加的函数来扩展现有类的接口（API），以便在程序上下文中或一般情况下使用。在很多编程语言中，由于你无法修改那些不属于你的类，因此只能使用工具类这样的处理方式。

Kotlin 的扩展函数可以为现有的类（如 Int 或 Date）直接添加方法或属性，至少看起来是这样。第 4 章中将会详细讨论类。代码清单 2-23 展示了一个扩展函数的示例。

代码清单2-23　创建并调用扩展函数

```
fun Date.plusDays(n: Int) = Date(this.time + n * 86400000)  // Adds n days to date

val now = Date()
val tomorrow = now.plusDays(1)  // Extension can be called directly on a Date object
```

要创建扩展函数，可以像通常那样使用 **fun** 关键字，但需要在函数名前加上所谓的接收者类，然后就可以像调用接收者类上的已有方法那样调用该扩展方法，从而使代码比使用工具类时更加清晰。此外，与使用工具类中的静态方法不同，IDE 现在可以为扩展方法提供代码自动补全功能。

扩展函数的静态解析

事实上扩展函数并不能成为现有类的一部分，Kotlin 只是允许使用相同的语法来调用它们而已。而且它们在语义上也是不同的，因为扩展函数是静态解析而非运行时解析。例如，对 Number 类型的表达式调用扩展函数 print，记作 Number::print。代码会执行父类型的扩展函数，即使这个表达式运行时的实际类型为子类型 Int，参见代码清单 2-24。

代码清单2-24　扩展函数的静态解析

```
fun Number.print() = println("Number $this")  // Extension on supertype
fun Int.print() = println("Int $this")        // Extension on subtype

val n: Number = 42                            // Statically resolved type: Number
n.print()                                     // Prints "Number 42"
```

n.print() 中的扩展函数在编译时会被解析，所以即使 n 在运行时是 Int 类型，也只会调用 Number::print 而非 Int::print。因此请记住，在使用扩展函数时该类型不存在多态，当调用者可能会调用使用多态的函数时也需要谨慎使用此功能。

> **注意**
>
> 如果扩展函数的接收者类型已经具有相同签名的成员函数，则成员函数优先于扩展函数被调用。

作用域和导入

扩展函数和扩展属性通常创建在顶级位置，因此它们在整个文件中都可见。它们可以像其他函数或变量一样被赋予可见性。第 4 章将详细讨论 Kotlin 中的可见性。由于默认的可见性为 **public**，所以扩展函数或扩展属性也可以被导入其他文件，这种做法看起来与静态导入类似，如代码清单 2-25 所示。这里假设代码清单 2-23 中的 plusDays 扩展函数定义在 time 包下的文件内。

代码清单2-25 导入扩展函数

```
import com.example.time.plusDays
```

请注意，函数名直接跟在包名之后，因为扩展并不直接在类或对象中。如果包中定义了多个名为 plusDays 的扩展函数，则所有这些扩展函数都会被导入。

小贴士

扩展函数提供了一种简便的方法来解决无法直接修改第三方 API 的限制问题。例如，你可以为 API 的接口或封装好的样板代码添加方法。这对于 Android 开发非常有用，在第 7 章和第 8 章中你将看到一些有关的示例。

2.5.6 中缀函数

通常，Kotlin 中的函数调用使用的是将参数放入括号的前缀表示法。但是对于两个参数的函数来说，可能希望将函数名放在参数之间，类似于 7+2 这样，将运算符放在参数之间。Kotlin 不仅允许你定义这样的中缀函数，它还预定义了一些中缀函数供你使用。你已经了解了 **for** 循环中常用的一些中缀函数：until、downTo 和 step。代码清单 2-26 展示了 Kotlin 中预定义的 to 函数。

代码清单2-26 中缀函数to

```
infix fun <A, B> A.to(that: B) = Pair(this, that)  // Declared in standard library
```

A 和 B 是长泛型参数，泛型参数将在第 4 章中讲解。这里请注意函数中的 **infix** 修饰符，该修饰符允许在调用函数时将函数名放在两个参数之间，如代码清单 2-27 所示。

代码清单2-27 调用中缀函数

```
val pair = "Kotlin" to "Android"                          // Pair("Kotlin","Android")
val userToScore = mapOf("Peter" to 0.82, "John" to 0.97)  // Creates a map
```

第一行代码创建了一个 Pair("Kotlin", "Android")。第二行代码展示了中缀函数的常见用法：通过使用辅助函数 mapOf 来实例化一个 map 对象，该 map 对象的初始化参数为可变参数类型的 Pair 对象，该 Pair 对象是通过 to 函数创建的。在许多场合中，使用 to 函数来实例化 Pair 对象比使用构造函数更具有可读性。

你可以使用 **infix** 修饰符自定义中缀函数，但前提是该函数是类成员函数或扩展函数，并且只有一个额外的参数（就像前面的 to 函数一样）。例如，你可以创建一个中缀函数，这个中缀函数使用标准库函数 repeat 来将一个字符串复制指定的次数，如代码清单 2-28 所示。

代码清单2-28　自定义中缀函数

```
infix fun Int.times(str: String) = str.repeat(this)
val message = 3 times "Kotlin "  // Results in "Kotlin Kotlin Kotlin "
```

2.5.7　运算符函数

当查看上面的代码时，你可能会认为如果写成 3 * "kotlin" 的话会更好一些，而且你确实可以通过使用运算符或运算符函数来实现这种写法。运算符是编译器内置的语义符号，例如 +、- 以及 +=。可以通过编写自定义运算符函数的方式来为这些运算符赋予新的语义。对于这三个运算符来说，可以通过自定义名为 plus、minus 以及 plusAssign 的函数来实现。

为了实现上述 3 * "kotlin" 这样简洁的写法，可以使用与 * 运算符相关联的运算符函数 times。参见代码清单 2-29。

代码清单2-29　定义并调用运算符

```
operator fun Int.times(str: String) = str.repeat(this)
val message = 3 * "Kotlin "  // Still results in "Kotlin Kotlin Kotlin "
```

与中缀函数对比后你会发现，运算符函数与中缀函数的唯一区别是使用 **operator** 关键字来替代 **infix** 关键字。虽然使用运算符可以使代码变得更简洁更具有表现力，但在使用它们的时候应该更为谨慎一些。与 Scala 相似，Kotlin 开发团队故意只允许使用一组预定义的运算符。这样做是因为过度使用运算符会使代码难以被其他开发人员（甚至你自己）所理解。表 2-2 列举了 Kotlin 中一些主要的运算符。

表 2-2　可用的运算符函数

函数名	运算符	示例	等同于
算术运算符			
plus	+	2 + 3	2.plus(3)
minus	-	"Kotlin" - "in"	"Kotlin".minus("in")
times	*	"Coffee" * 2	"Coffee".times(2)
div	/	7.0 / 2.0	(7.0).div(2.0)

（续）

函 数 名	运 算 符	示 例	等 同 于
rem	%	"android" % 'a'	"android".rem('a')
赋值运算符			
plusAssign	+=	x += "Island"	x.plusAssign("island")
minusAssign	-=	x -= 1.06	x.minusAssign(1.06)
timesAssign	*=	x *= 3	x.timesAssign(3)
divAssign	/=	x /= 2	x.divAssign(2)
remAssign	%=	x %= 10	x.remAssign(10)
混合运算符			
inc	++	grade++	grade.inc()
dec	--	'c'--	'c'.dec()
contains	in	"A" in list	list.contains("A")
rangeTo	..	now..then	now.rangeTo(then)
get	[...]	skipList[4]	skipList.get(4)
set	[...] = ...	array[5] = 42	array.set(5, 42)

小贴士

还有很多运算符未在这里一一列出。要想获得你当前所使用的 Kotlin 版本中完整的运算符列表，只需要在 IntelliJ 或 Android Studio 中使用自动补全功能即可。例如，输入 " operator fun Int. " 并在 "." 符号后面调用自动补全功能，IDE 就会列出所有可被重写的运算符。

2.6 空安全

1965 年，Tony Hoare 设计了一种名为 ALGOL W[⊖]的面向对象编程语言。他承认，当初在编程语言中增加空引用仅仅是因为它实现起来非常简单非常诱人，而现在这却被他称为是价值十亿美元的错误。这样说并不是要贬低他的成就，事实上他为计算机科学领域做出了杰出的贡献。但是就像你从可怕的空指针异常中了解的那样，空引用会让人非常痛苦。

幸运的是，Kotlin 允许你对空引用的风险进行控制，甚至可以从纯粹的 Kotlin 代码中消除空引用。这是通过区分可空和不可空类型来实现的。

2.6.1 可空类型

默认情况下，Kotlin 中的所有类型都不能为空，这意味着它们不能持有空引用。因此，

⊖ https://www.infoq.com/presentations/Null-References-The-Billion-Dollar-Mistake-Tony-Hoare。

正如你在本书前面的示例代码中看到的那样，你可以安全地访问这些类型中的任何属性和方法。想要创建一个可为空的变量，必须在这个变量类型后面加一个问号，如代码清单 2-30 所示。

代码清单2-30　可空和不可空类型

```
val name: String? = "John Doe"  // Nullable variable of type 'String?'
val title: String? = null       // Nullable variables may hold 'null'

val wrong: String = null        // Causes compiler error because not nullable
```

String? 类型表示可空的字符串，而普通的 String 类型不能为空。所有类型都使用相同的语法，例如 Int? 或 Person?。尽可能避免使用可空类型是一种好的实践。但不幸的是，在与 Java 互操作时无法避免不使用可空类型，因为每一个来自 Java 的值都可能为空。第 5 章详细介绍了互操作问题。

2.6.2　可空类型的使用

当你使用一个可空变量时，通常对该变量中属性和方法的访问已经不再安全。因此，Kotlin 禁止直接访问可空变量。

安全调用运算符

代码清单 2-31 展示了如何安全地访问可空类型的成员，首先使用了显式空检查，然后使用了*安全调用运算符*。

代码清单2-31　访问可空类型变量

```
val name: String? = "John Doe"
println(name.length)    // Not safe => causes compile-time error

if (name != null) {     // Explicit null check
  println(name.length)  // Now safe so compiler allows accessing length
}

println(name?.length)            // Safe call operator '?'
val upper = name?.toUpperCase()  // Safe call operator
```

在上述代码中，name.length 不能被直接访问，因为 name 可能为空从而导致空指针异常。相反，你可以先显式地进行空检查，编译器会追踪条件语句并允许在 if 代码块内进行直接访问，因为这是安全的。这个概念被称为*智能类型转换*，下一小节中将会详细讨论。或者你可以使用 Kotlin 中的安全调用运算符，即在变量后加一个问号，例如：name?.length。如果 name 不为空则返回字符串长度，否则将返回 null。因此，name?.length 的类型为 Int?，并且上述代码中变量 upper 的类型为 String?。

注意

为了实现对可空类型的直接调用，你可以对可空类型定义扩展，这样就无须使用安全调用运算符或其他空值处理方法。事实上，在 Kotlin 中，`toString` 方法就是通过定义扩展 `Any?.toString() = …` 来实现的。

在对可空类型定义扩展时，必须在扩展函数内部对**空值**情况进行处理以确保该扩展可以被安全调用。

elvis 运算符

为了能够快速定义变量为空时的默认值，Kotlin 提供了 elvis 运算符。这种运算符看起来就像是其他编程语言中三目条件运算符的缩写，并且该运算符的命名源自与它书写样式相像的表情符号。代码清单 2-32 通过一个示例展示了该运算符的用法。

代码清单2-32 elvis运算符

```
val name: String? = null
val len = name?.length ?: 0  // Assigns length, or else zero as the default value
```

elvis 运算符 `?:` 可以读作“否则为”（or else），是能够快速消除代码中可空性判断的一种强大工具。在上述代码中，`len` 是 `Int` 类型而非 `Int?` 类型。因为当 elvis 运算符左侧代码的计算结果为空值时将会返回 elvis 运算符右侧的值。所以这里 `len` 将为 0。

除了 elvis 运算符，Kotlin 还提供了许多有用的函数来处理可空类型。例如，使用 `name.orEmpty().length` 可以达到同样的效果。

注意

此时你同样可以创建像 `orEmpty` 这样的工具函数。事实上，`orEmpty` 是 `String?` 的一个扩展函数，并且其内部实现就用到了 elvis 运算符。

在 IDE 中找到此类函数的声明位置并查看它们是如何定义的，这对于掌握这门编程语言非常有帮助。

非安全调用运算符

最后，Kotlin 还提供了一个非安全调用运算符，它允许你在不处理 `null` 的情况下强制访问可为空类型上的属性或方法。使用该运算符时要非常谨慎，绝对不能把它作为能正确处理可空性的捷径。但是，非安全调用运算符也有合法使用的场景，即当你能确定代码中某个对象一定不为空时就可以使用该运算符。代码清单 2-33 展示了如何使用非安全调用运算符。该运算符故意设计成看起来像使用双感叹号在编译器上喧闹一样。

代码清单2-33　使用非安全调用运算符访问成员

```
val name: String? = "John Doe"  // May also be null
val len = name!!.length  // Asserts the compiler that name is not null; unsafe access
```

第二行代码使用 name!! 来告诉编译器 name 此时一定不为空（此例中可以成功执行）。name!! 语法可以有效地将可空类型转换成非可空类型，以便能够直接对变量中的任意成员进行访问。因此，它通常在不能访问到任何成员的情况下使用，参见代码清单 2-34 。

代码清单2-34　使用非安全调用运算符传递参数

```
fun greet(name: String) = println("Hi $name!")

greet(name!!)               // Better be sure that 'name' cannot be null here
greet(name ?: "Anonymous")  // Safe alternative using elvis operator
```

不谨慎地使用非安全调用运算符是能够在纯 Kotlin 代码中强制造成空指针异常的少数途径之一。Kotlin 中允许存在这种可空性是因为要实现 100% 与 Java 进行互操作这一相当务实的目标。从根本上来说，完全不需要空引用，所以尽量避免使用非安全调用运算符。即使确定需要使用该运算符，最好将可空性保持在最小的范围内，例如使用 elvis 运算符尽早定义有用的默认值。

2.7　相等性检查

我们可以通过两种最基本的方式来检查对象是否相等：引用相等和结构相等。两个变量引用相等是指它们在内存中指向了同一个对象（它们使用了相同的引用）。而结构相等意味着两个变量的值相等，即使它们存储在不同的位置。请注意，引用相等就意味着结构相等。Kotlin 为这两种检查方式分别提供了各自的运算符：使用 === 来检查引用相等性，使用 == 来检查结构相等性，参见代码清单 2-35。

代码清单2-35　检查引用相等性和结构相等性

```
val list1 = listOf(1, 2, 3)  // List object
val list2 = listOf(1, 2, 3)  // Different list object but with same contents

list1 === list2  // false: the variables reference different objects in memory
list1 == list2   // true: the objects they reference are equal
list1 !== list2  // true: negation of first comparison
list1 != list2   // false: negation of second comparison
```

检查结构相等性时用到了每个对象都具有的 equals 方法，该方法用来对对象进行比较。实际上，a == b 的默认实现是 a?.equals(b) ?: (b === null)。所以，如果 a

不为空，则 a 必须等于 b；如果 a 为空，则 b 必须也为空。

需要注意的是，a == null 会自动转换成 a === null，因此在与空进行比较时无须刻意优化代码。

浮点数相等

在比较浮点数时 Kotlin 遵守 IEEE 浮点运算标准[1]，但前提是两个比较数的类型能够被静态地评估为 Float 或 Double 类型（或者它们对应的可空类型）。否则，Kotlin 会对 Float 和 Double 类型使用 Java 的 equals 和 compare 实现。然而这样并不符合 IEEE 标准，因为在 Java 的实现中 NaN（Not-a-Number）类型被定义为与自身相等，而 -0.0f 被认为小于 0.0f。代码清单 2-36 中该边界情况更为明显。

代码清单2-36 浮点数值的相等性

```
val negativeZero = -0.0f              // Statically inferred type: Float
val positiveZero = 0.0f               // Statically inferred type: Float
Float.NaN == Float.NaN                // false (IEEE standard)
negativeZero == positiveZero          // true (IEEE standard)
val nan: Any = Float.NaN              // Explicit type: Any => not Float or Double
val negativeZeroAny: Any = -0.0f      // Explicit type: Any
val positiveZeroAny: Any = 0.0f       // Explicit type: Any

nan == nan                            // true (not IEEE standard)
negativeZeroAny == positiveZeroAny    // false (not IEEE standard)
```

以上示例对于 Double 类型的值来说也是相同的结果。请记住，通常不应对浮点值使用相等性比较，同时还需要考虑存储此类值时不同机器由于精度限制所产生的公差。

2.8 异常处理

在像 Kotlin、Java 或 C# 这样的编程语言中，异常提供了一种标准化的报告错误的方式，以便所有开发人员能够遵循相同的报告错误和处理错误的概念。这种异常的方式有助于在提高开发人员工作效率的同时提升代码的健壮性。在本节中，你将了解异常处理的原则，Kotlin 中如何处理异常，Checked 和 Unchecked 异常有何不同以及为什么 Kotlin 只提供了 Unchecked 异常。

2.8.1 异常处理的原则

异常不仅仅用来表示代码中的错误或非预期的行为及结果，它们还使得在发生异常时

[1] https://ieeexplore.ieee.org/document/4610935/。

不需要立即处理此类意外行为，取而代之的是异常可以在代码中抛出。通过抛出异常，可以在代码中合适的层级上对异常进行处理，并且知道如何从异常中恢复。例如，常见的异常源头是应用程序最低层级的输入 / 输出（I/O）操作。但是在该层级不太可能知道如何处理这些错误——是否执行重试操作？是否通知用户？是否完全跳过操作？等等。而在应用程序的更高层级是能够从这样的异常中进行恢复的。

2.8.2　Kotlin 的异常处理

在语法级别上，异常处理包括抛出异常和处理异常这两种操作。处理异常的地方可能与抛出异常的地方相距甚远。Kotlin 使用 **throw** 关键字来抛出一个新的异常并使用 **try-catch** 代码块来处理异常。如代码清单 2-37 所示。

代码清单2-37　抛出和捕获异常

```
fun reducePressureBy(bar: Int) {
  // …
  throw IllegalArgumentException("Invalid pressure reduction by $bar")
}
try {
  reducePressureBy(30)
} catch(e: IllegalArgumentException) {
  // Handle exception here
} catch(e: IllegalStateException) {
  // You can handle multiple possible exceptions
} finally {
  // This code will always execute at the end of the block
}
```

throw 关键字后跟的异常类会抛出一个新的异常。需要注意的是，在 Kotlin 中没有用于实例化对象的 **new** 关键字，所以需要把可能引发异常的代码写在 **try** 代码块中。一旦发生异常，将会在相应的 **catch** 代码块中处理。不论是否发生异常，**finally** 代码块都会确保其中的代码在 **try-catch** 代码块运行结束后一定被执行。**finally** 代码块通常用来关闭已经打开的资源链接。**catch** 和 **finally** 都是可选的，但是二者必须选其一。

与编程语言其他组成部分一样，**try-catch** 代码块是 Kotlin 中的表达式，因此具有返回值。对于每种情况，返回值都由 **try** 和 **catch** 代码块的最后一行代码来定义，参见代码清单 2-38。

代码清单2-38　使用try-catch作为表达式

```
val input: Int? = try {
  inputString.toInt()  // Tries to parse input to an integer
} catch(e: NumberFormatException) {
```

```
  null                  // Returns null if input could not be parsed to integer
}
```

在上例中，如果 inputString 可被解析成整型类型，那么该整型类型的值将保存在变量 input 中。否则，toInt 将会导致数字格式异常，使代码跳转到 **catch** 代码块中继续执行，最终 **try** 表达式的值为 **null**。在适当的情况下，可以为 **catch** 代码块设置默认的返回值，从而避免 input 为空。

让我们来更进一步思考一下，其实 **throw** 在 Kotlin 中也是一个表达式。既然 **throw** 语句之后的代码行将不再继续执行，那么 **throw** 表达式的返回值是什么呢？这正是关键所在，因为在 Kotlin 中非终止（并且基于无法到达的代码）是由特殊类型 Nothing 标记的。如果对领域理论有所了解的话，你就会知道非终止是最基本的元素。这也是 Kotlin 类型体系的基本元素，Nothing 是所有其他类型的子类型。Nothing 没有确切的值，对于 Nothing? 来说只有唯一合法的值 **null**。正因为 **throw** 是一个表达式，所以可以将它和 elvis 运算符一起使用（请记住，elvis 运算符可认为是“否则为”），参见代码清单 2-39 。

代码清单2-39 使用throw作为表达式

```
val bitmap = card.bitmap ?: throw IllegalArgumentException("Bitmap required")
bitmap.prepareToDraw()  // Known to have type Bitmap here (non-nullable)
```

请注意，即使第一行代码执行了 **throw** 表达式，也并不会因此导致程序终止，而编译器则可以借助 Nothing 类型所携带的信息来做进一步的处理。换句话说，如果第一行代码中的 card.bitmap 为 null 的话，程序并不会终止执行，而编译器可以因此推断出第二行代码中的 bitmap 变量必定不为空。如果程序在第一行就终止的话，第二行代码就永远不会执行。

因此，可以借助编译器的这种特性来使用 Nothing 类型标记那些没有返回值的函数。一个常见的例子是测试框架中使用的 fail 函数，参见代码清单 2-40。

代码清单2-40 使用Nothing标记无返回值函数

```
fun fail(message: String): Nothing {  // Nothing type => function never terminates
  throw IllegalArgumentException(message)
}

val bitmap = card.bitmap ?: fail("Bitmap required")  // Inferred type: Bitmap
bitmap.prepareToDraw()
```

2.8.3 Checked 异常和 Unchecked 异常

Unchecked 异常是开发人员可以选择处理而编译器不会强制处理的异常。也就是说，编译器不会去检查是否处理了异常。如果发生 Unchecked 异常并且直到它被抛出到堆栈中的顶层也没有被处理的话，将会造成系统崩溃并显示导致崩溃的错误信息。相反，如果是 Checked 异常，编译器会强制要求开发人员对它进行处理。所以，一旦函数在定义时声明其可能会抛出异常，则必须在调用该函数时对异常进行处理，即使是在使用 **catch** 代码块或显式传递异常时。多年来，在 Java 中使用 Checked 异常对开发人员造成了一个困扰，那就是开发人员因处理异常而耗费了大量的精力，从而无法专注于实现实际的逻辑。其结果就是出现了使用空 **catch** 代码块来吞没异常的情况。这比抛出异常更加糟糕，因为这样做只会使错误隐匿于代码之中，使得因查找错误产生的根本原因而付出的代价成倍增加。此外，这些 **try-catch** 代码块也增添了众多不必要的样板代码，提升了代码的复杂性。

业内已经开展了很多次有关 Checked 异常优缺点的讨论。现代 Java 风格的语言，如 Kotlin、C#[1]以及 Ruby[2]已经决定不再使用 Checked 异常，而只保留 Unchecked 异常。因此，Kotlin 中的所有异常都是 Unchecked 异常，由开发人员来决定是否对异常进行处理。在 Kotlin 中做出这样的决定也是基于 JetBrains 对大规模系统编程语言的渴望。虽然已经证实 Checked 异常在小型项目中非常有用，但对大型项目来说却是相当大的障碍。究其原因，在小型项目中往往可以在产生异常的地方对异常进行处理，而大型系统需要开发人员对每个级别中所有可能发生的异常进行标记。也就是说，每一个需要传递异常且不对异常进行处理的函数都需要在声明时添加 `throws` 签名。与此差异相关的互操作性问题将在第 5 章中讨论。

在 Java 中需注意

Java 提供了 Checked 和 Unchecked 两种异常。你可以在代码中只使用 Unchecked 异常。使用了 Checked 异常的第三方代码会强迫你在代码中处理这些异常，并且为每个传递异常的函数添加 `throws` 标注。

2.9 本章小结

通过本章的学习，你已经对 Kotlin 的基础知识有所了解，包括数据类型、控制流程、函数声明以及处理可空性和异常。通过对类型推导、显式可空类型、默认值、函数简写语法和所有语言结构皆为表达式等 Kotlin 语言特性的学习，你会发现 Kotlin 对简洁性和安全性的考量，这些内容贯穿于整章中。此外，你还了解了如何通过扩展函数来为那些不属于你自己的类添加额外的 API，并且探讨了 Kotlin 在进行异常处理时仅允许使用 Unchecked 异常的原因。

接下来的两章内容将会讲解 Kotlin 所依赖的两个主要编程范式，即函数式编程和面向对象，以及它们是如何被整合到该编程语言中的。

---

[1] https://docs.microsoft.com/en-us/dotnet/csharp/。

[2] https://www.ruby-lang.org/en/。

Chapter 3 第3章

Kotlin 中的函数式编程

对于所有困难，我们都可以尝试先将其“微分”到足够的程度，再一个一个解决。

—— René Descartes

本章内容包含了函数式编程的基本概念，同时还对这些概念是如何融入 Kotlin 的进行了说明。本章首先会概述函数式编程的原理和优点，然后会对特定内容进行详细讨论，这些内容包括：高阶函数、Lambda 表达式和惰性计算。

3.1 函数式编程的目的

顾名思义，函数式编程强调使用函数进行应用开发。函数式编程同样可以视为一种编程范式，这与强调类和对象的面向对象编程异曲同工。从不同的抽象层级来看，每个程序或组件都可以看作是拥有输入和输出的函数模型。该模型允许使用一种新的方式编写程序，因此可以将程序功能模块化为函数。理解函数式编程的关键是要理解其中的高阶函数、Lambda 表达式和惰性计算。

- **高阶函数**：以一个或多个其他函数作为输入，返回一个函数作为其返回值的函数。高阶函数同样可以接收其他类型的参数。在本章，你将看到许多涵盖广泛的高阶函数的用例，并且体会到高阶函数的强大功能。
- **Lambda 表达式**：通常是动态定义的匿名函数。Lambda 表达式在用法上使表示的函数更加简洁。Lambda 表达式经常与高阶函数一起使用，用来定义作为参数传入或从高阶函数返回的函数。

- **惰性计算：**只在必要的时候才会执行的表达式。例如，由一百万个元素构成的序列，在我们真正开始使用它们之前，并不希望Kotlin在运行时立即执行它们。这也是Kotlin中序列所执行的方式。惰性序列允许使用无限容量的数据结构，并且在某些情况下显著提高性能。

上述函数式编程的三个主要概念的使用，为编写高表达性的代码开辟了全新的途径，同时也解决了编写模块化代码遇到的问题。

函数式编程除了是一种范式之外，同时也是一种可以大量使用不变性来避免函数产生副作用的编程风格。不变性增强了代码的健壮性，避免了一些非期望的状态变更，这一点在多线程环境中尤为重要。通过将函数隐藏的和意外的状态变更最小化来避免函数的副作用，从而提高了代码的可理解性、可测试性和健壮性。同时，这也有助于惰性计算表达式的执行，如若没有使用不变性，惰性计算将有可能在变化的状态下被执行，这样会与预期产生差别。

另外，与面向对象语言不同，通常纯函数语言并不会提供关键字`null`。Kotlin的编程理念提倡不变性并且避免使用`null`，因为`null`通常是与可变对象结合使用的。但是，Kotlin作为一种必须与Java互操作的面向对象语言，Kotlin仍然保留`null`。

在Java中需注意

从概念上看，Kotlin中的惰性序列与Java 8中的Streams[㊀]是相同的，并且用法也十分相似。

函数式编程的优点

函数式编程，不仅可以很好地与面向对象编程结合使用，还拥有很多可以用来改进代码的方法。

第一，高阶函数和Lambda表达式可以极大地提高代码的简洁性和表现力。例如，函数式编程可以用一行代码写出以往多行命令式循环所完成的工作。另外，事实证明，函数式编程对于处理Collection类型的数据十分有用，如list和set——当然，这也是因为函数式编程可以用更简洁的代码替换原有的命令式代码。

第二，当面临大型集合的操作和需要较大开销的计算时，使用惰性计算可以显著提升运算性能。同时，在理论上，Kotlin的惰性计算允许用户定义无穷大的数据类型，例如所有素数的列表。从原理上看，惰性计算意味着操作集合中的任何元素都将被动态计算，并且只有在必要时才会执行该计算。这就类似于调用一个函数来计算某个数字n的前n个素数。

第三，函数式编程为解决常见的开发任务提供了新的途径。包括操作Collection和实现设计模式，例如，使用Lambda表达式可以更容易地实现策略模式[㊁]。

㊀ https://docs.oracle.com/javase/8/docs/api/java/util/stream/package-summary.html。

㊁ https://sourcemaking.com/design_patterns/strategy。

通过阅读本章，将其中包含的概念在代码中实践之后，你便会对函数式编程的优点形成个人见解。但是别忘了，凡事过犹不及，函数式编程的特性也是如此，也需要有原则地使用，并不是所有的问题都适合使用纯函数式风格解决，特别是在代码的阅读体验方面，对于一些不熟悉函数式编程的开发人员而言，纯函数式的代码风格并不是容易理解的。但是，如果在使用函数式编程风格的同时结合 Kotlin 的其他语言特性，那么就能写出不仅能与其他编程风格（面向对象）协同工作，而且更加简洁、可读的代码。

3.2 函数

本节将介绍函数式编程的核心——函数，及其相关的内容，包含函数签名与函数类型的概念，以及如何通过 Kotlin 正确地使用它们。

从本质上讲，一个函数即一个模块化的代码块，可以有不定个数（零个或多个）的输入参数，在代码块中会基于这些入参进行一系列计算，并最终返回一个结果值（也有些函数没有返回值）。而函数输入参数与返回值的相关信息会被封装在*函数签名*中。代码清单 3-1 展示了 Kotlin 中的函数签名。函数签名依次定义了函数的名称、输入和输出。

代码清单3-1 函数签名

```
fun countOccurrences(of: Char, inStr: String): Int  // Inputs: Char, String; Out: Int
```

由于函数是 Kotlin 中的一等公民，因此可以使用适当的*函数类型*来声明其类型，例如，当一个变量类型持有一个函数时，如代码清单 3-2 所示。

代码清单3-2 函数类型

```
val count: (Char, String) -> Int = ::countOccurrences  // Function ref. matches type
```

上述代码表示 count 变量持有一个函数，该函数的类型为 `(Char, String) -> Int`，意味着该函数需要两个参数，类型分别为 `Char` 和 `String`，一个 `Int` 类型的返回值。这样的函数一般称为*一阶函数*。这与高阶函数不同，高阶函数需要以函数作为参数或返回值。

可以通过函数指针来引用一个已经声明的函数，即在需要引用的函数名前加上两个冒号，例如上述的 `::countOccurrences`。关于函数指针在此可以初步了解，因为之后会介绍 Lambda 表达式，在很多情况下，Lambda 表达式提供了更加灵活的方式来取代函数指针。

> **在 Java 中需注意**
>
> *在 Java 8 中没有这种常义函数类型，但有固定数量的预定义函数类型*[⊖]。

⊖ https://docs.oracle.com/javase/8/docs/api/java/util/function/package-summary.html。

3.3 Lambda表达式

Lambda表达式允许在调用处定义匿名函数，而不需要使用非匿名函数的声明模板。通常，我们将Lambda表达式简称为Lambda。

Lambda是大多数现代编程语言（例如，Scala、Java 8和Dart）共有的主要特性之一。而Kotlin以最佳实践的集大成者自居，必定会将Lambda表达式融入自身的语言特性中。就Lambda这一语言特性而言，由于Kotlin出现的时间较晚，它是站在巨人的肩膀上发展的，没有太多历史遗留问题，因此，Kotlin为Lambda提供了流畅的语法支持。

在Kotlin中使用Lambda

Kotlin为Lambda提供了强大的语法支持，同时兼顾代码的简洁性与可读性。因此，使用Kotlin可以写出任意Lambda表达式。如代码清单3-3所示。

代码清单3-3　完整的Lambda表达式

```
{ x: Int, y: Int -> x + y }  // Lambdas are denoted with bold braces in this chapter
```

其中，被大括号括起来的部分即为Lambda表达式，箭头符号左侧为参数，右侧为函数体。上述的Lambda函数接收两个整数，并返回其和，所以，类型为`(Int, Int)-> Int`。因此，该函数还可以赋值给同类型的变量，如代码清单3-4至3-6所示。

Kotlin在处理Lambda时，会使用类型推断，以及一些其他语法糖。那么接下来，基于代码清单3-3，我们来逐步改进这段代码，首先将这个函数赋值给一个变量。代码清单3-4展示了将其赋值给变量的显式方法，在这个方法中需要指明所有参数的类型。

代码清单3-4　为Lambda表达式赋值

```
val sum: (Int, Int) -> Int = { x: Int, y: Int -> x + y }
```

首先，Kotlin会基于变量类型推断出函数的参数x和y的类型一定为`Int`，因此我们无须在Lambda表达式中再次声明。如代码清单3-5所示。

代码清单3-5　推断Lambda的参数类型

```
val sum: (Int, Int) -> Int = { x, y -> x + y }  // Infers the lambda parameter types
```

与代码清单3-5相反，代码清单3-6展示了在Lambda内部使用显式类型并让Kotlin自行推断变量类型的情景。

代码清单3-6　推断Lambda变量的类型

```
val sum = { x: Int, y: Int -> x + y }  // Infers the variable type
```

Kotlin不仅能推断参数类型，还可以通过Lambda的定义推断返回值类型。

如果一个 Lambda 表达式只有一个参数，那么还有另一种简洁的编写 Lambda 表达式的方法。我们将通过一个将 `String` 类型的变量转换为大写的功能来说明这种方法。试想一下，将一个 `String` 类型的变量转换为大写，事实上就只需要一个 `String` 类型的参数。因此可以使用隐式参数名 `it` 来替代参数，这样就可以完全省略参数列表的声明过程，如代码清单 3-7 所示。

代码清单3-7 隐式参数名it

```
val toUpper: (String) -> String = { it.toUpperCase() } // Uses the implicit 'it'
```

在使用 `it` 关键字时需要注意，只有当 Kotlin 可以推断出其类型时才有效。因此，在将 Lambda 作为参数的高阶函数中，会经常看到这样的用法。

另外，在这种只调用了一个预定义已声明的 `String.toUpperCase` 方法的特殊情况下，用函数引用来取代 Lambda 也是一个不错的选择。因此，代码清单 3-8 也等价于代码清单 3-7。

代码清单3-8 函数指针

```
val toUpper: (String) -> String = String::toUpperCase  // Uses function reference
```

Lambda 表达式用于避免在不必要时定义命名函数的开销，例如，某个函数仅在一个特定的地方使用。如果已经有一个可以直接使用的命名函数，则无须将其封装到 Lambda 表达式中，直接调用命名函数或使用函数引用会更好。

3.4 高阶函数

当一个函数将另外的函数作为入参或返回值时，便称其为*高阶函数*。可以结合代码清单 3-9 中定义的 twice 高阶函数进行思考。

代码清单3-9 定义一个高阶函数

```
fun twice(f: (Int) -> Int): (Int) -> Int = { x -> f(f(x)) }  // Applies 'f' twice
```

在代码清单 3-9 中，我们定义了一个高阶函数，该函数以 `f:(Int) -> Int` 为参数类型，最终返回一个类型为 `(Int) -> Int` 的函数，可以将其等价为 `{ x -> f(f(x)) }`。

只有当高阶函数与 Lambda 表达式作为入参相结合时，其优势才能完全展现。例如，当调用上例中的 `twice` 高阶函数时，我们必须给定一个函数 `f` 作为参数。这时，就可以使用 Lambda 表达式或函数引用。如代码清单 3-10 所示。

代码清单3-10　调用一个高阶函数

```
val plusTwo = twice({ it + 1 })  // Uses lambda
val plusTwo = twice(Int::inc)    // Uses function reference
```

当使用 Lambda 时，Kotlin 的类型推断特性在推断 it 的类型时，会依据函数 f 的类型，即 (Int) -> Int，将 it 的类型推断为整数型，并且基于此类型信息完成 Lambda 的正确性验证。

当一个高阶函数的最后一个参数是一个 Lambda 表达式时，就可以将这个 Lambda 表达式移到括号外，如代码清单 3-11 所示。

代码清单3-11　Lambda作为最后一个参数

```
val plusTwo = twice { it + 1 }  // Moves lambda out of parentheses and omits them
```

为什么要这样做呢？首先，Kotlin 的特性允许在高阶函数只有 Lambda 参数时，完全跳过括号（参数声明部分），正如代码清单 3-11 所示。在下一节中，你将看到许多这样的函数。其次，Kotlin 的这一特性允许使用者定义一些看起来像语法关键字的高阶函数，并且这样还可以将有相关性的代码封装在同一个代码块中。最后，使用这一特性，可以在 Kotlin 中构建简单的领域专用语言（DSL）。在本书的第 9 章将会详细介绍。

在 Kotlin 的标准库中，包含了很多有用的高阶函数，这些高阶函数对于一些确定的开发任务是很有帮助的。本章的 3.5 节和 3.6 节将会介绍其中的一部分。

内联高阶函数

考虑运行时会发生的情况对于处理高阶函数是非常重要的。众所周知，函数派生自类，而运行时表现为对象。这对于性能有重要的影响。尝试思考一下从代码清单 3-9 到代码清单 3-12 的变化，及其影响。

代码清单3-12　调用高阶函数

```
val plusTwo = twice { it + 1 }  // Creates a function object
```

在运行时，Lambda 表达式会作为一个对象。再进一步，这意味着在运行时，会为使用的每个 Lambda 创建一个对象——这必然会关系到内存的消耗与垃圾回收器的调用，但这些都是有方式避免的。

高阶函数可以通过声明为内联函数的形式来避免这些问题。例如，代码清单 3-13 中使用的 Kotlin 标准库中的 Foreach 函数。值得一提的是，Foreach 函数是一个泛型函数，可以通过其泛型类型参数 <T> 来识别。本书将在第 4 章，中讨论泛型的细节。

代码清单3-13 内联高阶函数

```
public inline fun <T> Iterable<T>.forEach(action: (T) -> Unit): Unit { // Uses inline
    for (element in this) action(element)
}

(1..10).forEach { println(it) }  // This function call is inlined at compile-time
```

可以通过将内联修饰符添加到函数声明中的方式来声明一个内联函数。这样就可以使传递给高阶函数的 Lambda 表达式在编译时内联。直观地讲，如代码清单 3-13 就是代码清单 3-14 编译后的结果，看上去就像将代码直接复制粘贴到调用点。

代码清单3-14 调用内联函数的效果

```
for (element in 1..10) println(element)  // No lambda, thus no object at runtime
```

由于运行时无须函数对象，因此在 Kotlin 标准库中，内联函数会被频繁使用。但如果开发人员确实希望在运行时使用函数对象，例如将一个函数作为参数传递给一个高阶函数，则不能使用内联。另外，需要注意的是，内联函数只对高阶函数有意义，并且只对那些将另一个函数作为一个参数的高阶函数有意义，因为这样才能通过内联的方式避免在运行时创建函数对象。当然，如果开发人员尝试在不能使用内联的位置使用内联，那么 Kotlin 编译器会发出一个警告。

如果一个高阶函数接收多个函数作为参数，同时又不希望所有参数都被内联，那么可以在参数名称前使用 noinline 关键字来标记不希望内联的参数。

在 Java 中需注意

尽管 Java 编译器可能会决定内联函数调用，但是无法明确指定一个高阶函数应该始终内联其参数。

非局部的返回

Kotlin 中的 Lambda 并不允许从其封装好的函数中返回。因此，不允许在 Lambda 中直接返回，只能在使用关键字 **fun** 声明为函数的内部返回。但是，如果 Lambda 被传入的函数是内联函数，那么就可以使用 **return**。代码清单 3-15 展示了一个使用 forEach 高阶函数的典型示例。

代码清单3-15 从封装的函数中返回

```
fun contains(range: IntRange, number: Int): Boolean {
  range.forEach {
    if (it == number) return true  // Can use return because lambda will be inlined
  }
```

```
    return false
}
```

上例中，传入 forEach 函数中的 Lambda 从密封的 contains 方法中返回了一个布尔值。这种将 return 在 Lambda 内部调用情况即为*非局部返回*，并且这种方式可以将返回值从密封的方法内返回。之所以可以这样做是因为 forEach 是一个内联函数，因此就可将代码清单 3-15 中的代码变成代码清单 3-16 中的形式。

代码清单3-16　从封装的函数中返回结果——内联结果

```
fun contains(range: IntRange, number: Int): Boolean {
  for (element in range) {
    if (element == number) return true  // This return is equivalent to the one above
  }
  return false
}
```

这说明在上例的 Lambda 表达式内部的 return 最终也就是循环中常规的 return。因此，在这种情况下，就可以在 Lambda 内部使用 return。通常，如果在高阶函数的函数体中调用 Lambda，就可以这样做。

当 Lambda 被不同的执行上下文调用时，例如在另一个 Lambda 中或一个对象内部被调用时，就不能使用非本地返回。因为这样会尝试从不同的执行上下文中获取返回值，而非从封装的高阶函数中获取。因此，如果想要内联一个这样的高阶函数，就必须放弃非本地返回。通过使用 crossinline 关键字就可以显式地完成这个限制。

举个例子，如果想要内联代码清单 3-9 中的 twice 函数，就一定要禁止通过 Lambda 中名为 f 的函数调用 return，因为函数 twice 在内部调用了函数 f。代码清单 3-17 中展示了将 twice 函数正确内联的方式。

代码清单3-17　通过crossinline限制使用本地返回

```
inline fun twice(crossinline f: (Int) -> Int): (Int) -> Int = { x -> f(f(x)) }
```

在这里函数 f 内部是不能非本地返回的，因为内联后所包含的 Lambda 表达式在函数内部，而且正如上面所提到的，Lambda 一般不使用 **return**。此外，内部的 f 也可以从包含 f 调用的内部返回，这也是不被允许的。

3.5　集合的使用

Kotlin 中的集合基于 Java 集合的 API，但在声明和使用上有显著的不同。本节将介绍如何使用集合，之后会探讨如何将高阶函数与集合结合使用，这对处理集合提供了极大的帮助。

3.5.1 集合 API 在 Kotlin 与 Java 中的区别

Kotlin 中十分注重不可变性，因此对于集合 API 也明显地区分了可变类型集合和只读类型集合。也就是说，在 Kotlin 中，每种集合类型（List、Set、Map）都有可变类型和只读类型供开发者选用，即 List 和 MutableList，Set 和 MutableSet，以及 Map 和 MutableMap。因此，在 Kotlin 中，若非明确要使用可变类型，切记将名称前没有 Mutable 的只读类型作为首选。

对于只读类型数据，一旦完成数据初始化，那么就无法再添加、替换，或者移除任何集合中的元素。但是，对于集合中存储的可变类型数据是可以进行修改的。因此，在声明一个不可变集合之前，开发人员需要考虑三个层级的问题：

- 使用关键字 val 持有的集合意味着不能重新分配变量。
- 使用不可变集合（或者，至少是只读的）。
- 其中只存储不可变对象。

注意

从严格意义上讲，Kotlin 中的集合并不是不可变的，因为存在一些（非常规）方法修改其中的值。这也是为什么在本书中仅称之为**只读**。但是，Kotlin 团队也正在研究真正的不可变集合[⊖]。

而对于可变类型的集合，每个子接口（MutableList、MutableSet、MutableMap）中都定义了 add、set，或 put 方法。因此，开发人员可以对可变类型中的元素进行增加、替换和移除操作。

在下一小节中，你将看到 Collection 在实例化时只读类型和可变类型之间的区别。

3.5.2 在 Kotlin 中实例化集合

Kotlin 集合类型通常通过使用一个适当的 Helper 函数来完成实例化，该函数允许传入任意数量的元素（即所谓的变参函数（vararg）），如代码清单 3-18 所示。

代码清单3-18 创建集合的Helper

```
// Collections
val languages = setOf("Kotlin", "Java", "C++")  // Creates a read-only set
val votes = listOf(true, false, false, true)    // Creates a read-only list
val countryToCapital = mapOf(                   // Creates a read-only map
    "Germany" to "Berlin", "France" to "Paris")
```

⊖ https://github.com/Kotlin/kotlinx.collections.immutable。

```
// Arrays
val testData = arrayOf(0, 1, 5, 9, 10)          // Creates an array (mutable)
```

通过这种方式，可以很容易地实例化 Set、List、Map，以及其他任何集合类型。除了 arrayOf 方法之外，上述的所有函数方法都是用来创建只读集合的，而 arrayOf 方法是用来创建与集合类型非常相似的 Array 类型的，切记 Array 不属于集合 API。

除了上述用来创建只读类型的函数方法之外，还有一系列函数方法用于创建可变类型的集合或其子类型，所有的函数方法都在表 3-1 中列出。

表 3-1　创建集合的 Helper 方法表

类　型	List	Set	Map
只读类型	listOf	setOf	MapOf
可变类型	mutableListOf	mutableSetOf	mutableMapOf
特定子类型	arrayListOf	hashSetOf	hashMapOf
		linkedSetOf	linkedMapOf
		sortedSetOf	sortedMapOf

Kotlin 还提供了很多针对 Java 基本类型数组的 Helper 函数，例如 intArrayOf、doubleArrayOf，以及 boolArrayOf 等方法。在字节码中，这些方法被分别转换为 Java 中相应的基本类型数组，如 int[]、doublt[]，以及 boolean[]，而非 Integer[]、Double[] 和 Boolean[]。这在强调性能的代码中是非常重要的，因为这样避免了不必要的对象创建、自动装箱、拆箱和内存消耗。

3.5.3　集合的访问和编辑

访问和编辑集合的方式取决于集合是可变类型的，还是只读类型的。在 Kotlin 中，Java 集合中的大多数方法名保持不变，但只要定义了 get 方法，就可以使用索引访问操作符，如代码清单 3-19 所示。

代码清单3-19　读取索引操作符

```
votes[1]      // false
testData[2]  // 5
countryToCapital["Germany"]  // "Berlin"
```

这里有一些需要注意的事项，首先，上例中没有使用 Set 类型，因为 Set 类型在概念中是没有排序的，因此无法选定 Set 类型中的第 n 个元素。其次，Map 类型定义的 get 方法会根据定义的 key 来获取对应的 value，在本例中，key 和 value 都是一个字符串。从内部实现来看，索引访问操作符只是调用对象的 get 方法，因此，也可以通过显式地调用来完成此操作，如 votes.get(1)。

对于定义了 set 方法的可变集合，你可以通过使用索引访问操作符来替换指定元素。

假设之前我们已经创建了可变集合类型，基于这些数据，见代码清单 3-20。

代码清单3-20 写入索引访问操作符

```
// Assumes mutable collections now
votes[1] = true                        // Replaces second element with true
testData[2] = 4                        // Replaces third element with 4
countryToCapital["Germany"] = "Bonn"   // Replaces value for key "Germany"
```

从内部实现来看，上例中的代码等价于调用可变类型集合的 `set` 方法，如 `votes.set(1,true)`。

现在，我们已经了解了如何实例化集合，以及如何操作其中的元素，那么我们就可以再进一步，看看如何高效地使用常用的高阶函数来处理这些集合。

3.5.4 过滤集合

集合操作常见的任务是根据某些条件完成对所有元素的过滤。对于这种任务，在 Kotlin 中，可以使用高阶函数 `filter` 来完成。之所以将 `filter` 称为高阶函数，是因为过滤条件将作为一个函数传入其中。如代码清单 3-21 所示，即统计赞成票的数量。

代码清单3-21 过滤一个集合

```
val numberOfYesVotes = votes.filter { it == true }.count()  // Counts positive votes
```

在上例中，因为 Lambda 是 `filter` 函数的唯一参数，因此可以直接跳过函数的圆括号部分。对于一个元素类型为 A 的集合，`filter` 函数的入参必须为 `(A) -> Boolean` 类型的函数。`filter` 函数同样也可用于搜索。例如代码清单 3-22 中搜索名称以 f 开头的国家。

代码清单3-22 在集合中搜索

```
val searchResult = countryToCapital.keys.filter { it.toUpperCase().startsWith('F') }
```

本质上，`filter` 函数将一个集合过滤成它的一个子集，这个子集中都是满足参数设定条件的元素。

3.5.5 映射集合

在函数式语言中，高阶函数 `map` 同样很有名。`map` 函数可以将给定的函数应用（或者 "map"）映射到一个集合的每个元素上。例如，将一组 `testData` 数据求平方，如代码清单 3-23 所示。

代码清单3-23 对每个元素都应用一个函数

```
val squared = testData.map { it * it }  // Creates list with each element squared
```

与之前提到的 `filter` 函数一样，由于只有一个 Lambda 作为参数，因此可以省略小括号。由于这个操作是对给定集合中每个元素执行的，也就是说会对给定集合中的元素依次求平方（这里需要注意的是关键字 **it** 是 Int 类型），所以最终的返回值会是包含元素 0、1、25、81、100 的 List。切记，即使调用 map 的是一个其他类型的集合，map 函数总是返回一个 List。这一点可以通过 map 函数的签名来验证，如代码清单 3-24 所示。

代码清单3-24 map函数的签名

```
inline fun <T, R> Iterable<T>.map(transform: (T) -> R): List<R>  // Returns List
```

map 函数还可以执行（类似于 SQL[⊖]）投影，将给定集合中对象的某个属性映射到另一个相关的集合，如代码清单 3-25 所示。

代码清单3-25 使用map映射

```
val countries = countryToCapital.map { it.key }  // ["Germany", "France"]
```

上例中，集合中所有元素的类型皆为 Entry<String, String>，所以这也就是例子中关键字 **it** 的类型。每个实体都是由 key 和 value 构成的，而例子中的映射只取实体中的 key，也就是国家的名称。

3.5.6 集合分组

当开发人员想要通过某个键（key）对一个集合中的所有元素进行分组时，可以尝试使用高阶函数 groupBy。例如，通过名字将所有人分组，通过状态将所有用户分组，或者通过年龄将所有动物分组等。代码清单 3-26 展示了通过字符串长度将单词分组。

代码清单3-26 通过长度将单词分组

```
val sentence = "This is an example sentence with several words in it"
val lengthToWords = sentence.split(" ")  // ["This", "is", "an", …, "in", "it"]
    .groupBy { it.length }

println(lengthToWords)  // {4=[This, with], 2=[is, an, in, it], … }
```

在上例中，首先通过 split 方法在空格处将一整条句子拆分成一个单词列表，然后通过 groupBy 函数根据单词的长度对单词进行分组。通常，groupBy 会将任何可迭代对象（Iterable）转换给一个 **map**，而这个映射所依据的键（key）就是 groupBy 函数所接收的 Lambda。而在上例中，由于使用 it.length 作为入参 Lambda 表达式，所以分组的（key）是单词的长度。

⊖ http://www.cs.uakron.edu/~echeng/db/sequel.pdf。

3.5.7 集合关联

另一个将可迭代对象转换为 map 的高阶函数为 associate。这个方法可以帮助开发人员将两部分不同的数据相互关联。例如，将用户的年龄与他们的购物车平均价值相关联，或者将用户的订阅计划与其在网站上花费的时间相关联等。还有另一种用法，即仅将一个 list 转换为一个 map。代码清单 3-27 展示了这种用法，将递增的整数作为一组字符串的 key，从而形成一组键值对。

代码清单3-27 将list转换为map

```
val words = listOf("filter", "map", "sorted", "groupBy", "associate")
var id = 0                                   // The first map key
val map = words.associate { id++ to it }  // Associates incrementing keys to elements
println(map)  // {0=filter, 1=map, 2=sorted, 3=groupBy, 4=associate}
```

上例中，在 Lambda 内部建立关联，将每个单词与一个整型 id 关联起来，id 作为键，单词为值，从而定义出一组键值对。

3.5.8 计算最小值、最大值，以及和

在 Kotlin 中，如果现在有一个名为 numbers 的整型 list，你可以很容易地使用 numbers.min()、numbers.max() 和 numbers.sum() 来分别完成该数组的最小值、最大值以及和的计算。但是，如果现在有一组用户对象，需要找到年龄最小的、分数最高的，或者计算出每月开支总和，那该怎么办？对于这些情况，Kotlin 有 minBy、maxBy，以及 sumBy 几个高阶函数可以使用。代码清单 3-28 展示了上述函数的用法，当然，是在假设 users 中的 user 类有 age、score 和 monthlyFee 的前提下。

代码清单3-28 依据某些属性计算最小值、最大值，以及和

```
users.minBy { it.age }          // Returns user object of youngest user
users.maxBy { it.score }        // Returns user object of user with maximum score
users.sumBy { it.monthlyFee }  // Returns sum of all users' monthly fees
```

正如上例所示，这些高阶函数为写出解决相应问题的代码提供了兼具可读性与简洁性的语法。但是，这里需要注意的是 users.minBy { it.age } 并不等价于 users.map { it.age }.min()，因为前者的返回值将是年龄最小的完整用户信息（类型为 User），但后者的返回值是最小的年龄（类型为 int）。

3.5.9 集合排序

Kotlin 提供了一些函数，用来对集合中的元素排序，其中也包含一些高阶函数。代码清单 3-29 展示了这些函数。

代码清单3-29　集合排序

```
languages.sorted()              // ["C++", "Java", "Kotlin"]
languages.sortedDescending()    // ["Kotlin", "Java", "C++"]
testData.sortedBy { it % 3 }    // [0, 9, 1, 10, 5]
votes.sortedWith(
    Comparator { o1, _ -> if (o1 == true) -1 else 1 }) // [true, true, false, false]
countryToCapital.toSortedMap()  // {France=Paris, Germany=Berlin}
```

事实上，上述的所有方法都不会对原始对象产生任何更改。换句话说，上述方法没有直接对原始集合类型的数据对象中的元素执行排序，而是创建了一个新的集合对象，将排序的结果存入新对象并返回。对于 Array 类型，提供了返回同样类型的 sortedArray 方法；对于 Map 类型，也提供了对应的 toSortedMap 方法，如实例中最后一行所示，其排序的默认顺序是按照键（key）的自然顺序排列的（但也可以接收 Comparator 作为参数，指定排序方式）。

上例中前两行方法使用的默认排序是自然排序，本例中的自然排序是按照字母顺序排列（即字典顺序）。

对于更特殊的用例，sortedBy 方法允许开发人员定义用于排序的自定义值。例如代码清单 3-29 中的第三行，将 testData 中的元素除以 3 后的余数进行排序。通常，用来指定排序方式的函数必须能作用于集合中的元素，并且其返回值为 Comparable 的子类，例如本例中使用的 (Int) -> Int。

最后一点，sortedWith 接收 java.util.Comparator 类型作为参数，它定义了两个元素应该如何比较。比较器的工作方式为比较两个对象，如果前者小于后者，则返回负数，相等则返回 0，否则，返回整数。在统计 votes 的例子中，将赞成票（值为 true）定义为 -1，否决票定义为 1，因此最终的结果就会以赞成票为开始。这里需要注意，由于本例中 Comparator 并不需要第二个投票来进行比较，所以可以使用下划线来代替 Lambda 参数，用以表示没有使用第二个参数。

对于 Array，也有一些相同方法名结构的函数可以用来进行原位排序操作，但是其方法名前缀不是 sorted，而是 sort，例如 sortDescending 和 sortBy。

3.5.10　折叠集合

fold 函数用于将一个集合转换为一个值，具体实现是从给定的初始值与集合中的第一个元素开始，递归式地按照给定的运算方式处理，从集合的“左”（索引为 0 处）边开始遍历集合。

为了更加具体地说明，代码清单 3-30 给出了对集合中所有元素求和与求积的实现。

代码清单3-30　使用fold函数求集合的和与积

```
val testData = arrayOf(0, 1, 5, 9, 10)
val sum = testData.fold(0) { acc, element -> acc + element }      // 25
val product = testData.fold(1) { acc, element -> acc * element }  // 0
```

在上例中，累加器的类型与元素类型一致——都是 Integer 类型。通常，任何类型的累加器都可以使用。上例中，第二行代码将计算 (((((0+0)+1)+5)+9)+10) 的结果。fold 函数的名称也是来源于此，想象一下，每次计算都是将上述集合的元素数量减少，但总和不变，也就像将一个展开的集合折叠，直到只剩下一个最终的结果。

首先，将附加的起始值（0）折叠到第一个元素上，从而计算 (0+0)=0。这个新值被折叠到第二个元素上，从而计算 (0+1)=1。接下来是 (1+5)=6，依此类推。如图 3-1 所示，通过一种常见的可视化方法来解释上述操作，其中的冒号表示附加一个元素，[] 表示一个空数组。

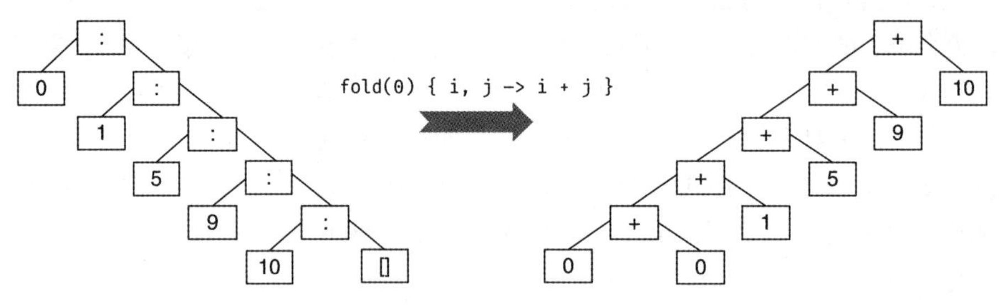

图 3-1 fold 函数的可视化

图 3-1 中，左边表示包含元素 0、1、5、9、10 的 testData 数组。右边从下至上展示了 fold 操作经过的算法树。因为这个算法是从数组的起始值到结束值进行计算（从左到右）的，所以也称为*左折叠*。对应的，Kotlin 也提供了 foldRight 函数，该函数的运行原理类似，只是从右到左折叠集合元素。对于上面的例子，由于加法和乘法的交换律，会得到相同的结果，即（((((0+0）+1）+5）+9）+10）=（0+（0+（1+（5+（9+10)))))。

在抽象的术语中，fold 函数可以接收的参数类型为 Iterable<E>，其签名可以表示为 (R, (R, E) -> R, Iterable<E>) -> R，其中 E 表示存储在 Collection 中的元素的类型，R 表示 fold 中的累加器的类型。第一个参数表示起始值，在第一次折叠时，该值将与 Collection 中的第一个元素合并。第二个参数为一个函数，该函数表示参与 fold 运算的下一个值是基于当前累加的结果（类型为 R）与下一个集合中的值（类型为 E），并返回下一个累加的结果。最后一个参数是 Iterable<E> 类型的 Collection，用来调用 fold 函数。最终返回类型为 R 的累加值。

注意

Kotlin 还提供了 reduce 和 reduceRight 函数，这些函数与 fold 和 foldRight 十分相似，但是没有额外的起始值，只是依次从前向后（或从后向前）将 Collection 中的元素折叠到一起。

对于上面的示例，其实 reduce 会更表意，因为对于 fold 需要添加额外的零用来求和或乘以 1 用来累积，这都是多余的。但是，这样也有好处，例如有一个恒定的偏移量，就可以使用折叠的起始值。

3.5.11　链式函数调用

在实际应用中执行 Collection 操作，我们经常能看到高阶函数的链式调用，从而有效地构成一条算法管道。因为这些函数会返回修改之后的 Collection，从而使之后的函数继续使用该 Collection。思考这样一个情景，有大量的用户信息以列表的形式存储在 users 变量中，此时需要获取前 10 个活跃用户的用户名，如代码清单 3-31 所示。

代码清单3-31　链式函数

```
val activeUserNames = users.filter { it.isActive }  // Filter active users
                           .take(10)                // Take first ten users
                           .map { it.username }     // Extract their usernames
```

隐式调用关键字 **it** 与链式调用结合使用，可以写出极其简洁的代码。注意，take 函数会返回 Iterable 类型的前 n 个元素。之后会在 3.7 节中做详细讨论。

Kotlin 的标准库中定义了很多有助于处理 Collection 问题的更加有用的高阶函数，并且都有相似的链式使用方式。这种链式调用会对性能产生一些影响，具体我们将在 3.7 节中进行讨论。

3.6　作用域函数

本节将介绍 Kotlin 标准库中 Standard.kt 中的作用域函数。也包含 Closeable.kt 中的 use 函数，因为该函数与作用域函数十分相似。这些函数能够帮助开发人员避免常见的错误源、结构化代码，以及重复代码等问题。

3.6.1　let 函数的使用

let 函数对于确定变量范围和处理可空类型是十分有用的。有以下三个主要使用场景：

- 限定变量作用域，使其仅在 Lambda 中生效。
- 仅当可空变量不为 **null** 时才执行一些代码。
- 将一个可空对象转换为另一个可空对象。

首先，当变量或对象只应该在代码的一小部分使用时，就可以划定其作用域，例如代码清单 3-32 所示的读取文件的缓冲读取器。

代码清单3-32　使用let函数划定作用域

```
val lines = File("rawdata.csv").bufferedReader().let {  // Scopes the buffered reader
  val result = it.readLines()                           // Accesses reader as 'it'
  it.close()
  result
}
// Buffered reader and 'result' variable are not visible here
```

如此一来，缓冲读取器对象和 let 代码块中声明的所有变量就只在该块中可见。这也避免了从这段代码块之外对读取器进行的不必要访问。需要注意的是，与 **if** 和 **when** 的表达式类似，let 会返回 Lambda 的最后一行中定义的值。在上例中，将会返回 result 的值，另外在返回临时变量之前，还会调用 close 函数以关闭文件——之后这一点将会得到改进。

其次，let 对于处理可空类型非常有用，因为当使用安全调用操作符调用可空对象时，只有当对象不为空时，才会执行 let 代码块。否则，let 代码块将被忽略。想象一下，使用一个可能返回 null 的网络调用来获取天气数据，如代码清单 3-33 所示。

代码清单3-33 使用let处理可空类型

```
val weather: Weather? = fetchWeatherOrNull()

weather?.let {
  updateUi(weather.temperature)  // Only updates UI if ‘weather’ is not null
}
```

像上例中这样对于一个可空类型结合一个安全调用操作符使用 let 时，Kotlin 编译器会自动将在 let 代码块中原本可空类型的变量 weather 转换为不可空类型。这样一来，就可以在使用该变量时避免可空性校验。如果无法获取 weather 变量的值，那么 let 后的代码块将不会运行，因此 UI 也就不会被更新。

最后，你也可以通过原可空对象调用 let，并在 let 代码块的最后一行定义所需的转换值，从而将其转换为另一个和代码清单 3-33 中的可空对象有相同构造的对象，最后一行定义的值也将作为 let 的返回值。

当在高阶函数和 Lambda 中使用 let，看起来像使用了该语言的关键字。然而切记，let 是一个高阶函数，这是前所未有的。产生这种将 let 作为关键字的感觉是因为没有圆括号，以及包含代码块的大括号的语法。另外，切记，任何高阶函数都可以随时查看其函数声明。

3.6.2 apply 函数的使用

高阶函数 apply 的两个主要使用场景：

- ❑ 封装对同一对象的多次调用。
- ❑ 初始化对象。

代码清单 3-34 展示了如何将对于同一对象的多次调用封装到同一个代码块中。接下来，假设 countryToCapital 是一个可变 map，而非只读类型，因此可以尝试向其中添加新的元素。

代码清单3-34 apply函数的使用

```
countryToCapital.apply {
  putIfAbsent("India", "Delhi") // Accesses ‘countryToCapital’ methods without prefix
  putIfAbsent("France", "Paris")
```

```
}

println(countryToCapital)  // {"Germany"="Berlin", "France"="Paris", "India"="Delhi"}
```

调用 apply 时，无须再使用 **it**，因为传入的 Lambda 更像是对调用 apply 的对象（这里是 countryToCapital）执行扩展函数一样。因此，在 apply 的代码块中调用的代码看起来就像是属于 MutableMap 类的，这里也可以使用 **this.**putIfAbsent，但这里 **this** 前缀是可选的。

然而，apply 最常用的用法是初始化对象，如代码清单 3-35 所示。

代码清单3-35　使用apply初始化对象

```
val container = Container().apply {  // Initializes object inside 'apply'
  size = Dimension(1024, 800)
  font = Font.decode("Arial-bold-22")
  isVisible = true
}
```

这里使用了 apply 方法的特性，也就是它会首先运行 Lambda 中的所有代码，然后返回最开始调用的对象。因此变量 container 包含了在 Lambda 中的所有改变。这也使得 apply 能够使用链式操作，如代码清单 3-36 所示。

代码清单3-36　返回apply的值

```
countryToCapital.apply { … }  // 'apply' returns modified 'countryToCapital'
                .filter { … }  // 'filter' works with result of 'apply'
                .map { … }     // 'map' works with result of 'filter'
```

使用这种结构，能够在代码中通过缩进明确地突出对同一个对象的操作，而且不需要为每个调用重复变量名。

3.6.3 with 函数的使用

with 函数的行为和 apply 函数基本相同，且主要用于以下两种场景：

- ❑ 封装对同一对象的多次调用。
- ❑ 限制临时对象的使用范围。

与 apply 不同的是，with 把 Lambda 的最后一行作为返回值，而非调用它的对象。如代码清单 3-37 所示。

代码清单3-37　使用with来封装对同一对象的多次调用

```
val countryToCapital = mutableMapOf("Germany" to "Berlin")

val countries = with(countryToCapital) {
```

```
  putIfAbsent("England", "London")
  putIfAbsent("Spain", "Madrid")
  keys  // Defines return value of the lambda, and therefore of 'with'
}

println(countryToCapital) // {Germany=Berlin, England=London, Spain=Madrid}
println(countries)        // [Germany, England, Spain]
```

上面代码说明了 with 的返回值是我们传入 Lambda 表达式的返回值——也就是 Lambda 中最后一行的返回值。代码中，最后一行的返回值是 map 中的 key，所以这个 with 代码块返回所有 map 中的 key 值，并存储在 countries 字段中。

且与 let 相似，当在 with 中传入一个创建的特定对象时，可以限制这个对象只能在该 Lambda 表达式的范围中，如代码清单 3-38 所示。

代码清单3-38　使用with来限制范围

```
val essay = with(StringBuilder()) {  // String builder only accessible inside lambda
  appendln("Intro")
  appendln("Content")
  appendln("Conclusion")
  toString()
}
```

注意，在这种情况下，使用 with 要比 apply 更加合适，因为我们更想获得 Lambda 的结果，而不是 String builder 返回的结果。类似上面代码中使用 builder 是最常见的说明 with 比 apply 更合适的例子。

3.6.4 run 函数的使用

run 函数主要用于以下几个场景：

- ❑ 与 let 函数一样，作用于可空对象，但在内部使用 **this** 而非 **it**。
- ❑ 能够立即执行。
- ❑ 将变量的作用范围控制在 Lambda 内部。
- ❑ 将显示参数转换为接收器对象。

首先，run 可以看作是 with 和 let 的结合。如果 countryToCapital 是可空对象，并且你想在该对象上调用多个方法，则如代码清单 3-39 所示。

代码清单3-39　在可空对象上使用run

```
val countryToCapital: MutableMap<String, String>?
    = mutableMapOf("Germany" to "Berlin")

val countries = countryToCapital?.run {  // Runs block only if not null
```

```
  putIfAbsent("Mexico", "Mexico City")
  putIfAbsent("Germany", "Berlin")
  keys
}

println(countryToCapital)  // {Germany=Berlin, Mexico=Mexico City}
println(countries)         // [Germany, Mexico]
```

上述代码和代码清单 3-37 的目的是一样的，唯一不同的是，如果该 map 为空，则会跳过 Lambda 中代码的执行。

其次，可以通过使用 run 来立即执行功能，也就是可以立刻执行一个给定的 Lambda。如代码清单 3-40 所示。

代码清单3-40　使用run来立即执行功能

```
run {
  println("Running lambda")
  val a = 11 * 13
}
```

上述代码同时暗示了下一个例子，即将临时变量的作用域最小化在 Lambda 表达式范围内，如代码清单 3-41 所示。

代码清单3-41　使用run来最小化变量作用域

```
val success = run {
  val username = getUsername()  // Only visible inside this lambda
  val password = getPassword()  // Only visible inside this lambda
  validate(username, password)
}
```

这里，username 和 password 只在它们真正需要的地方才能够访问到。这也是一种好的代码实践，即减少变量访问范围来避免不必要的访问权限。

最后，run 可以用来将显示的变量转换为接收器对象。如代码清单 3-42 所示，这里假设 User 类有 username 变量。

代码清单3-42　通过run将变量转化为接收器

```
fun renderUsername(user: User) = user.run {       // Turns parameter into receiver
  val premium = if (paid) " (Premium)" else ""   // Accesses user.paid
  val displayName = "$username$premium"          // Accesses user.username
  println(displayName)
}
```

在上述代码中的 Lambda 表达式中，你可以直接访问 User 类中的所有成员（或者通

过 **this**)。如果参数名很长，你又必须在函数内部多次访问它，那么在如上述场景时调用 run 函数将非常有用。

3.6.5 also 函数的使用

also 是 Standard.kt 中的最后一个高阶函数，主要有两个使用场景：

- 执行验证或记录等辅助操作。
- 拦截功能链。

首先，思考代码清单 3-43 中使用 also 来执行验证操作的示例。

代码清单3-43 使用also来验证

```
val user = fetchUser().also {
  requireNotNull(it)
  require(it!!.monthlyFee > 0)
}
```

首先，调用 fetchUser 方法可能会返回 **null**；然后，Lambda 表达式被执行，并且只有该方法运行后才会赋值给 user。此外，在执行类似日志打印或者其他相对不重要的操作时，只有在链式调用中才会变得显而易见，如代码清单 3-44 所示。

代码清单3-44 在功能链中使用also来进行辅助操作

```
users.filter { it.age > 21 }
    .also { println("${it.size} adult users found.") }  // Intercepts chain
    .map { it.monthlyFee }
```

上述代码中，在链外面没有直接使用 also 函数的需求，因为你可以在下一行执行日志记录或者其他操作。但是在这里，我们可以在不打断链调用的情况下使用 also 函数来截取中间结果。

3.6.6 use 函数的使用

use 函数不是 Standard.kt 中的一部分，但也具有相似的结构和优点。它能保证调用者在执行完给定的操作后关闭资源。因此，use 函数仅仅为 Closeable 的子类所定义使用，比如 Reader、Writer 或 Socket。通过使用 use，你可以将代码清单 3-32 优化至代码清单 3-45。

代码清单3-45 使用use对Closeables操作

```
val lines = File("rawdata.csv").bufferedReader().use { it.readLines() }
```

上述代码中，由于在 use 代码块的结尾可以自动关闭 bufferedReader，所以没有必要再将结果存储在临时变量中，且可以将Lambda缩减为只有一行。use除了能够保证close被调用，其他的用法和let相似。在其内部实现中，use函数有一个**finally**代码块来保证Closeable对象最终能够被关闭。

在Java中需注意

use函数相当于Java中的try-with-resources（Java7引入）。

3.6.7　组合高阶函数

高阶函数非常好用，一定程度上是因为能够链式操作。通过前面的介绍，你已经看到了几个链式的例子，这里，还有另外两个例子来帮助你熟悉函数调用的风格。首先，代码清单3-46通过使用一些SqlQuery类结合Kotlin的作用域函数创建了一个SQL查询语句。

代码清单3-46　结合不同的作用域函数

```
val sql = SqlQuery().apply {  // ‘apply’ initializes object
  append("INSERT INTO user (username, age, paid) VALUES (?, ?, ?)")
  bind("johndoe")
  bind(42)
  bind(true)
}.also {
  println("Initialized SQL query: $it")  // ‘also’ intercepts computation chain
}.run {
  DbConnection().execute(this)           // ‘run’ applies given operations
}
```

正如本章推荐的那样，上述代码使用apply来初始化SqlQuery对象，然后截取链并使用also来记录查询的结果，接着使用run来执行查询操作。通过这种方式，限制了SqlQuery和DbConnection对象的作用域，在这个函数链外部是没有访问权限的。

除此之外，你也可以将范围操作函数与其他的高阶函数结合使用。代码清单3-47给出了一个例子来展示如何对一个map（该map存储了作者和他们出版的图书）进行操作，以查询其中至少存有一本书的作者。

代码清单3-47　组合使用多个高阶函数

```
val authors = authorsToBooks.apply {
  putIfAbsent("Martin Fowler", listOf("Patterns of Enterprise Application Arch"))
}.filter {
  it.value.isNotEmpty()
}.also {
```

```
    println("Authors with books: ${it.keys}")
  }.map {
    it.key
  }
```

这里，首先使用 apply 来另外增加一个作者（如果不存在），其次过滤出书单不为空的所有作者，并使用 also 来输出所有符合条件的作者，最后使用 map 将该 map 转换为一个作者列表。

3.6.8 带接收者的 Lambda

高阶函数 apply、with 和 run 有一个潜在的特性，即当引用对象时，使用 **this** 而非 **it**，这种特性叫作*带接收者的* Lambda。这里，*接收者*是指调用该函数的对象，比如在代码清单 3-47 中使用 apply 的 authorToBooks。在 Lambda 表达式中传入的参数与接收者相关联。这能使你高效地完成 Lambda 表达式的代码，就像直接在该接收者类型类中完成操作一样：你可以直接访问接收者类的成员变量。换一种说法说，你写的 Lambda 表达式就像是对该接收者的扩展函数。事实上，带接收者的 Lambda 的语法和扩展函数很相似，如代码清单 3-48 所示。

代码清单3-48 let和run的签名

```
fun <T, R> T.let(block:  (T) -> R): R = block(this) // Lambda with parameter (T) -> R
fun <T, R> T.run(block: T.() -> R): R = block()     // Lambda with receiver T.() -> R
```

这两个签名唯一的不同在于 Lambda 的输入参数，let 和 run 都被定义为泛型 T 的扩展函数。但是，let 接收 T 作为参数的方法（block），当 let 被调用时，会在类型为 T 的对象上调用该方法。因此，在 Lambda 内部该参数是可以作为 **it** 被访问到的。

另一方面，对于 run 函数，传入的 Lambda 使用 T.() -> R 定义了 T 作为其*接收者*。这样能够使 Lambda 成为 T 的扩展函数，这意味着你可以通过 **this** 来访问 T 的所有成员变量。这使得在调用 run 方法的实现时可以使用 **this**.block() 或者简单的 block()。

这是区分这五个作用域函数的一种方法，实际上，有三种不同的维度来区分它们：

- 作用域函数的参数是带接收值的 Lambda 或者“正常”参数的 Lambda——其分别在 Lambda 内部使用 **this** 或者 **it**。
- 作用域函数返回的是调用对象，还是返回 Lambda 的返回值。
- 作用域函数本身是一个扩展函数，还是接受一个参数（with 是唯一需要接受一个显示参数的函数）。

图 3-2 通过可视化的方式快速总结了这几个作用域函数的不同之处。

是否 T 的扩展函数 / Lambda 表达式的输入	是		否
接收者	apply	run	with
参数	also	let	
输出	在其上调用的对象	Lambda 的结果	

图 3-2　作用域函数概览

3.7　惰性序列

介绍完高阶函数和 Lambda 表达式，关于函数式编程的最后一个主要概念就是惰性计算。确切地说，这部分覆盖了 Kotlin 中的序列——一种使用惰性计算的数据结构。

在 Java 中需注意

正如前面提到的，Kotlin 中的序列和 Java 8 中的 streams 工作方式相同。但这里没有重用 Java 的 streams，而重新造轮子的主要原因是为了支持所有的平台，甚至是不支持 Java 8 的平台（主要是 Android）。

3.7.1　惰性计算

惰性计算是指在运行时只有在需要的时候才会对表达式进行计算。这与普通计算相反，普通计算的结果即使不会使用，其表达式也会立刻进行计算。

惰性计算的主要优点在于，当处理大型集合或昂贵的操作时，只有真正需要使用它们的结果时才会执行，这样能够提高性能。这种性能的提升主要体现在两方面：避免不必要的计算，避免创建列表对象来保存中间结果。

代码清单 3-49 展示了一个存放动物的普通集合（list、set、map），这个集合可能使用普通计算方式，也可能使用惰性计算。二者的不同点会在后面进行解释，但在这两种情况下，高阶函数的使用方法都是相同的。

代码清单3-49　对一个集合或者序列进行过滤或映射

```
// 'animals' stores the strings "Dog", "Cat", "Chicken", "Frog"
// 'animals' may be an eager collection or a lazy sequence but usage is the same:
animals.filter { it.startsWith("C") }
       .map { "$it starts with a 'C'" }
       .take(1)
```

上述代码首先对 animals 进行过滤，得到字母“ C”开头的动物，并将结果映射到一个不同的字符串中，最后得到处理后的第一个结果。接下来分别分析这段代码在普通计算和惰性计算中会发生什么：

- 在普通计算中，如果 animals 是一个集合或列表，这段代码会首先过滤所有的四个元素并且将中间结果存放在一个新建的列表对象中。之后对该中间结果执行映射操作，并产生另一个中间列表。最后，从映射得到的列表中获取第一个元素。总的来说，这样会产生两个中间对象，并执行了四次过滤操作和两次映射操作——即使最后仅仅使用了一个元素。
- 在惰性计算中，如果 animals 是一个序列，所有的元素都会一个接一个地遍历函数链。因此，首先会过滤掉"Dog"，因为它不是以字母"C"开头，并且会立即执行到下一个元素。接下来是"Cat"，这时会通过过滤器；然后会映射该元素并调用方法 take(1)。通过这种方式，查询操作已经完成，且不会执行更多的其他操作——最后两个元素也不会执行到。

在 Kotlin 中，支持惰性计算的语言特性主要是通过序列。

3.7.2 使用惰性序列

这部分主要介绍三种方式来构造序列。第一种方式，通过帮助类函数 sequenceOf，这种创建方式与创建集合的方式基本相同，如代码清单 3-50 所示。

代码清单3-50 从零开始创建一个惰性序列

```
val sequence = sequenceOf(-5, 0, 5)
println(sequence.joinToString())  // -5, 0, 5
```

第二种方式，如果已经存在一个（可能较大的）集合，可以通过 asSequence 方法将此集合转换为序列。本章讨论过的所有高阶函数都可用于序列。例如，对一个存有全世界大城市名字的列表，输出所有以 W 开头的城市，如代码清单 3-51 所示。

代码清单3-51 通过集合创建惰性序列

```
val output = cities.asSequence()  // Transforms eager list into a lazy sequence
                   .filter { it.startsWith("W") }
                   .map { "City: $it" }
                   .joinToString()

println(output)  // City: Warsaw, City: Washington, City: …
```

代码清单 3-51 中有几点需要注意。第一，方法 asSequence 将正常的集合转换为惰性序列，并保证所有的操作都是惰性的。第二，剩下的操作看起来和平时集合使用的一样。第三，要注意区分中间操作和最终操作，中间操作是指会返回一个序列的操作，例如 filter、map、sort 以及 fold。而最终操作是指链中的最后一个操作，并且可以返回除了序列之外的任何操作。这里的 joinToString 就是一个返回字符串的最终操作，其他常见的最终操作还包括 toList、toSet、toMutableList、toMutableSet、first、last、min 以及 max。如果没有最终操作，惰性序列不会执行任何计算。

第三种方式，相较于将已有的集合转换为序列，可以从头创建一个惰性集合，这里需要使用帮助函数 generateSequence 来创建，使用该函数时需要一个种子元素以及函数，以根据前一个值计算来获得下一个元素。如代码清单 3-52 所示。

代码清单3-52　使用generateSequence来创建惰性序列

```
val naturalNumbers = generateSequence(0) { it + 1 }  // Next element = previous + 1
val integers = generateSequence(0) { if (it > 0) -it else -it + 1 }
```

第一行代码使用 0 作为种子元素来开始序列。对下一个的每个元素来说，都要在前一个元素的基础上加一，结果就是序列 0、1、2、3……等自然数。第二行代码多一个步骤，因此得出的序列为 0、1、−1、2、−2、3、-3、……等数字。这里主要是为了展示序列中的每一个元素都是只在必要时在前一个元素的基础上计算出来的。

注意

通过这种方式，你得到了第一个无穷序列，这也只有在惰性计算中是可能的，因为我们无法在内存中用一个数据结构来存储所有的自然数。

take 函数和 drop 函数

take 和 drop 函数都很简单，但很重要，且如何最好地使用它们也很重要。简而言之，take(n) 会返回一个集合或序列中的前 n 个元素。而对应的 drop(n) 会返回序列除去前 n 个元素的剩余部分。如代码清单 3-53 所示。且要注意，这里二者都不会改变原始序列。

代码清单3-53　使用take和drop

```
val cities = listOf("Washington", "Houston", "Seattle", "Worcester", "San Francisco")
val firstTwo = cities.take(2)  // Washington, Houston
val rest = cities.drop(2)      // Seattle, Worcester, San Francisco
firstTwo + rest == cities      // true
```

在链式函数调用中，尤其其中有 take 或 drop 函数时，其执行顺序对性能有着很大的影响。最佳实践是当要保存不必要的操作时，要尽早地减小大型集合——这也是 take 和 drop 所做的事情。虽然使用惰性序列也是一个最佳实践，但有时当需要对所有的元素执行所有的操作时，立即执行的集合也是很重要的。例如，重新考虑代码清单 3-51，并且输出符合要求的前 20 个城市，如代码清单 3-54 所示。

代码清单3-54 尽早使用take（和drop）

```
// Not good
cities.filter { it.startsWith("W") }
      .map { "City: $it" }  // Calls map before take (could be a million map calls)
      .take(20)             // Takes only the first 20 results
      .joinToString()

// Better
cities.filter { it.startsWith("W") }
      .take(20)             // Reduces the size of the collection earlier
      .map { "City: $it" }  // Calls map at most 20 times
      .joinToString()
```

这里不能将 take 函数放在 filter 之前，因为你需要以字母 W 开头的前 20 个城市，但可以将其放在 map 函数前面。例如，如果对 2000 个城市进行过滤，则可以避免 1980 个不必要的 map 操作。因此，这里的性能取决于可以减少多少操作以及可以多早地缩小集合。如果能够在链中尽早地减少数量，立即集合也有可能优于惰性集合，其他情况下最好还是使用惰性集合。

3.7.3 惰性序列的性能

为了能够区分惰性序列和普通集合的不同，我们再来看一下代码清单 3-55 中的最小示例，该示例对城市列表执行一系列操作。

代码清单3-55 对集合执行立即运算

```
val cities = listOf("Washington", "Houston", "Seattle", "Worcester", "San Francisco")

cities.filter { println("filter: $it"); it.startsWith("W") }  // Washington,Worcester
      .map { println("map: $it"); "City: $it" }  // City: Washington, City: Worcester
      .take(2)  // Should better be called before 'map'
```

如果使用普通集合，链中的每一个函数都会全部执行，中间结果会存储在一个对象中，且只有前一个函数执行完才会执行下一个函数。

1. 首先，filter 会对整个集合进行迭代，最终只保留 Washington 和 Worcester，且把它们作为中间结果存放在一个新的列表中；

2. 其次，对这个有两个元素的列表进行 map 操作，对每一个元素映射一个 "City:" 的前缀，且这个结果作为另一个中间结果被存放；

3. 最后，take 函数返回另一个新创建的列表，且作为最终结果返回。

因此，代码清单 3-56 所示为立即计算产生的结果。

代码清单3-56　立即计算的输出结果

```
filter: Washington
filter: Houston
filter: Seattle
filter: Worcester
filter: San Francisco  // Eagerly filtered all elements
map: Washington
map: Worcester
```

而使用序列，整个过程会完全不同，每一个元素都会一个接一个地遍历整个链。代码清单 3-57 显示了对同一个例子使用序列。

代码清单3-57　序列上的惰性计算

```
val cities = listOf("Washington", "Houston", "Seattle", "Worcester", "San Francisco")

cities.asSequence()
      .filter { println("filter: $it"); it.startsWith("W") }
      .map { println("map: $it"); "City: $it" }
      .take(2)  // Should still better be called before map
      .toList()
```

这里，使用了 asSequence，且将 toList 作为最终操作函数，如果没有最终操作，惰性序列不会执行任何计算。而这里，take 函数开始发挥作用，代码清单 3-58 的代码输出代码清单 3-58 所示的内容。

代码清单3-58　惰性计算的输出结果

```
filter: Washington
map: Washington  // Passes element on to next step immediately
filter: Houston
filter: Seattle
filter: Worcester
map: Worcester   // Two elements found, "San Francisco" not processed anymore (lazy)
```

首先，你可以看到每个元素都会一个接一个地遍历链中的函数，因此它没有必要存储中间结果。其次，很明显 map 只对通过 filter 的元素进行操作，立即计算中也是如此。最后，由于只需要前两个元素，所以最后一个元素（San Francisco）根本没有执行。这个过程与普通的集合计算是不同的，同时这也是为什么序列可以提高性能的第二个原因。

现在你清楚了序列为什么能提高较大集合的性能，且知道了序列为什么能够在不必要的昂贵操作中提高集合的性能。

- 集合越大，在普通计算的每一步中产生的中间列表对象就越大。但是惰性计算不会产生中间集合。

- 操作越昂贵，惰性计算能够节省的计算时间就越多——因为其能够跳过不必要的操作。

使用序列还是正常的集合取决于你的经验。但是，Kotlin 中的集合实现得非常高效，因此针对具体场景，还需要提前评估使用哪一种方式更好。而为了得到粗略的估计，Kotlin 中内置了函数 `measureTimeMillis`，这个高阶函数可以将 Lambda 表达式的代码块作为参数传入，并返回运行这段代码所需的时间。

3.8 本章小结

在本章中，我们重点学习了函数式编程的不变性和广泛使用函数作为一等成员。并通过几个例子，包括预定义和自编写的高阶函数说明了函数在代码模块化以及编写简洁代码方面的强大功能。

在高阶函数中，有许多 Lambda 表达式来定义匿名函数，且这些函数通常作为参数或者返回值。Kotlin 中的 Lambda 有一个特性，如果只有一个参数，能够隐式地使用 **`it`** 变量来指代该参数；另一个特性是，在 Lambda 表达式中，最后一个参数是 Lambda，那么这个 Lambda 的表达式就可以写在函数的括号外面。你已经知道了如何生成类似于语言关键字的函数，就像 Kotlin 标准库中的许多函数一样。

最后，本章还介绍了惰性计算的概念，并以 Kotlin 中的惰性序列作为一个例子。而且还对比了普通集合的性能，学习了什么情况下序列比集合更好。

第 4 章 Chapter 4

Kotlin 中的面向对象

复杂与智慧无关，简单却与之相关。

——Larry Bossidy

自 20 世纪六七十年代 Simula 和 Smalltalk 等编程语言开始使用面向对象（OO）以来，面向对象已经成为软件开发中的固定模式。这使得绝大多数开发人员会优先采用面向对象的方式来解决问题。而许多现代编程语言都会延用面向对象的概念，并经常将其与其他范式相结合。Kotlin 就融合了面向对象和函数式两种范式。在本章中，你将学习 Kotlin 编程语言的第二大支柱。这里介绍的许多概念想必你都已经从其他编程语言中熟知。但 Kotlin 引入了许多其他编程语言（如 C# 和 Java）中没有但非常有用的功能，使得 Kotlin 用户能够在快速编写程序的同时只需使用很少的样板代码。

4.1 类和对象的实例化

最基本的类的声明方式是通过使用 **class** 关键字并在其后跟类名的方式实现的。Kotlin 中不再使用 **new** 关键字来实例化对象，如代码清单 4-1 所示。

代码清单4-1　类的声明和实例化

```
class Task {
  // Implement class here...
}

val laundry = Task()  // Instantiates object of type Task
```

从上例中你可以看到，面向对象中两个最基本的实体：类和对象。类充当模板，可以用它来初始化具体的对象。但是如果在每个对象之间没有任何不同的属性的话，对象就没有任何意义。所以让我们在 Task 类中添加一些属性。

4.2 属性

为了探究 Kotlin 中属性的工作方式以及如何更好地在类中添加属性，让我们以一个在其他编程语言中使用的并不理想的方式来开始实现一个含有属性的类，参见代码清单 4-2。然后逐步重构，直到成为 Kotlin 代码中惯用的实现方式为止。

代码清单4-2　使用不理想的方式来添加属性

```
class Task {
  val title: String                 // Declares a property

  constructor(title: String) {      // Defines a constructor with one parameter
    this.title = title              // Initializes the property
  }
}

val dishes = Task("Wash dishes")  // Calls constructor to create Task object
val laundry = Task("Do laundry")  // Calls constructor with a different title
```

在上面的代码中，该类包含一个成员属性 title，它在一个接收 String 类型的参数的构造函数中初始化。每当实例化一个 Task 对象时都会运行构造函数。这种写法需要在代码中声明 title，并在构造函数中手动为它赋值。而在 Kotlin 中可以使用主构造函数来代替这种写法，即在类名后直接跟属性，如代码清单 4-3 所示。构造函数会在后面的小节讲解。

代码清单4-3　使用主构造函数

```
class Task(title: String) {  // Primary constructor with one parameter
  val title: String = title  // Initializes property using constructor argument
}

val laundry = Task("Do laundry")  // Calls constructor as before
```

主构造函数的参数可以直接在类的内部使用并可以用来实例化任意成员属性。还需要注意的是，编译器可以区分与构造函数参数具有相同名字 title 的属性声明。上面的代码已经很简洁了，但是在 Kotlin 中的习惯用法是将主构造参数“升级”为一个属性，如代码清单 4-4 所示。

代码清单4-4 使用惯用方法添加属性

```
class Task(val title: String)  // Primary constructor declares property directly

val laundry = Task("Do laundry")
```

在主构造函数中的参数前加上 `val` 或 `var` 前缀，就可以隐式地将这些参数作为类的属性，并且能够自动使用给定的参数来进行初始化，上述代码中的参数 "Do laundry" 就是这样。同样，`val` 使得属性值只能被读取，而 `var` 使得属性值可以被改变。请注意，如果类主体为空，则花括号可以省略。

4.2.1 属性和字段

有趣的是我们在这里讨论的是*属性*（property），而不是像在其他语言（包括 Java）中所说的*字段*（field）[⊖]。你可以将属性想象成扩展了 getter 和 setter 方法的字段，这两个方法可以用来访问该基础字段。换句话说，字段保存实际的数据，而属性是类与外部接口的组成部分，允许通过 getter 和 setter 访问类中的某些数据。通过这种方式，属性与方法就变得非常相似，因为 getter 和 setter 实际上就是方法。但是属性纯粹用于数据访问，除了返回或设置相应的数据以外通常不执行任何逻辑。

字段除非是静态的或者是常量，否则应该总保持私有状态。在 Java 中，你可以通过将字段标记为私有并定义单独的 getter 和 setter 方法来手动执行此操作。在 C # 中，你可以显式地创建由定义了 getter 和 setter 的私有字段构成的属性。两种语言都为这些简单的访问器逻辑添加了样板代码。在大多数情况下，这些方法中的代码遵循相同的模式，所以 IDE 可以自动地生成这些代码。

这种样板文件的主要问题不在于它的编写时间——IDE 在一秒钟内就能自动生成。而在于它分散了实际逻辑，并且很难发现与标准模式之间可能存在的偏差。C # 中的自动属性有助于避免大部分样板代码，而 Kotlin 甚至不允许自行声明字段，取而代之的是可以声明属性。访问属性会自动调用其 getter 或 setter 方法，如代码清单 4-5 所示。

代码清单4-5 使用getter或setter方法访问属性

```
class Task(var title: String)  // Uses 'var' now to be able to call the setter

val laundry = Task("Do laundry")
laundry.title = "Laundry day"  // Calls setter
println(laundry.title)         // Calls getter
```

为了使 `title` 属性拥有 setter 方法，所以这里将其设为可变属性。给属性重新赋值时会调用 setter 方法，获取属性值的时候会调用 getter 方法。对字段进行直接访问的代码写法

⊖ 有些说法称之为“属性”(attribute)，但这个术语含糊不清，在 Java 文档中没有这样使用过。

通常是一种不好的实践。但是，在 Kotlin 中这种写法并不是直接访问字段，而是通过 getter 方法和 setter 方法来实现访问。所以这种写法与 Kotlin 中的信息隐藏原则完美契合。

4.2.2 getter 和 setter

如果想改变 getter 或 setter 方法的默认实现，可以使用特定的语法来重写隐藏的 **get** 和 **set** 方法，如代码清单 4-6 所示。在这种情况下，由于 **get** 和 **set** 方法必须直接跟在各自属性的声明之后，所以主构造函数中是无法使用简写属性语法的。

代码清单4-6 自定义getter和setter

```
class Task(title: String, priority: Int) {
  val title: String = title
    get() = field.toUpperCase()  // Defines custom getter

  var priority: Int = priority
    get() = field              // Same as default implementation, no need to define
    set(value) {               // Defines custom setter
      if (value in 0..100) field = value else throw IllegalArgumentException("…")
    }
}

val laundry = Task("Do laundry", 40)
println(laundry.title)           // Calls getter, prints "DO LAUNDRY"
laundry.priority = 150           // Calls setter, throws IllegalArgumentException
println(laundry.priority)        // Calls getter, would print 40
```

上例中，属性再次被声明在类主体中，紧随其后的是它们各自自定义的 getter 和 setter 方法实现。由于 `title` 被 **`val`** 声明为只读，所以它仅拥有 getter 方法而没有 setter 方法。getter 方法返回 title 的大写形式。对于 priority 来说，getter 方法只是使用了默认实现，而 setter 方法只接受 `0` 到 `100` 之间的值。

每个属性背后都隐藏着相应的*幕后字段*（backing field），它被称为 field 并用来存储实际的数据，并且只能使用 **get** 或 **set** 来访问。只要你想访问属性的值，就必定会用到它。如果你在代码清单 4-6 中使用 **`get()`** `= title.toUpperCase()` 来代替原有方法，理论上会出现无限递归调用，因为 `title.toUpperCase` 会再次调用 getter 方法。

事实上，Kotlin 会认为 `title` 属性没有这样的幕后字段。因此，你无法使用构造函数中的 `title` 来对其进行初始化（如第二行代码所示）。没有幕后字段的属性会实时计算它的值，而不是将值存储在字段中。需要注意的是，变量的字段名是固定的，而 setter 中的参数 `value` 只是一个自定义命名。

4.2.3 延迟初始化属性

遵循使用不变性和避免可空性这样的良好实践并不是一件容易的事情。对于从一种没有空安全的语言过渡而来的开发人员来说，避免可空性是一种思维方式的转变。处理只读属性和非空属性就是遵循这些原则的困难情况之一。因为这些属性必须在构造函数中立即初始化，但这样做往往并不方便或者并非必须。一个常见的在声明时并不需要直接初始化的例子就是测试用例。测试用例中的对象在 `setup` 方法内通过依赖注入的方式初始化，或者在 Android 的 `onCreate` 方法中初始化。

通常，可以在 Kotlin 的语言特性中找到这种情况的解决方法。使用延迟初始化属性可以解决上述情况中的问题。这样就可以推迟初始化的时机，如代码清单 4-7 所示。

代码清单4-7　使用延迟初始化属性

```
class CarTest {
  lateinit var car: Car       // No initialization required here; must use ‘var’

  @BeforeEach
  fun setup() {
    car = TestFactory.car()  // Re-initializes property before each test case
  }
  // ...
}
```

通过使用延迟初始化属性的方式就无须将 `car` 属性设置为可空，使得属性使用起来更容易。这种做法要求 **`lateinit`** 属性必须是可变的 **`var`**（这样做是非常必要的，以便能在测试的 `setup` 方法中重新对该属性进行赋值）。对于能使用 `lateinit` 关键字修饰的属性是有很多限制的。

1. 该属性必须在类中声明而非在主构造函数中声明。主构造函数中的属性始终会被初始化，所以即使使用了 **`lateinit`** 关键字也不会起作用。对于无法在构造函数中进行初始化的属性可以使用 **`lateinit`** 关键字。

2. 该属性不能具有自定义的 getter 或 setter。如果使用了自定义访问器，编译器将不会去自动推导一个赋值操作是否可以真正对属性进行初始化。例如，试想如果存在一个空的 setter 方法。

3. 该属性不能为空。否则，你就可以很轻易地将该属性初始化为 **`null`**。而 **`lateinit`** 存在的目的就是为了避免这一点。

4. 该属性的类型不能是那种在运行时可以与 Java 基本类型相映射的类型，例如 `Int`、`Double` 或者 `Char`。因为编译成 class 文件后，**`lateinit`** 仍然需要使用 **`null`**，而对于 Java 基础类型来说是不可能使用 `null` 的。

如果在该属性初始化之前就访问了该属性，会发生什么呢？编译器会抛出包含确切错误信息的非初始化属性访问异常（UninitializedPropertyAccessException），并引导你找到该异常发生的地方。如果想在使用属性前检查该属性是否已经初始化，可以在CarTest类中使用**this**::car.isInitialized方法。但是，只有拥有访问该属性幕后字段的权限你才能使用该方法。

4.2.4 委托属性

大多数属性访问器除了返回或设置值之外不执行任何其他逻辑，但是有一些常用的访问器较为复杂，例如惰性（lazy）和可观察（observable）属性。在Kotlin中，属性访问器可以将它的执行逻辑委托给提供执行逻辑的独立实现来负责。这使得进行了封装的访问器逻辑可以被复用。

Kotlin通过委托属性实现了这一点，如代码清单4-8所示。

代码清单4-8 委托属性语法

```
class Cat {
  var name: String by MyDelegate()  // Delegates to object of class MyDelegate
}
```

上述代码没有为name属性赋予确切的值，而是指定MyDelegate类对象来负责处理该属性的赋值和取值。可以使用**by**关键字来指定委托。委托类必须具有getValue方法，对于可变属性还必须具有setValue方法。代码清单4-9中的MyDelegate的实现就展示了该委托类的具体结构。虽然这样做并不是必需的，但还是建议分别对只读属性实现ReadOnlyProperty接口，对可变属性实现ReadWriteProperty接口。ReadOnlyProperty接口需要实现getValue方法，而ReadWriteProperty接口还需要实现setValue方法。由于目前还没有讲到接口，所以该代码清单只是作为如何创建自定义委托的一个参考。如果你并没有完全理解代码中的所有概念，可以在看完本章之后再回过头来继续阅读。

代码清单4-9 实现自定义委托

```
import kotlin.properties.ReadWriteProperty
import kotlin.reflect.KProperty

class MyDelegate : ReadWriteProperty<Cat, String> {  // Implements ReadWriteProperty
  var name: String = "Felix"

  // Delegate must have a getValue method (and setValue for mutable properties)
  override operator fun getValue(thisRef: Cat, prop: KProperty<*>): String {
    println("$thisRef requested ${prop.name} from MyDelegate")
    return name
  }
```

```
  override operator fun setValue(thisRef: Cat, prop: KProperty<*>, value: String) {
    println("$thisRef wants to set ${prop.name} to $value via MyDelegate")
    if (value.isNotBlank()) {
        this.name = value
    }
  }
}

val felix = Cat()
println(felix.name) // Prints "Cat@1c655221 requested name from MyDelegate\n Felix"
felix.name = "Feli"  // Prints "Cat@1c655221 wants to set name to Feli via MyDelegate"
println(felix.name) // Prints "Cat@1c655221 requested name from MyDelegate\n Feli"
```

接口 ReadWriteProperty 的完整签名是 ReadWriteProperty <in R, T>，其中 R 是拥有该属性的类，T 是属性的类型（这是一个泛型类，将在本章后面讨论）。上述代码中，该属性为 String 类型且属于 Cat 类，因此可以写作 ReadWriteProperty <Cat, String>。通过继承它，你可以在 Android Studio 中使用 Ctrl + I（Mac 上也同样使用该快捷键）来自动生成需要实现的方法。需要注意的是，要想将这两个方法用于委托必须将它们声明为运算符函数。如果你选择不实现任何接口，可以忽略 **override** 修饰符。这样，当读取 Cat 类中 name 属性时就会调用 MyDelegate::getValue 方法，并在为该属性赋值时调用 MyDelegate::setValue 方法。

4.2.5　预定义委托

如上节所述，委托属性根本上是通过封装通用访问器逻辑来实现复用的。Kotlin 标准库里已经预定义了一些标准委托供大家使用。

Lazy 属性

这里介绍的第一个标准委托可以用来很容易地实现 Lazy 属性。Lazy 属性只在第一次访问的时候计算其值，然后将该值缓存下来。换句话说，在使用该属性之前不会计算其值。这就是 Lazy 属性对于那些计算其值开销很大且不常使用的属性特别实用的原因。代码清单 4-10 扩展了 Cat 类以举例说明这一点。

代码清单4-10　使用Lazy属性

```
import java.time.LocalDate
import java.time.temporal.ChronoUnit

class Cat(val birthday: LocalDate) {
  val age: Int by lazy {  // Lazy property, computed on demand only if necessary
    println("Computing age...")
    ChronoUnit.YEARS.between(birthday, LocalDate.now()).toInt()  // Computes age
```

```
  }
}

val felix = Cat(LocalDate.of(2013, 10, 27))
println("age = ${felix.age}")  // Prints "Computing age...\n age = 5" (run in 2018)
println("age = ${felix.age}")  // Prints "age = 5"; returns cached value
```

上述代码中，cat 的 age 的值会在第一次访问时被惰性计算。这种语法可行的原因是高阶函数 `lazy` 会使用 Lambda 表达式作为其最后一个参数。在 Lambda 表达式中，你可以定义计算值的方式，并通过最后一行的表达式定义其返回值。

`lazy` 函数默认是线程安全的。如果不需要使用线程安全，则可以通过传入可选的线程安全模式来作为第一个参数。例如，使用 `lazy(LazyThreadSafetyMode.NONE)` 来实现非线程安全。

注意

在 Android 中，Lazy 属性对于快速启动 activity 和避免重复代码非常有用。例如，你可以将 UI 属性定义为 lazy，从而避免在 `onCreate` 方法中显式使用 `findViewById` 方法来定义这些属性：

```
val textView: TextView by lazy { findViewById<TextView>(R.id.title) }
```

这可以进一步封装到扩展函数 `bind` 中：

```
fun <T: View> Activity.bind(resourceId: Int) = lazy { findViewById<T>(resourceId) }
val textView: TextView by bind(R.id.title)
```

你可以用相同的方式对其他诸如 string 或 drawable 资源使用 Lazy 属性。此外，你可以对那些复杂对象使用 Lazy 属性以便延迟这些对象的创建时机，在需要用到它们的时候再进行创建。例如，可以使用它来避免在启动时执行太多的 I / O 操作，从而防止应用程序无响应甚至崩溃。

Observable 属性

Observable 属性是另一种可以通过委托实现的常见模式。在 Kotlin 中，Observable 属性被预定义为 `Delegates.observable`，它接收一个初始值和一个用来监听值变化的函数，每当属性值更改时该函数就会被执行。也就是说，它在观察这个属性。代码清单 4-11 展示了如何通过进一步扩展 `Cat` 类来使用 Observable 属性。`Cat` 类还引入了一个枚举类，该枚举类列举了 `Cat` 可能具有的 Mood 枚举类型值。枚举将在本章后面详细讨论。

代码清单4-11　使用Observable属性

```
import java.time.LocalDate
import kotlin.properties.Delegates
```

```
class Cat(private val birthday: LocalDate) {
  // …
  var mood: Mood by Delegates.observable(Mood.GRUMPY) {  // Observable property
    property, oldValue, newValue ->  // Lambda parameters with old and new value

    println("${property.name} change: $oldValue -> $newValue")
    when (newValue) {
        Mood.HUNGRY -> println("Time to feed the cat…")
        Mood.SLEEPY -> println("Time to rest…")
        Mood.GRUMPY -> println("All as always")
    }
  }
}

enum class Mood { GRUMPY, HUNGRY, SLEEPY }  // Enums are explained later

val felix = Cat(LocalDate.of(2013, 11, 27))
felix.mood = Mood.HUNGRY  // "mood change: GRUMPY -> HUNGRY\n Time to feed the cat…"
felix.mood = Mood.SLEEPY  // "mood change: HUNGRY -> ASLEEP\n Time to rest…"
felix.mood = Mood.GRUMPY  // "mood change: ASLEEP -> GRUMPY\n All as always"
```

如果查看 Delegates.observable 的具体实现，你就会发现它返回的是 ReadWrite-Property。第一个参数定义了这个属性的初始值，这里的初始值是 Mood.GRUMPY。每当属性值更新时，委托都会打印这一变化。然后 **when** 表达式会根据新的属性值执行相应的操作。通常在这部分代码中会通知所有对此属性值变化感兴趣的观察者。这对于在更新基础数据的同时更新 UI 非常有用。例如，委托属性提供了一种更自然的方式来实现视图绑定。

Vetoable 属性

当使用 Observable 属性时，属性值更新后监听函数就会执行。如果你想执行同样的操作但不想让属性接收新的值，则可以使用 Vetoable 属性。

这需要用到 Delegates.vetoable。它的工作方式与 Delegates.observable 相同，但需要一个 Boolean 类型的返回值来说明属性是否接收新的值。如果返回 false，属性值将不会更新。

4.2.6 委托给 map

最后，Kotlin 允许将属性委托给 map，该 map 将属性名与它们各自的值一一对应。那在什么情况下会使用这种委托呢？最常见的情景就是当需要将诸如 JavaScript 对象表示法（JavaScript Object Notation，JSON）这种非面向对象的表现形式解析成对象的时候。可以试想一下你正在使用 JSON 格式从一个 API 检索人员信息的情景。代码清单 4-12 展示了如何使用 map 作为委托来将其转换成一个对象。

代码清单4-12 委托属性给map

```
class JsonPerson(properties: Map<String, Any>) {
    val name: String by properties  // Delegates property to the map
    val age: Int by properties      // Delegates property to the map
    val mood: Mood by properties    // Delegates property to the map
}

// Let's assume this data comes from JSON; keys in the map must match property names
val jsonData = mutableMapOf("name" to "John Doe", "age" to 42, "mood" to "GRUMPY")

// You may need to preprocess some data (requires MutableMap)
jsonData["mood"] = Mood.valueOf(jsonData["mood"] as String)  // 'valueOf' is built-in

// Creates an object from the map
val john = JsonPerson(jsonData)  // Properties are matched to the keys in the map
println(john.name)  // Prints "John Doe"
println(john.age)   // Prints 42
println(john.mood)  // Prints "GRUMPY"

// Read-only property changes if backing map changes
jsonData["name"] = "Hacker"
println(john.name)  // Prints "Hacker"
```

使用 map 仍然需要遵循委托必须具有 getValue 方法的前提。对于 map 来说，这些访问器作为扩展函数定义在 MapAccessors.kt 文件中。通过这种方式，属性只是将它的访问器委托给这个 map。例如，john.name 会委托给 properties["name"]。

要想支持可变属性，则需要使用具有 setValue 方法的 MutableMap 来作为委托。但是需要注意的是，如果将只读属性委托给一个可变 map，一旦这个 map 改变了，则该只读属性的值会发生意想不到的改变。代码清单 4-12 中的最后两行证明了这一点。为了防止这种情况发生，需要对只读属性使用只读 map，对可变属性使用可变 map。如果数值的更改并不频繁，你依然可以使用只读属性，但当值改变时需要从 map 重新实例化整个对象。

4.2.7 使用委托的实现

委托模式不仅对属性有用，对方法实现也很有用。该模式的设计思路是你可以通过将接口的实现委托到一个已经存在的实现，而不是重头去实现它，你还可以在没有样板代码的情况下实现它。例如，在代码清单 4-13 中，Football 类就将 Kickable 接口委托到一个现有的实现。

代码清单4-13　使用by来委托到现有实现

```
interface Kickable {
  fun kick()
}

// Existing implementation of Kickable
class BaseKickHandler : Kickable {
  override fun kick() { println("Got kicked") }
}

// Football implements interface by delegating to existing impl. (zero boilerplate)
class Football(kickHandler: Kickable) : Kickable by kickHandler
```

这里，Football 类没有直接使用任何重写方法就实现了 Kickable 接口，而是将接口的实现通过 by 关键字委托给了现有的接口实现。这使得编译器生成所有需要的方法并将这些方法委托给委托对象，最终将这个委托对象作为参数传到构造函数中。上述代码中 kickHandler 就是委托对象。代码清单 4-14 展示了这些自动生成的代码，这些代码在本地不支持委托的情况下必须手动编写。

代码清单4-14　委托实现

```
// Implements interface with manual delegation
class Football(val kickHandler: Kickable) : Kickable {
  override fun kick() {
    kickHandler.kick()  // Trivial forwarding; necessary for every interface method
  }
}
```

上述代码属于样板代码，而样板代码的数量随着必须重写的方法数量的增长而增长。例如，如果你想拥有一个可用于委托的可变 set，并且该可变 set 可以安全地用于继承，则可以在 Kotlin 中通过使用一行代码来实现这样的目的，如代码清单 4-15 所示。

代码清单4-15　委托可变set

```
open class ForwardingMutableSet<E>(set: MutableSet<E>) : MutableSet<E> by set
```

上述代码如果不使用 by 来进行委托的话，就必须重写 11 个方法，而这些重写的方法全都是样板代码。这就是 Kotlin 可以使代码变得简洁和富有表现力的另一种方式。

4.3　方法

现在你已经知道了如何使用 getter、setter 和委托属性向类添加数据并控制对它的访问。

众所周知，面向对象中的类有两大组件，数据只是其中之一。在本节中，你将学会如何在类中添加第二大组件——方法。

方法与函数基本相同，只不过方法需要嵌套在一个类中。因此，你可以将在之前章节学到的所有关于函数的知识应用到本节中。包括语法、定义参数和返回类型、使用简写表示法、默认值和指定参数名称、创建内部函数、中缀函数和运算符函数。对于中缀函数来说，会自动添加该方法所属的类作为第一个参数，如代码清单 4-16 所示。

代码清单4-16 声明和调用方法

```
class Foo {
  fun plainMethod() { … }
  infix fun with(other: Any) = Pair(this, other)
  inline fun inlined(i: Int, operation: (Int, Int) -> Int) = operation(i, 42)
  operator fun Int.times(str: String) = str.repeat(this)
  fun withDefaults(n: Int = 1, str: String = "Hello World") = n * str
}

val obj = Foo()
obj.plainMethod()
val pair = obj with "Kotlin"
obj.inlined(3, { i, j -> i * j })       // 126
obj.withDefaults(str = "Hello Kotlin")  // "Hello Kotlin"
with(obj) { 2 * "hi" }                  // Uses 'with' to access extension
```

方法和函数的区别在于它们在类中属于不同的层级。它们的目标是相同的，都是用来操纵类中的数据以及为系统的其余部分提供定义良好的接口。方法作为类的一部分，支持重写和多态等功能，而这两个功能都是面向对象的基石。*重写*意味着你可以在子类中覆盖并重新定义父类中的实现以调整其行为。*多态*意味着当调用一个变量的方法时，它会执行实际存储在该变量中（子）类所定义的方法，这可能不同于父类中的实现。这种行为也被称为*动态调度*。

4.3.1 扩展方法

在 Kotlin 中，你可以在类中定义一些扩展内容，我们称之为*扩展方法*。回想一下扩展函数，你可以在不使用限定符的情况下访问扩展类的属性（就像把这些方法直接写在扩展类中一样）。对于扩展方法来说，你可以在不使用限定符的情况下访问所包含类中的全部成员，也可以直接访问所有方法。因此，必须对*调度接收器*（所包含的类）和*扩展接收器*（扩展类）进行区分。对于在两个接收器中都同时定义了同一个 `foo()` 方法的这类冲突，扩展接收器的优先级会更高。此时，如果你想访问调度接收器中的 `foo()` 方法，可以使用限定符 **`this@MyClass`**，参见代码清单 4-17。

代码清单4-17 扩展方法

```
class Container {
  fun Int.foo() {                        // Extends Int with a 'foo' method
    println(toString())                  // Calls Int.toString (like this.toString())
    println(this@Container.toString())   // Calls Container.toString
  }

  fun bar() = 17.foo()                   // Uses extension method
}

Container().bar()                        // Prints "17\n Container@33833882"
```

在Container类中对Int定义了一个扩展方法foo，并在第一次调用toString时不使用限定符，这等同于调用了**this.**toString。由于Container和Int都拥有toString方法（所有类都继承了这个方法），所以扩展接收器（Int）会优先执行。之后调用toString时使用了**this**@Container限定符，调用了Container的toString方法。

小贴士

扩展方法可用于对类（及其子类）的扩展范围进行限制。随着项目的进展，顶级声明扩展的问题会变得越来越多，因为这些潜在的毫不相关的函数扩展污染了全局的命名空间，自动提示功能将变得不那么有用。限制扩展的范围通常是一个好的实践，也是使用扩展的重要环节。

4.3.2 嵌套类和内部类

Kotlin不仅能够创建嵌套类，也可以创建内部类，并为内部类提供了一种简便的方法来让它们访问所包含的类中的属性和方法，参见代码清单4-18。

代码清单4-18 对比嵌套类和内部类

```
class Company {
  val yearlyRevenue = 10_000_000

  class Nested {
    val company = Company()      // Must create instance of outer class manually
    val revenue = company.yearlyRevenue
  }

  inner class Inner {            // Inner class due to 'inner' modifier
    val revenue = yearlyRevenue  // Has access to outer class members automatically
  }
}
```

通常，嵌套类必须获得包含类的引用才能访问包含类中的成员，而内部类可以直接访问它们。从底层来看，编译器只是简单地生成与嵌套类中所写的内容相同的代码。

4.4 主构造函数和次构造函数

Kotlin 明确区分了主构造函数和次构造函数。对于其他编程语言中存在的多个构造函数，通常需要人为地指定某一个构造函数是主构造函数，但是 Kotlin 明确指明了主构造函数并提供了一种实用的方法来直接在主构造函数中声明属性。

4.4.1 主构造函数

之前在学习如何在类中添加属性的时候已经简单地介绍了主构造函数，现在让我们继续深入学习。如代码清单 4-19 所示，主构造函数直接跟在类名（和可能的修饰符）之后。主构造函数参数的定义方法与普通方法中参数的定义方法相同。

通常在构造函数中编写的初始化逻辑现在又放在哪里呢？为了解决这个问题，可以在 Kotlin 中将这些逻辑放在 **init** 代码块中，如代码清单 4-19 所示。所以主构造函数分为两部分：位于类头中的参数和 **init** 代码块中的构造函数逻辑。请注意，通常构造函数的参数只能在类内部的 **init** 代码块中和属性初始化时访问，而无法在类的方法中进行访问，因为这些参数并不是类的属性。

代码清单4-19 使用主构造函数

```
class Task(_title: String, _priority: Int) {  // Defines regular parameters
  val title = _title.capitalize()             // Uses parameter in initializer
  var priority: Int

  init {
    priority = Math.max(_priority, 0)         // Uses parameter in init block
  }
}
```

上述代码中，下划线用于区分构造函数的参数和属性，以避免名称冲突。`_title` 参数用于初始化，`_priority` 参数用于在 **init** 块中初始化相应的属性。

如果构造函数具有修饰符，则必须将 **constructor** 关键字直接写在参数列表之前，如代码清单 4-20 所示。

代码清单4-20 为主构造函数添加修饰符

```
class Task private constructor(title: String, priority: Int) { … }
```

显式地使用 **constructor** 关键字是为了设置构造函数的可见性以及能够添加注释或

其他修饰符。一种常见的情景就是使用 Dagger，通过 **@Inject constructor(…)** 来进行依赖注入。

Kotlin 还提供了一种简洁的方法，那就是通过使用 **val** 或 **var** 前缀来将主构造函数的参数升级为类的属性，分别生成只读的和可变的属性（如代码清单 4-21 所示）。

代码清单4-21　为主构造函数添加修饰符

```
class Task(val title: String, var priority: Int) {  // Parameters are now properties
  init {
    require(priority >= 0)                          // Uses property in init block
  }
}
```

请注意，上述代码与代码清单 4-19 不同：不再对 title 执行 capitalize 操作，因为 title 属性是只读的，且将其值固定为对构造函数传入的值。对于简单属性来说，在主构造函数中使用 **val** 和 **var** 是为类引入属性时最常用且最简洁的方式。

4.4.2　次构造函数

类可以拥有任意数量的次构造函数，也可以没有次构造函数。那么次构造函数与主构造函数有什么区别呢？你可以将主构造函数想象成用于创建对象的主接口。在 Kotlin 中，如果主构造函数存在的话，所有次构造函数都必须委托给主构造函数。这样就可以确保在对象创建时主构造函数一定会执行。次构造函数为对象创建提供了可选的接口，可以用来转换输入的数据并委托给主构造函数，如代码清单 4-22 所示。

代码清单4-22　组合使用主构造函数和次构造函数

```
class Task(val title: String, var priority: Int) {                    // Primary
  constructor(person: Person) : this("Meet with ${person.name}", 50) {  // Secondary
    println("Created task to meet ${person.name}")
  }
}
```

通过在次构造函数后加上冒号以及 **this(…)** 语句的方式来调用主构造函数，以此实现对主构造函数的委托。次构造函数可以拥有构造函数体，但是只有主构造函数才能使用 **init** 代码块。

小贴士

请不要使用次构造函数来实现诸如可选构造函数参数这样的可伸缩（反）模式：

```
class Food(calories: Int, healthy: Boolean) {
  constructor(calories: Int) : this(calories, false)
  constructor(healthy: Boolean) : this(0, healthy)
  constructor() : this(0, false)
}
```

以上这种方式已经过时，通过设置默认参数值的这种方式可以很方便地实现可选参数。

```
class Food(calories: Int = 0, healthy: Boolean = false)
```

4.5 继承和重写规则

继承是面向对象的基石之一。面向对象的核心是类中抽象和编程之间的差异。这是通过继承父类中的共享逻辑来实现的，父类表示为子类的抽象。重写规则制定了继承的工作方式：哪些逻辑可以被继承，以及哪些逻辑可以被重写。

为了能方便地阅读本节，你需要了解以下三个概念。这些概念都可以应用到类、属性和方法中。

- 抽象（abstract）意味着类或成员没有被完全实现，没有被实现的内容就留给子类来实现。
- 开放（open）意味着类或成员已经被全部实现，因此可以被实例化（类）或者被访问（属性或方法），也允许子类根据其需要重写这些实现。
- 关闭（closed）意味着类或成员同样已经被全部实现并且可以被使用，但是不允许子类重写这些实现。对于类来说，这种类不允许有子类。对于成员来说，意味着它们不能在子类中被重写。

Kotlin 遵循默认关闭原则。除非明确地将类或类成员标记为 abstract 或 open，否则它们都默认是 closed 状态。

本节探讨了 Kotlin 中的一些常用实体，包括继承、接口、抽象类和开放类，以便能更好地理解继承。

4.5.1 接口

接口构成了代码中最高级别的抽象。它定义了用户可以使用的功能，但不限制实现该功能的方式。通常它仅仅定义了一些抽象方法来说明具有哪些功能，如代码清单 4-23 所示。

代码清单4-23 定义接口

```
interface Searchable {
  fun search()  // All implementing classes have this capability
}
```

在 Kotlin 中，接口可以拥有默认的实现。如代码清单 4-23 所示，尽管接口成员通常是 abstract 的，但它们可能具有默认实现。代码清单 4-24 中分别展示了拥有和没有默认实现的属性和方法。虽然接口可以包含属性，但它们并不具有状态。因此，属性没有幕后字段。

这就是为什么所有属性要么是 abstract 的，要么使用了无幕后字段的访问器，如代码清单 4-24 中 getter 所示。由于非 abstract 属性不能具有幕后字段，所以它们只能是只读的。

代码清单4-24　定义具有默认实现的接口

```
interface Archivable {
  var archiveWithTimeStamp: Boolean  // Abstract property
  val maxArchiveSize: Long           // Property with default impl., thus must be val
    get() = -1                       // Default implementation returns -1

  fun archive()                      // Abstract method
  fun print() {                      // Open method with default implementation
    val withOrWithout = if (archiveWithTimeStamp) "with" else "without"
    val max = if (maxArchiveSize == -1L) "∞" else "$maxArchiveSize"
    println("Archiving up to $max entries $withOrWithout time stamp")
  }
}
```

`Archivable` 接口定义了 archive 和 print 功能，所有实现类都必须实现这些功能。在接口中，那些没有方法体的方法都是隐式 abstract 的。对于没有访问器的属性来说，也是如此。其他所有的方法和属性都是隐式 open 状态，意味着它们都可以被重写。所以，接口中所有的成员都可以在实现类中被重写。

> **在 Java 中需注意**
>
> Java 8 中也引入了含有默认实现方法的接口[1]。

可以使用代码清单 4-25 中所示的语法实现任意数量的接口。

代码清单4-25　接口继承

```
class Task : Archivable, Serializable {  // Implements multiple interfaces
  override var archiveWithTimeStamp = true
  override fun archive() { … }
}
```

上述代码中，`Task` 类实现了 `Archivable` 和 `Serializable` 这两个接口。与定义变量类型或返回类型时不同，通常在继承接口的冒号两边都要添加空格。在重写父类属性或方法时必须添加 **`override`** 修饰符。这样，重写就会显得明确、不容易发生意外错误。

使用接口的默认实现时应该格外小心，因为它们模糊了接口和抽象类之间的界限。

[1] https://docs.oracle.com/javase/tutorial/java/IandI/defaultmethods.html。

4.5.2 抽象类

抽象类的抽象级别低于接口。与接口类似，抽象类用来定义 abstract 方法和属性。区别在于抽象类可以包含具体的实现并且可以携带状态。接口和抽象类都是为了将子类的相同之处加以封装。因为它们中的某些成员可能是抽象的无法被使用，所以它们既不属于应用程序的可用实体也不能被实例化。代码清单 4-26 中展示了如何在抽象方法中使用 **abstract** 关键字。

代码清单4-26 抽象类和重写

```kotlin
abstract class Issue(var priority: Int) {
  abstract fun complete()                 // Abstract method
  open fun trivial() { priority = 15 }   // Open method
  fun escalate() { priority = 100 }      // Closed method
}

class Task(val title: String, priority: Int) : Issue(priority), Archivable {
  // …
  override fun complete() { println("Completed task: $title") } // Required override
  override fun trivial() { priority = 20 }                      // Optional override
  // Cannot override ‘escalate’ because it is closed
}
```

上述代码中，`Issue` 代表了那些拥有 priority 属性且可以被完成的实体，例如，task、meeting 或者其他日常事务。继承抽象类的用法跟实现接口类似，只不过在抽象类名后面需要加上括号来调用抽象类的构造函数。在上述代码中是通过 `Issue(priority)` 来实现的。就像将 `priority` 作为参数进行传递一样，必须将所有参数都传到父类的构造函数中。

只需要通过方法或属性名就可以访问父类或接口中的相应方法及属性。如果它们的名字与子类中的成员名字相冲突，则可以在名字前面加上 **super** 限定符来调用父类的成员。例如，在 `Task` 类中可以通过 **super.**`priority`（`Issue` 类中的属性）和 **super.**`escalate()` 来进行访问。

重写父类成员的方法与重写接口成员的方法相似，但与接口不同。由于 Kotlin 的默认关闭原则，所以抽象类中的方法默认是 closed 状态。在 Kotlin 中，如果想让子类能够对父类的成员进行重写，则需要使用 **open** 限定符。如果想把成员设置成抽象内容，则需要使用 **abstract** 限定符，如代码清单 4-26 所示。

小贴士

对于 abstract 和 open 来说，前者是“必须重写”，而后者是“可以重写”。非抽象类在继承时必须重写全部 abstract 成员（属性或方法），并且可以重写任意 open 状态的成员。而 closed 状态的成员不能被重写。

需要注意的是，也可以使用 **class** Task(…, **override val** priority: Int) 来重写主构造函数中的属性，但在上述代码中并不需要这样处理。

4.5.3 开放类

默认关闭原则不仅适用于 Kotlin 中的属性和方法，对于类也同样适用。Kotlin 中的所有类都默认是 closed 状态，这意味着它们不能被继承。这种编程语言设计原则要求开发人员“明确地指明是否能够继承”（参见 Joshua Bloch 撰写的 *Effective Java, Third Edition*[㊀]）。如果类默认设计成 open 状态，则类就可以在不做任何处理的情况下被继承，这将导致代码容易出错且不够健壮。

在 Java 中需注意

由于默认是 closed 状态，Kotlin 中的普通类可以对应于 Java 中的 final 类，而 Kotlin 中的开放类对应于 Java 中的普通类。

代码清单 4-27 展示了如何声明开放类，也指明了 open 状态类的子类默认也是 closed 状态，所以需要再次明确地声明成 open 状态才能允许被进一步地继承。

代码清单4-27 开放类和默认关闭类

```
class Closed                             // Closed class: cannot inherit from this
class ChildOfClosed : Closed()           // NOT allowed: compile-time error

open class Open                          // Open class: can inherit
class ChildOfOpen : Open()               // Allowed
class ChildOfChild : ChildOfOpen()       // NOT allowed: compile-time error
```

在 Kotlin 中，所有没有明确指明父类的类都继承自 Any，它也是所有非可空类型的父类。Any 仅仅定义了 hashCode、equals 和 toString 方法。因为 Any 对所运行的平台并不关心，因此可以在 Kotlin/Js 或者 Kotlin/Native 中使用。其他专门应用于 JVM 的方法是通过扩展函数附加的。

在 Java 中需注意

Kotlin 中的 Any 与 Java 中的 Object 相似，只是 Any 是非可空的，而且还可以从上文看出 Any 只定义了三个方法作为成员。在字节码中 Any 会被映射成 Object。

4.5.4 重写规则

㊀ 该书中文版已由机械工业出版社引进出版，书号为 978-7-111-61272-8。——编辑注

当使用继承时，需要注意一些规则。幸运的是，这些规则具有逻辑性，容易被记住。

首先，由于接口可以拥有默认方法，所以可能遇到从父类或被实现的接口中继承方法及属性时存在冲突的实现的情况。当遇到这种情况时，Kotlin 会强制对成员进行重写。在重写过程中，可以通过使用 `super<Myclass>.foo()` 或 `super<MyInterface>.foo()` 语法来调用特定的父类实现，以对它们加以区分。

其次，可以使用可变属性来重写只读的属性，但是不能反过来使用。因为只读属性只实现了 getter 方法。而由于可以添加额外的 setter 方法，所以可以使用可变属性来进行重写。但是，父类中带有 setter 方法的可变属性在子类中无法撤销。

4.6 类型检查和转换

Kotlin 中的类型检查和转换与其他静态类型编程语言在概念上相同。但是在 Kotlin 中必须反复考虑可空性才能安全地进行对象转换。在本节中，假设你正在使用组合模式[⊖]并且已经实现了 Component、Composite 和 Leaf 类，其中 Component 类是其他两个类的抽象父类。

4.6.1 类型检查

为了检查对象是否是特定的类型，Kotlin 提供了 **is** 运算符。代码清单 4-28 展示了如何使用类型检查。

代码清单4-28 使用is来进行类型检查

```
val item: Component = Leaf()   // 'item' is a Leaf at runtime

if (item is Composite) { … }   // Checks if 'item' is of type Composite at runtime
if (item !is Composite) { … }  // Checks if 'item' is not a Composite at runtime
```

is 运算符的否定形式为 **!is**，该否定形式运算符用来检查对象是否不是一个特定的类型。在这段示例代码中，除非类结构发生改变，否则第二种类型检查相当于 item is Leaf 语句，因为 Leaf 是除此之外唯一可能的类。

4.6.2 类型转换

在像 Kotlin 这样的静态类型编程语言中，类型转换可以将对象的类型映射（转换）成其他兼容的类型。在 Kotlin 中可以使用好几种方法来进行类型转换，这几种方法都需要考虑可空性以及如何处理为空的情况。因此，可以使用安全转换方法 **as?**，或者在不考虑为空的情况下使用 **as** 来进行转换，如代码清单 4-29 所示。

⊖ https://sourcemaking.com/design_patterns/composite。

代码清单4-29　对空类型进行类型转换

```
val item: Component? = null

val leaf: Leaf         = item as Leaf              // TypeCastException
val leafOrNull: Leaf? = item as Leaf?             // Evaluates to null
val leafSafe: Leaf?   = item as? Leaf             // Evaluates to null
val leafNonNull: Leaf = (item as? Leaf) ?: Leaf()  // Alternative using elvis op.
```

上述代码展示了将 item 转换为 Leaf 对象的四种方法。第一种方法尝试使用 **as** 将可空对象转换为非空类型，如果该对象为空则会抛出类型转换异常（TypeCastException）。为了避免这种情况的发生，第二种方法直接将对象转换成可空类型 Leaf？，这样做的同时也相应地改变了表达式的类型。第三种方法使用了*安全转换运算符* **as?**，如果转换失败则返回空而不是抛出异常。第四种方法为了避免在声明变量时出现可空性，使用 elvis 运算符在对象为空时提供了默认值。

在上述代码中，转换为可空类型与使用安全转换运算符是等效的。但当尝试把对象强制转换成一个错误的对象时，它们就不再等效了，如代码清单 4-30 所示。

代码清单4-30　类型转换与强制类型转换异常（ClassCast Exception）

```
val composite: Component = Composite()

val leafOrNull: Leaf? = composite as Leaf?      // ClassCastException
val leafSafe: Leaf?   = composite as? Leaf      // Evaluates to null
```

在上述代码中，原始对象不能为空，所以把它转换为 Leaf? 类型也不会让这次转换变得更加安全。第一条转换语句会导致类型转换异常。安全转换运算符 **as?** 的不同之处在于它永远不会在转换失败时抛出异常，而是返回 **null**。

4.6.3　智能转换

通过使用智能转换，Kotlin 编译器可以帮助你避免多余的转换工作。只要编译器可以推导成更为严格的类型约束，Kotlin 就会进行智能转换，包括从可空类型到非可空类型的智能转换，如代码清单 4-31 所示。此例中，假设 Component 类、Composite 类和 Leaf 类中分别定义了 component() 函数、composite() 函数和 leaf() 函数。

代码清单4-31　智能转换

```
val comp: Component? = Leaf()  // Type is nullable 'Component?'

if (comp != null) { comp.component() }               // Smart-cast to Component
if (comp is Leaf) { comp.leaf() }                    // Smart-cast to Leaf
when (comp) {
```

```
  is Composite -> comp.composite()                       // Smart-cast to Component
  is Leaf -> comp.leaf()                                 // Smart-cast to Leaf
}
if (comp is Composite && comp.composite() == 16) {}  // Smart-cast to Composite
if (comp !is Leaf || comp.leaf() == 43) {}  // Smart-cast to Leaf inside condition
if (comp !is Composite) return
comp.composite()  // Smart-cast to Composite (because of return above)
```

在大多数情况下，Kotlin 编译器能够推导出更严格的类型约束，使开发人员可以将注意力放在实际的逻辑上面。这包括把可空类型转换为非可空类型，如上述代码中第二行所示。还包括在 **if** 和 **when** 表达式中使用 **is** 运算符对子类型进行转换。由于 Kotlin 会惰性地评估非原子条件，因此可以在条件内执行转换。在上述代码中的“与”表达式中（由 && 组成），当左边的表达式结果为 **false** 时，将不再去判断右边表达式的结果。类似的逻辑适用于“或”表达式（由 || 组成）。最后，编译器可以智能地推导出先前的检查何时会触发返回语句，如上例所示。在最后一行语句中，comp 对象可以被智能地转换成 Composite 类型。因为当 comp 不属于 Composite 类型时，最后一行语句将不会执行。

注意

智能转换只适用于变量在类型检查（或空检查）之后、具体使用之前值不会更改的情况。这也是 **val** 优于 **var**，以及在面向对象编码中使用信息隐藏原则来限制来自外部变量操作的另一个原因。

在 IntelliJ 和 Android Studio 3 中，智能转换会用绿色高亮显示。

4.7 可见性

信息隐藏是面向对象的一个核心原则，也就是说，类的内部实现细节应该对外部不可见。只将定义良好的接口暴露给外部就可以使该类的使用和修改方式更具有可控性。可见性为信息隐藏提供服务，它允许你定义从哪里可以访问该类以及可以访问该类的哪些内容。

4.7.1 类或接口中的声明

首先，让我们思考一下类和接口的成员（属性和方法）。有四种可见性修饰符（其中三种与 Java 中的工作方式相同）可以用于这些成员。可见性范围由大到小依次为：

- **public**：只要类可见，则类中该类型的成员就可以被访问。通常用于类或接口中定义良好的接口成员。
- **internal**：只要类可见，则类中该类型的成员就可以在同一个模块中被访问。通常用于同一模块中相互关联的被良好定义的部分接口。

- **protected**：该类型成员只在类的内部及其子类中可见。这对于不应该被外部访问但对实现子类很有用的成员非常有效。需要注意的是，这仅适用于抽象类和开放类。
- **private**：该类型成员只能在类的内部被访问，大量应用于需要对外部隐藏类内部具体实现的场景中。

在 Java 中需注意

需要注意的是，在 Java 中没有包私有可见性。Kotlin 中默认的可见性是 **public**，并且最接近包私有可见性的是 **internal**。

internal 可见性是指模块范围的可见性。那么这里的模块又是什么意思呢？模块是一组一起编译的 Kotlin 文件，例如 Android Studio 中的 module、一个 Maven 模块、一个 Gradle 源（代码）集或在一项 Ant 任务中编译的一组文件。

代码清单 4-32 展示了所有可见性修饰符的用法。

代码清单4-32　可见性修饰符

```
open class Parent {
  val a = "public"
  internal val b = "internal"
  protected val c = "protected"
  private val d = "private"

  inner class Inner {
    val accessible = "$a, $b, $c, $d"  // All accessible
  }
}

class Child : Parent() {
  val accessible = "$a, $b, $c"        // d not accessible because private
}
class Unrelated {
  val p = Parent()
  val accessible = "${p.a}, ${p.b}"    // p.c, p.d not accessible
}
```

内部类甚至可以访问 private 成员，而且（同一模块中的）子类可以访问除 private 外的所有成员。同一模块中互不相关的类只能相互访问 public 和 internal 成员。

为构造函数、getter 和 setter 添加可见性修饰符时，必须同时添加相应的关键字（**constructor**、**get**、**set**），如代码清单 4-33 所示。

代码清单4-33 设置构造函数、getter和setter的可见性

```
open class Cache private constructor() {
  val INSTANCE = Cache()

  protected var size: Long = 4096  // Getter inherits visibility from property
    private set                    // Setter can have a different visibility
}
```

为主构造函数设置非默认可见性时需要添加 **constructor** 关键字。而次构造函数只需要使用可见性修饰符前缀就可以。getter 的可见性由属性自身的可见性来定义，因此并不需要使用 **protected get** 来进行额外的定义。默认情况下，setter 也会继承属性的可见性，但可以通过将 **set** 关键字与所需的可见性修饰符一起添加来对可见性进行更改。因为这里没有使用自定义的 setter 实现，所以只编写 **private set** 语句就可以了。需要注意的是，当显示设置 setter 的可见性时，不能同时使用主构造函数属性。

> **注意**
>
> 关于可见性需要考虑的另一件事是内联方法不能访问那些具有更严格可见性的类属性。例如，public 内联方法不能访问 internal 属性，因为内联位置可能无法访问该属性。

4.7.2 顶级声明

Kotlin 允许对属性、函数、类型和对象进行顶级（或文件级）声明。那么如何对这些内容的可见性进行限制呢？

因为 **protected** 类型对于顶级声明来说没有任何意义，所以顶级声明只能使用以下三种可见性修饰符。除此之外，除非包含这些内容的类的可见性要更为严格，则可见性在使用上遵循原有的规则。

- **public**：这类内容可以从任意位置进行访问。
- **internal**：这类内容可以从同一模块内的任意位置进行访问。
- **private**：这类内容只能从包含它们的文件中进行访问。

4.8 数据类

Kotlin 中的数据类为那些旨在保存数据的类提供了一种便捷的实现方式。数据对象的典型操作有读取数据、更改数据、比较数据和复制数据。这些操作对于 Kotlin 中的数据类来说都非常简单。

4.8.1　使用数据类

声明一个数据类非常简单，只需为类声明添加 **data** 修饰符前缀即可，如代码清单 4-34 所示。

代码清单4-34　声明数据类

```
data class Contact(val name: String, val phone: String, var favorite: Boolean)
```

通过 data 进行声明，编译器会为数据类中的每一个属性自动生成一些有用的方法：hashCode 方法、equals 方法、toString 方法、copy 方法和 componentN 方法（component1, component2, ……）。代码清单 4-35 展示了如何使用这些方法。

代码清单4-35　生成数据类中的成员

```
val john = Contact("John", "202-555-0123", true)
val john2 = Contact("John", "202-555-0123", true)
val jack = Contact("Jack", "202-555-0789", false)

// toString
println(jack)              // Contact(name=Jack, phone=202-555-0789, favorite=false)

// equals
println(john == john2)      // true
println(john == jack)       // false

// hashCode
val contacts = hashSetOf(john, jack, john2)
println(contacts.size)      // 2 (no duplicates in sets, uses hashCode)

// componentN
val (name, phone, _) = john          // Uses destructuring declaration
println("$name's number is $phone")  // John's number is 202-555-0123

// copy
val johnsSister = john.copy(name = "Joanne")
println(johnsSister)  // Contact(name=Joanne, phone=202-555-0123, favorite=true)
```

在上述代码中，编译器生成的 hashCode、equals 和 toString 方法可以像你预期的那样正常工作。如果类前不使用 **data** 修饰符，toString 方法将会打印内存地址，john 将不会与 john2 相等，contacts.size 的返回值将为 3。需要牢记的一点是，Kotlin 中的双等号运算符会调用 equals 方法来检查结构是否相等。

目前来看，使用数据类就可以避免在 IDE 中生成这些代码。虽然生成这些代码只需要几秒钟，但使用数据类会使代码变得更具有可读性和一致性。你是否能够快速判断 IDE 生成的 equals 方法已经包含了之前手动更改的内容？是否能够保证 equals 和 hashCode 方法依然是最新的？或者能够保证在更改属性后会重新生成这些方法？只要使用了数据类，将不会出现以上这些问题。

此外，componentN 函数使用了名为解构声明的方法，如代码清单 4-35 所示。这种方法可以很方便地将数据类中存储的值提取到单独的变量中。对于那些不需要的值，可以使用下划线来进行忽略。

最后，copy 方法允许你在修改数据类的任意属性时，使用命名参数来复制数据类。因此你可以在不更改任何其他属性的情况下改变 phone 或 favorite 的值。

注意

在数据类中，你依然可以声明自定义的 hashCode、equals 和 toString 方法实现。一旦使用了自定义方法，编译器将不会自动生成相应的方法。

但是，不能在数据类内部定义与自动生成的方法签名相冲突的 componentN 和 copy 方法，以确保这些方法可以正常工作。

在使用数据类时，需要注意以下限制条件：

- 数据类无法被继承。也就是说，数据类不能是 **open** 或 **abstract** 的。
- 数据类不能是 **sealed** 或 **inner** 类型的类（密封类将在后面进行讨论）。
- 主构造函数必须至少具有一个参数，以便编译器能够自动生成这些方法。
- 必须在主构造函数中的所有参数前使用 **val** 或 **var**，从而将参数升级成属性。在数据类中也可以添加次构造函数。

4.8.2 数据类的继承

数据类不能被继承，但可以拥有父类和实现接口。在使用数据类实现接口和继承自父类的时候，需要注意以下这些问题。

- 如果父类中实现了 open 类型的 hashCode、equals 或 toString 方法，则这些方法在数据类中将会被编译器自动生成的相应方法所重写。
- 如果父类中实现了 final 类型的 hashCode、equals 或 toString 方法，则在数据类中会沿用父类中的这些方法。
- 父类中可以拥有 componentN 方法，但这个方法必须是 open 类型，并且返回值的类型必须与数据类相一致。编译器会再次为数据类生成重写的实现。父类的实现为 **final** 类型或者没有能够匹配这些实现的签名的话，将会导致编译时错误。
- 同样，父类中不能具有与数据类中的签名相一致的实现。
- 后两条规则确保了结构声明和复制过程始终按照预期进行。

最后，数据类之间不能执行继承。因为无法使用一致且正确的方式来为这种层次结构生成所需的方法。强烈建议避免在数据类之间使用常规的继承方式，因此这里不会一一列举数据类继承的情况。而密封类这种特殊情况将在下一节中进行介绍。

小贴士

当函数可以返回多个值时，数据类就可以成为多个返回值的容器。例如，当函数为实例返回一个 name 和一个 password 时，则可以按如下方式进行封装：

```
data class Credentials(val name: String, val password: String)
```

然后就可以将 Credentials 作为返回类型。

Kotlin 还预定义了 Pair 和 Triple 数据类，分别用来承载两个或三个值。但在代码的表达能力上这两个数据类比专用数据类要欠缺一些。

4.9 枚举

Kotlin 为枚举提供了 **enum** 类。使用 **enum** 类的最简单形式如代码清单 4-36 所示。**enum** 类可以用来模拟一组不同对象的有限集合，例如系统状态、方向或者一组颜色的集合。

代码清单4-36 声明一个简单的enum类

```
enum class PaymentStatus {
  OPEN, PAID
}
```

enum 修饰符用来将类声明成枚举类，类似于 **inner** 和 **data** 这两个类的修饰符。枚举常量间用逗号进行分割并且属于运行时对象，因此每个常量只能有一个实例。

上述代码已经涵盖了枚举的最常见用法，此外还可以为枚举类添加构造函数参数、属性和方法，如代码清单 4-37 所示。

代码清单4-37 为成员声明枚举类

```
enum class PaymentStatus(val billable: Boolean) {  // Enum with a property

  OPEN(true) {
    override fun calculate() { ... }
  },
  PAID(false) {
    override fun calculate() { ... }
  };  // Note the semicolon: it separates the enum instances from the members

  fun print() { println("Payment is ${this.name}") }  // Concrete method
  abstract fun calculate()                            // Abstract method
}
```

需要特别注意的是必须先定义枚举实例，然后使用分号来与其他成员进行分隔。可以在类中添加任意属性或方法。抽象方法必须在每个枚举实例中都进行重写。代码清单 4-38 展示了如何使用自定义的枚举成员和编译器生成的枚举成员。

代码清单4-38 使用枚举

```
val status = PaymentStatus.PAID
status.print()  // Prints "Payment is PAID"
status.calculate()

// Kotlin generates 'name' and 'ordinal' properties
println(status.name)      // PAID
println(status.ordinal)   // 1
println(status.billable)  // false

// Enum instances implement Comparable (order = order of declaration)
println(PaymentStatus.PAID > PaymentStatus.OPEN)  // true

// 'values' gets all possible enum values
var values = PaymentStatus.values()
println(values.joinToString())  // OPEN, PAID

// 'valueOf' retrieves an enum instance by name
println(PaymentStatus.valueOf("OPEN"))  // OPEN
```

对于每一个枚举实例，Kotlin 都会生成一个 `name` 属性，该属性将实例名称以字符串形式进行保存。`ordinal` 属性是枚举实例在枚举类中声明的顺序索引，该索引从零开始。所有枚举实例都是通过比较 `ordinal` 值的方式来实现 `Comparable` 的。

访问枚举类中自定义属性和成员的方式没有什么特殊之处。Kotlin 生成的 `valueOf` 方法可以按名称来获取枚举实例，而 `values` 方法可以获取所有枚举实例。这两种方法分别衍生出了 `enumValueOf` 和 `enumValues` 方法。如果枚举类中不存在所给定名称的枚举实例，则会抛出非法参数异常（`IllegalArgumentException`）。

由于枚举类拥有一组固定的枚举实例，所以编译器可以推导使用枚举的 **`when`** 表达式是否已经列出了所有枚举情况，如代码清单 4-39 所示。

代码清单4-39 在when表达式中穷举枚举类

```
val status = PaymentStatus.OPEN

val message = when(status) {
  PaymentStatus.PAID -> "Thanks for your payment!"
  PaymentStatus.OPEN -> "Please pay your bill so we can buy coffee."
}  // No else branch necessary
```

4.10　密封类

密封类用于构建受限制的类的层次结构，密封类的所有子类型都必须与密封类在同一个文件中定义。代码清单 4-40 展示了一个用密封类表示的二叉树。这些代码必须在 `.kt` 文件中声明，而非在脚本中。

代码清单4-40　声明具有子类型的密封类

```
sealed class BinaryTree  // Sealed class with two direct subclasses (and no others)
data class Leaf(val value: Int) : BinaryTree()
data class Branch(val left: BinaryTree, val right: BinaryTree) : BinaryTree()

// Creates a binary tree object
val tree: BinaryTree = Branch(Branch(Leaf(1), Branch(Leaf(2), Leaf(3))), Leaf(4))
```

要声明一个密封类，只需在类声明前面加上 **`sealed`** 修饰符即可。当密封类主体为空时，可以不用编写带大括号的类主体。密封类本身是隐式抽象的（因此无法实例化），并且它的构造函数是 private 类型的（因此该类不能在另一个文件中被继承）。这意味着必须在同一个文件中声明所有的直接子类型。但是，子类型的子类型可以在任意地方被声明。与其他抽象类相似，可以在密封类中添加抽象或非抽象成员。数据类对于用来定义密封类的子类型非常有效，如代码清单 4-40 所示。

> **注意**
>
> 可以将密封类看作枚举类的泛化。密封类还可以根据需要为每个子类型实例化多个对象。而枚举是单例的，如 PAID 和 OPEN。

密封类的好处是你可以更好地控制类层次结构，而编译器也以同样的方式使用密封类。因为在编译时所有直接子类都是已知的，编译器可以自动检查 **`when`** 表达式是否涵盖了所有子类。因此，只要覆盖了所有情况就可以省略 **`else`** 分支，如代码清单 4-39 所示。代码清单 4-41 中密封类型的 expression 类也说明了这一点。

代码清单4-41　在when表达式中穷举密封类

```
sealed class Expression  // Sealed class representing possible arithmetic expressions
data class Const (val value: Int) : Expression()
data class Plus  (val left: Expression, val right: Expression) : Expression()
data class Minus (val left: Expression, val right: Expression) : Expression()
data class Times (val left: Expression, val right: Expression) : Expression()
data class Divide(val left: Expression, val right: Expression) : Expression()

fun evaluate(expr: Expression): Double = when(expr) {
```

```
    is Const  -> expr.value.toDouble()
    is Plus   -> evaluate(expr.left) + evaluate(expr.right)
    is Minus  -> evaluate(expr.left) - evaluate(expr.right)
    is Times  -> evaluate(expr.left) * evaluate(expr.right)
    is Divide -> evaluate(expr.left) / evaluate(expr.right)
} // No else branch required: all possible cases are handled

val formula: Expression = Times(Plus(Const(2), Const(4)), Minus(Const(8), Const(1)))
println(evaluate(formula))  // 42.0
```

上述代码中，**when** 表达式的返回值相当于 evaluate 方法的返回值。由于涵盖了所有可能的情况，所以在任何情况下都会有明确的返回值，因此不需要考虑 **else** 分支。请注意，子类型的子类型不会干扰类型检查的详尽性，因为所有子类型都包含在其父类的子类型中。在 **when** 表达式条件语句的右侧部分中，Kotlin 会对 expr 进行智能转换，使不同类型中的 value、left 和 right 属性都可以被访问。

密封类在对层次结构的控制上遵循了严格的封闭性原则。如果不使用密封类的话，public 接口会因在不同的工程中存在任意数量的子类而变得不能使用。而更改和删除方法会使所有的这些内容崩溃。一旦使用了密封类，因为不能有新的直接子类，从而使得添加新方法变得更加容易。但是这样做的缺点是，因为没有使用 **else** 分支，所以每当为 sealed 中添加子类型时都需要在 **when** 表达式中对该情况进行罗列，消耗了额外的精力。这就需要考虑如何在子类型修改和操作变更的可能性之间进行平衡。

算术数据类型

这里需要提醒一下那些偏向算术处理的读者，Kotlin 通过使用数据类和密封类来实现算术数据类型，具体来说就是加法和乘法类型。

这些概念源于函数式编程和类型理论。你可以将乘法类型视为元素倍数的记录或元组（或 C / C ++ 中的结构）。这些都可以使用数据类来实现：

```
interface A { val a: Int }
interface B { fun b() }
data class Both(override val a: Int) : A, B { override fun b() { ... } }
```

为了实例化乘法类型对象，需要为其每个组成类型提供值。上述代码中 B 类没有任何属性，所以只需要为属性 a 提供值即可。如果类型 A 的可能值的数量为 x 而类型 B 的可能值的数量为 y，则它们的乘法类型应该有 x×y 种可能性。这被称为算数类型中的乘法类型。

加法类型用来构造包含组成类型中任意的一种类型。可以使用密封类来实现加法类型，如二叉树的节点是叶子节点还是分支节点。对于类型 A 与类型 B 的加法类型通常称为 Either：

```
sealed class Either
class MyA(override val a: Int) : Either(), A
class MyB : Either(), B { override fun b() { ... } }
```

上述代码中，Either 类型的对象要么满足接口 A 要么满足接口 B，但不能同时满足。这就是为什么密封类和数据类通常可以很好地协同工作，就像二叉树那样，可以构成由多个乘法类型组成的加法类型。

4.11　对象和伴生

大多数情况下都会创建对象作为类的实例。在 Kotlin 中，对象同样可以直接声明。第一种方式是使用对象表达式，这种方式允许你动态地创建对象并将对象用于表达式之中。代码清单 4-42 展示了一个持有数据的特殊对象。

代码清单4-42　简单的对象表达式

```
fun areaOfEllipse(vertex: Double, covertex: Double): Double {
    val ellipse = object {  // Ad-hoc object
        val x = vertex
        val y = covertex
    }
    return Math.PI * ellipse.x * ellipse.y
}
```

Kotlin 中使用 `object` 关键字来创建对象。对于像代码清单 4-42 中这样的简单对象，关键字后可以直接跟对象体。然而对象表达式功能要更加强大，它可以在重写某些成员的同时创建类的对象，但不能定义全新的子类。因此对象就变得像类一样，可以继承类和任意数量的接口。监听器是一个常见的例子，如代码清单 4-43 所示。

在 Java 中需注意

代码清单 4-43 中的对象表达式代替了 Java 中的匿名内部类。

此外，与 Java 中的匿名内部类相比，对象表达式可以在其封装的范围内访问非 final 类型变量。

代码清单4-43　具有子类型的对象表达式

```
scrollView.setOnDragListener(object : View.OnDragListener {
    override fun onDrag(view: View, event: DragEvent): Boolean {
        Log.d(TAG, "Dragging...")
```

```
      return true
    }
})
```

为了创建具有超类型的对象，**object** 关键字后可跟冒号和超类型，就像类的继承那样。请注意，OnDragListener 是一个接口所以后面不能跟括号，因为接口没有可被调用的构造函数。

小贴士

只有一个抽象方法的 Java 接口（称为 SAM 接口），例如 OnDragListener 接口，可以使用 Lambda 表达式来简化它的结构：

```
scrollView.setOnDragListener { view, event -> ... }
```

object 可以被认为是对此的泛化。甚至在希望实现多个接口或不止一个方法时也可以使用。

对象表达式只能声明为本地类型或私有类型。当从 public 方法返回对象表达式时将会返回 Any 类型，因为调用者无法识别对象表达式的类型。为缓解此类问题，可以使用接口来定义对象的结构，使其可以从外部访问，如代码清单 4-44 所示。

代码清单4-44 对象表达式作为返回类型

```
class ReturnsObjectExpressions {
  fun prop() = object {                          // Returns an object; infers Any type
    val prop = "Not accessible"
  }

  fun propWithInterface() = object : HasProp {  // Returns an object; infers HasProp
    override val prop = "Accessible"
  }

  fun access() {
    prop().prop                 // Compile-time error (Any does not have prop)
    propWithInterface().prop    // Now possible (HasProp has prop)
  }
}

interface HasProp {  // Allows exposing the ‘prop’ to the outside
  val prop: String
}
```

通常，只是在本地使用对象表达式的话，Kotlin 可以确保对象成员能够被访问。当从一个非私有方法返回对象表达式时，需要确保已经实现了可用作返回类型的接口。否则，返回值将无法使用。

4.11.1　把对象声明为单例

如果使用得当的话，单例是软件开发中十分有用的模式。只要你思考一下就会发现，单例只是一个对象，这意味着在运行时只存在一个实例。因此，在 Kotlin 中可以使用 **object** 关键字来创建单例，如代码清单 4-45 所示。

代码清单4-45　声明对象作为Registry单例

```
import javafx.scene.Scene

object SceneRegistry {  // Declares an object: this is effectively a Singleton
  lateinit private var homeScene: Scene
  lateinit private var settingsScene: Scene
  fun buildHomeScene() { … }
  fun buildSettingsScene() { … }
}
```

与对象表达式不同，当 **object** 关键字后跟对象名时，该对象将不再是匿名对象。这被称为对象声明。该对象不能像表达式那样在赋值语句的右侧使用。只需要使用对象名来对成员加以限定即可访问对象的成员，如代码清单 4-46 所示。

代码清单4-46　访问对象成员

```
val home = SceneRegistry.buildHomeScene()
val settings = SceneRegistry.buildSettingsScene()
```

对象声明同样也可以使用继承。此外，对象声明可以嵌套在（非内部）类中或其他对象声明中，但不能是本地的（在函数内部声明）。相反，对象表达式可以在任何地方使用。

> **注意**
>
> 对象声明在首次访问时会被懒惰地初始化。因此，如果在运行时从未使用过该对象，则该对象将不会占用任何资源。这也是手动实现单例的常用方法。
>
> 与此相反，对象表达式在它们被声明时会立即进行计算和初始化。由于它们通常会被直接使用，因此这样做是有意义的。

4.11.2　伴生对象

类内部的对象声明可以成为伴生对象（companion object）。访问此类伴生对象的成员时只需要加上所伴生的类作为前缀即可，无须为此类创建对象，如代码清单 4-47 所示。

代码清单4-47 伴生对象Factory

```
data class Car(val model: String, val maxSpeed: Int) {
  companion object Factory {
    fun defaultCar() = Car("SuperCar XY", 360)
  }
}

val car = Car.defaultCar()  // Calls companion method: same as Car.Factory.defaultCar()
```

声明一个伴随对象只需要在对象声明时使用 **companion** 修饰符即可。你可以为伴生对象起一个名字，如代码清单 4-47 中的 Factory，否则会使用默认的名字 Companion。你可以直接通过 `Car` 类访问伴生对象的所有成员，或者通过添加伴生对象名前缀来进行访问。

你或许想知道 Kotlin 中是否有 **static** 修饰符，答案是：没有。Kotlin 中使用伴随对象和顶级声明来代替 **static** 修饰符。伴生对象类似于其他编程语言中的 **static** 声明，而顶级声明更符合将某些静态函数迁移到 Kotlin 的惯用做法。伴生对象非常适用于那些与类密切相关的方法，如 factory 方法。需要注意的是，相对于其他编程语言中的静态成员，伴生对象成员不能使用承载类的实例来进行访问，因为这是一种非常不好的实践。

即使访问伴生对象成员看起来跟其他编程语言中访问静态成员的方式一样，然而伴生对象实际上属于运行时对象。因此，它可以继承类和实现接口，如代码清单 4-48 所示。

代码清单4-48 继承接口的伴随对象factory

```
interface CarFactory {
  fun defaultCar(): Car
}

data class Car(val model: String, val maxSpeed: Int) {
  companion object Factory : CarFactory {  // Companions can implement interfaces
    override fun defaultCar() = Car("SuperCar XY", 360)
  }
}
```

所有父类型都要加在冒号的后面，并在伴生对象内部使用 **override** 修饰符。关于代码清单 4-48 中 `defaultCar` 方法的使用方式，在 java 中可以通过 `Car.Factory.defaultCar()` 来调用。你也可以使用 `@JvmStatic` 注解来告诉编译器将其编译为 Java 字节码中的实际静态成员，如 `@JvmStatic` **`override fun`** `defaultCar()`。这样就可以在 Java 中直接使用 `Car.defaultCar()` 来调用。第 5 章中详细介绍了互操作性问题和注解。

注意

你可以像为其他函数定义扩展函数一样来为伴生对象定义扩展函数，然后在 Kotlin 中像调用其他伴生对象成员一样来调用该扩展函数：

```
fun Car.Factory.cheapCar() = Car("CheapCar 2000", 110)
val cheap = Car.cheapCar()
```

4.12 泛型

在编程中使用泛型是避免代码重复的有效方法。该思想是将特殊类型的算法和数据结构提升到更为通用的算法和数据结构。就像软件开发中会经常出现的那样，这是一个抽象的过程。你将专注于那些算法或数据结构所需的基本属性，并将它们从特定的类型中抽象出来以便使用。当 Musser 和 Stepanov 在 1989 年引入这个概念时，他们将其描述如下："通用编程的核心思想是从具体且高效的算法中抽象出来以获得可以与不同数据表示相结合的通用算法，从而开发出各种各样有用的软件"[⊖]。

正如你从大多数面向对象语言中了解到的以及在本节中讨论的那样，泛型只是实现此目的的一种通用机制。根据前面的定义，在父类中实现算法也属于泛型编程。然而，本节介绍的泛型是一种特定的通用机制。

4.12.1 泛型类和泛型函数

如上所述，泛型的核心思想是对数据结构和算法进行概括。对数据结构可使用泛型类，那些典型的实现方法也属于泛型。此外还可以在泛型类之外声明泛型函数来定义泛型算法。这样就囊括了所需要概括的两大主要实体。泛型数据结构的一个经典示例就是集合类型，例如 `List<E>` 和 `Map<K, V>`。其中 E、K、V 称为泛型类型参数（或称为类型参数）。

注意

对于术语类型参数，先让我们思考一下参数本质上究竟是什么。与数学函数一样，参数引入了自由度。试想一个函数的例子：`f(x; p) = p * x^2`，其中 p 为参数。我们称 f 被参数化了，并且可以通过改变 p 来实例化一系列相似但不相同的函数。所有这些函数都共享某些属性，例如 `f(-x) = f(x)`，但不包括 `f(1) = 1`。

⊖ David R. Messer 和 Alexander A. Stepanov，《泛型编程》。发表在 *International Joint Conference of International Symposium on Symbolic and Algebraic Computation*（ISSAC）-88 和 *Applied Algebra, Algebraic Algorithms*，以及 *Error Correcting Codes*（AAECC）-6，罗马，意大利，July 4-8, 1988. *Lecture Notes in Computer Science*, P. Gianni. 358. SpringerVerlag, 1989, pp. 13-25（http://stepanovpapers.com/genprog.pdf）。

这同样适用于像 Set<E> 这样的泛型类型，其中类型参数也就是元素的类型 E 引入了自由度。泛型类型在声明时并不需要确定其中的类型是哪种具体的类型，仅在实例化时才去确定类型。同样，所有的 set 集合都会共享某些属性。

泛型类

在 Kotlin 中定义泛型类，需要在类名后的尖括号中定义泛型类型参数，如代码清单 4-49 所示。

代码清单4-49　声明和实例化一个泛型类

```
class Box<T>(elem: T) {  // Generic class: can be a box of integers, box of strings,
 …
    val element: T = elem
}

val box: Box<Int> = Box(17)  // Type Box<Int> can also be inferred
println(box.element)         // 17
```

声明 Box 类型时使用了类型参数 T，并将该类型参数添加到类名后的尖括号中。这样，类型参数就可以像类中其他类型的使用方式一样，被用来定义属性类型、返回值类型以及其他的内容。在运行时，类型参数会变成实例化 Box 对象时的具体类型，这里是 Int 类型。因此，构造函数接收 Int 类型并且元素也具有 Int 类型。如果需要多个类型参数，可以在尖括号内用逗号将它们分隔。

小贴士

并非一定要用 T 来命名参数类型，但约定成俗会去使用那些能表示语义的单词首字母的大写形式来进行命名。最常见的内容如下所示：

T = type

E = element

K = key

V = value

R = return type

N = number

请注意代码清单 4-49 是如何仅在实例化 Box 时将类型定义为想要的类型，而非在声明时。可以在需要时自由地使用特定的 Box 变体。如果不使用泛型，你必须为你想要支持的每种类型重复编写 Box 中的所有代码，例如 IntBox 或 PersonBox。你可能会想通过创建一个 AnyBox 类来解决问题，但是一旦你真的想用它来做些什么的时候，它将不再是类型安全的了。泛型的优点就在于它是类型安全的。

为了让你能够熟悉泛型，代码清单 4-50 提供了一个更为复杂的例子，在密封类中使用泛型定义了二叉树的数据结构。通过这样的实现方式，就可以创建叶子节点值为任意类型值的二叉树。

代码清单4-50　在BinaryTree类中使用泛型

```
sealed class BinaryTree<T>  // Now generic: can carry values of any type
data class Leaf<T>(val value: T) : BinaryTree<T>()
data class Branch<T>(
  val left: BinaryTree<T>,
  val right: BinaryTree<T>
) : BinaryTree<T>()

val tree: BinaryTree<Double> = Leaf(3.1415)  // Uses a binary tree with Double values
```

类型别名

类型别名是用来与泛型类和函数类型组合使用的有用特性。使用类型别名可以为现有类型提供更有意义的名称，例如：

```
typealias Deck = Stack<Card>                // New name for generics-induced type
typealias Condition<T> = (T) -> Boolean  // New name for function type
```

Kotlin 会在类型别名使用处将别名与原类型进行关联，以便你可以像使用基础类型那样来使用类型别名：

```
val isNonNegative: Condition<Int> = { it >= 0 }  // Can assign a lambda
```

需要注意的是，Kotlin 会根据类型别名的定义来推导 **it** 变量的类型。

泛型函数

泛型函数允许在算法方面使用泛型，并且允许独立于泛型类之外使用。代码清单 4-51 展示了如何定义和使用泛型函数。

代码清单4-51　声明和使用泛型函数

```
fun <T> myListOf(vararg elements: T) = Arrays.asList(*elements) // * is spread operator

val list0: List<Int> = myListOf<Int>(1, 2, 3)  // All types explicit, no type inference
val list1: List<Int> = myListOf(1, 2, 3)  // Infers myListOf<Int>
val list2 = myListOf(1, 2, 3)             // Infers MutableList<Int> and myListOf<Int>
val list3 = myListOf<Number>(1, 2, 3)      // Infers MutableList<Number>

// Without parameters
```

```
val list4 = myListOf<Int>()              // Infers MutableList<Int>
val list5: List<Int> = myListOf()        // Infers myListOf<Int>
```

上述代码中的函数类似于 Kotlin 的内建函数 listOf，该函数可以用来构建列表。为了将函数变为泛型函数，需要在 **fun** 关键字后面的尖括号中添加泛型类型参数。泛型类型可以像函数体中的其他类型一样使用。与内建的 listOf 函数一样，调用这个函数时可以选择带参数或者不带参数，编译器可以根据参数来推导类型。如果需要使用其他类型的参数（例如，Number 类型）或不传入任何参数时，必须明确声明变量的类型，例如 **val** list: List<Number>，或者明确声明函数类型参数，例如 myListOf<Number>。

注意

泛型支持编译时多态，特别是参数多态。也就是说，泛型函数对于所有具体类型都会在行为上保持一致。与之不同的是具有继承和方法重写的运行时多态。

具体化

有时候你可能希望访问泛型函数中的泛型类型参数。一个常见的例子就是检查对象是否是类型参数的子类型。但是泛型类型参数的类型信息不会在运行时保留，因此无法像通常那样使用 is 来检查子类型。这被称为*类型擦除*，是 JVM 固有的一种限制。这种限制迫使你需要在上述情况下使用反射。反射的意思就是在运行时审视（甚至可能修改）你自己的代码，例如可以在运行时检查没有静态类型信息的对象类型（由于存在类型擦除）。代码清单 4-52 展示了一个带有泛型函数的示例，该函数按给定的类型过滤可迭代的对象。

代码清单4-52 访问泛型函数的类型参数

```
fun <T> Iterable<*>.filterByType(clazz: Class<T>): List<T?> {
  @Suppress("UNCHECKED_CAST")  // Must suppress unchecked cast
  return this.filter { clazz.isInstance(it) }.map { it as T? }  // Uses reflection
}

val elements = listOf(4, 5.6, "hello", 6, "hi", null, 1)
println(elements.filterByType(Int::class.javaObjectType))       // 4, 6, 1
```

该函数用来对可迭代对象进行过滤，找出那些类型与给定的 T 类型相一致的元素。但在实现的过程中，isInstance 方法必须使用反射来检查元素是否是 T 类型的实例。而且必须将未经检查的强制转换警告禁止掉，才能更容易地调用该方法。

幸运的是，在 Kotlin 中有一种称为*具体化*的小伎俩。具体化可以用来访问泛型类型信息，但是仅限于内联函数。因为具体类型参数会内联到调用处，并且可以在运行时使其可用。代码清单 4-53 中对函数的实现要优于代码清单 4-52 中的实现。

代码清单4-53　使用具体化的泛型函数

```
inline fun <reified T> Iterable<*>.filterByType(): List<T?> {  // Inline + reified
  return this.filter { it is T }.map { it as T? }  // No reflection; can use 'is'
}

val elements = listOf(4, 5.6, "hello", 6, "hi", null, 1)
println(elements.filterByType<Int>())              // 4, 6, 1
```

现在这个函数变成了内联函数，并且为类型参数 T 添加了 **reified** 修饰符，这样就可以在函数中使用 **is** 运算符。此外也没有任何警告需要禁止，使调用函数更为简洁。这种方式会将内联函数中所有出现的 T 替换为具体的类型参数。代码清单 4-53 中的函数调用可以有效地转换为代码清单 4-54 中的函数调用。

代码清单4-54　泛型函数的内联代码

```
elements.filter { it is Int }.map { it as Int? }  // Inlined function and inserted T
```

简而言之，如果你需要在运行时访问泛型类型参数，则具体化非常有用，但具体化只对内联函数可用。通常无法阻止 JVM 中的类型擦除。

4.12.2　协变和逆变

本节首先会对比类型和类的概念，接着会讲解型变，更具体地说是协变和逆变。

在 Java 中需注意

截至目前，Kotlin 中泛型的工作方式与 Java 中的相同。现在我们继续深入了解泛型和型变，你将会看到 Kotlin 对 Java 进行改进的几个地方。

首先，你必须能够区分类和类型。例如，让我们思考一下 Kotlin 中的 `Int` 类，它同样是一种类型。但可空的 `Int?` 并不是一个类，而且没有任何地方在声明类时会使用 `Int?`。所以 `Int?` 是一种类型，是可空的整数类型。类似的，`List<Int>` 是一个类型而非一个类，而 `List` 是一个类。所有的泛型都会在具体实例化时引出一种新的类型。这也是泛型功能如此强大的原因。表 4-1 给出了更多类与类型的对比信息。

表 4-1　类与类型对比

实　体	是否是类	是否是类型
Task	Yes	Yes
Task?	No	Yes
List<Task>	No	Yes
List	Yes	Yes
(Task) -> Unit	No	Yes

小贴士

可以认为类与类型是子集与全集的关系。也就是说，所有类的集合是所有类型集合的子集，每个类都是一个类型，但不是每个类型都是一个类。

现在既然已经了解了类与类型的差异，那就让我们从协变入手开始探索型变的概念吧。

协变

从直观上看，协变意味着可以使用子类型代替其超类。你可能已经习惯于在变量赋值的时候使用这种方法，你可以将一个子类对象赋给一个可以改变类型的父类，如代码清单 4-55 所示。

代码清单4-55 子类赋值给超类时的协变

```
val n: Number = 3                                   // Integer is a subclass of Number
val todo: Archivable = Task("Write book", 99)  // Task is a subclass of Archivable
```

除了赋值以外，返回类型时同样可以使用型变，如代码清单 4-56 所示。

代码清单4-56 返回类型时的协变

```
abstract class Human(val birthday: LocalDate) {
  abstract fun age(): Number  // Specifies that method returns a Number
}

class Student(birthday: LocalDate) : Human(birthday) {
  // Return types allow variance so that Int can be used in place of Number
  override fun age(): Int = ChronoUnit.YEARS.between(birthday, LocalDate.now()).toInt()
}
```

目前为止，这些内容都是比较直观的，即便在这些场景下使用子类，类型的安全性也得以保留。

在 Java 中需注意

在 Java 中数组是协变的，也就是说 Student [] 是 Human [] 的子类型，但这并不是类型安全的。它有可能在运行时导致数组存贮异常（ArrayStoreException）:

```
Number[] arr = new Integer[3];  // Arrays are covariant
arr[0] = 3.7;                   // Causes ArrayStoreException
```

数组在 Kotlin 中不是协变的，所以它是类型安全的。数组的协变允许将一个 integer 数组实例赋给一个 number 数组。向该数组中添加元素将导致类型不安全，因为该数组可以添加任意类型数字，很有可能为该 integer 数组添加非 integer 类型的数字。如代码清单 4-57 所示。

代码清单4-57 Kotlin中数组的不变性（类型安全的）

```
val arr: Array<Number> = arrayOf<Int>(1, 2, 3) // Compile-time error
arr[0] = 3.1415                                 // Would be unsafe (but cannot happen)
```

同样的问题通常也存在于集合类型和泛型类型中。例如，在代码清单 4-58 中展示了 Java 中的集合，例如 `List<E>` 和 `Set<E>` 是不能协变成类型安全的情况。

代码清单4-58 Java集合的不变性（类型安全的）

```
List<Number> numbers = new ArrayList<Integer>();  // Compile-time error
```

在 Java 中 `List<E>` 不能遵从它的类型参数 `E` 进行协变。从前文可知如果集合能够进行协变的话就会产生跟之前讨论的数组一样的问题。那为什么代码清单 4-59 中的代码在 Kotlin 中可以编译成功呢?

代码清单4-59 Kotlin中只读集合的型变（类型安全的）

```
val numbers: List<Number> = listOf<Int>(1, 2, 3)  // Works
```

事实上，上述代码在 Kotlin 中是类型安全的。为了探究其缘由让我们回想一下之前讲过的内容，在 Kotlin 的标准库中明确区分了可变集合和只读集合（这点与 Java 不同）。而且之前类型安全问题是由于向数组或列表添加新的元素所造成。通常，只要类型为 `T` 的对象仅仅是生产者而不是消费者的话，遵从于类型参数 T 的泛型类型所产生的协变就是类型安全的。因此，上述代码中的只读列表产生的协变是类型安全的。一旦集合可变，其类型将不再安全。这就是 Kotlin 中可变集合不能协变的原因，如代码清单 4-60 所示。

代码清单4-60 Kotlin中可变集合的不变性

```
val numbers: MutableList<Number> = mutableListOf<Int>(1, 2, 3)  // Compile-time error
```

如果上述代码可以编译成功的话，就会在调用 `numbers.add(3.7)` 的时候再次产生运行时错误，因为该语句尝试向 integer 列表中添加 double 类型的数字。也就是说，在 `MutableList<T>` 中，类型参数 `T` 不仅仅是生产者，还可以被诸如 `add(t: T)` 这样的方法所消费。这使得协变不再安全。

直观上可以认为协变就是使用子类型来代替超类型。而关于协变更正式的说法是，当子类型被协变类型所包含时，子类型的关系会被保留。假设有一个协变类型 `Covariant<T>` 以及一个父类型为 `Parent` 的类型 `Child`。协变意味着 `Covariant<Child>` 仍然是 `Convariant<Parent>` 的子类型，就像 `List<Int>` 是 `List<Number>` 的子类型一样。因为 Kotlin 中的 `List<T>` 是可协变的。

逆变

逆变对应于协变，直观上会认为逆变是使用超类型来代替子类型。乍一看，这可能并不好理解，因此随后小节展示了一些容易理解的使用场景。可以将协变类型视为生产者（它们只能生产 T，而不能消费 T），而将逆变类型视为消费者。以下小节介绍了一些有关逆变类型的示例。

从形式上看，逆变可认为是当子类型被逆变类型包含的时候，子类型关系将会翻转。假设有一个逆变类型 Contravariant<T>，则 Contravariant<Parent> 将会变成 Contravariant<Child> 的子类型。例如，Comparable<Number> 就是 Comparable<Int> 的子类型。因为知道如何比较 number 的对象肯定也知道如何比较 integer，所以这是合乎情理的。因此直觉在这里并不正确，实际上你仍然在使用子类型来代替超类型。

4.12.3 声明处型变

Kotlin 引入了声明处型变这一语言概念，使得型变成为类契约的组成部分。通过这种方式，类在所有使用处都会表现为协变或逆变类型。为实现这些内容，Kotlin 使用了 **in** 和 **out** 修饰符。代码清单 4-61 展示了如何声明一个协变只读堆栈类。

代码清单4-61 可协变的Stack类

```
open class Stack<out E>(vararg elements: E) {  // 'out' indicates covariance
  protected open val elements: List<E> = elements.toList()  // E used in out-position
  fun peek(): E = elements.last()                            // E used in out-position
  fun size() = elements.size
}

val stack: Stack<Number> = Stack<Int>(1, 2, 3)  // Allowed because covariant
```

上述代码定义了只读堆栈类型。现在如你所知，只读访问对于这种类型协变的顺利使用是非常重要的。类型参数 E 的协变由 **<out>** 表示，说明 E 只能出现在供外部使用的位置处，事实上它只在 peek 函数中作为返回类型。请注意，在 elements 类型 List<E> 中，E 也出现在协变位置，因为 List<E> 是协变的。使用 MutableList<E> 会导致编译时错误，因为这里的 E 只能存在于不可变类型中。

由于 <**out** E> 成为 Stack 类契约的成员，这使得该类只生产类型 E 的对象而不会去消费这些对象。但是实现协变也是需要付出代价的，因此你不能在 Stack 类中定义方法来增加或者移除元素。为解决这个问题就需要用到可变子类，如同那些预定义的集合类一样，如代码清单 4-62 所示。

代码清单4-62 不能型变的可变Stack类

```
class MutableStack<E>(vararg elements: E) : Stack<E>() {  // Mutable: must be invariant
  override val elements: MutableList<E> = elements.toMutableList()
```

```
  fun push(element: E) = elements.add(element)       // E used in in-position
  fun pop() = elements.removeAt(elements.size - 1)  // E used in out-position
}

val mutable: MutableStack<Number> = MutableStack<Int>(1, 2, 3)  // Compile-time error
```

因为上述代码中的 MutableStack 类不再是纯粹的生产者，类型 E 同时会在内部（在 MutableList<E> 中作为 push 方法的参数）使用，所以此处不能使用 **out** 修饰符。因此，MutableStack <Int> 不再是 MutableStack <Number> 的子类型。需要注意的是，这里 MutableStack 类的实现非常简单并且不需要处理诸如空堆栈之类的异常。

相反，可以使用 **in** 修饰符来将类型声明为逆变，如代码清单 4-63 所示。

代码清单4-63　逆变类型Compare<T>

```
interface Compare<in T> {        // 'in' indicates contravariance
  fun compare(a: T, b: T): Int  // T is only used at in-position
}
```

Compare 类型现在在其类型参数中属于逆变。从直观上讲，这意味着可以使用更加通用的比较器来比较更为具体的对象。代码清单 4-64 中展示了 Task 作为 Issue 子类的场景。

代码清单4-64　使用Compare<T>的逆变

```
val taskComparator: Compare<Task> = object : Compare<Issue> {  // Uses contravariance
  override fun compare(a: Issue, b: Issue) = a.priority - b.priority
}
```

这段代码使用对象表达式来初始化 Compare<Issue> 类型的对象，并将对象赋给类型为 Compare<Task> 的变量。通常来说，可以比较 issue 的对象往往也可以比较 task，所以这里使用逆变是可行的。请注意，这里可以将 Compare（或比较器）视为消费者，因为它只消费 T 类型的对象来进行比较，不生产类型为 T 的对象。为了熟悉逆变，代码清单 4-65 给出了另一个示例。

代码清单4-65　另一个逆变类型Repair<T>

```
interface Repair<in T> {  // Contravariant
  fun repair(t: T)        // T in in-position
}

open class Vehicle(var damaged: Boolean)
class Bike(damaged: Boolean) : Vehicle(damaged)

class AllroundRepair : Repair<Vehicle> {          // Knows how to repair any vehicle
  override fun repair(vehicle: Vehicle) {
```

```
    vehicle.damaged = false
  }
}

val bikeRepair: Repair<Bike> = AllroundRepair()  // Uses contravariance
```

在上述代码中，Bike 是 Vehicle 的一个子类型，而接口 Repair<**in** T> 表示该类型的对象可以用 repair 方法处理 T 类型的对象。因此，AllroundRepair 可以使用 repair 方法处理 Vehicle 类及其子类，如 Bike。这是一个典型的逆变场景，将 bikeRepair 分配给实现了 Repair<Vehicle> 接口的对象是可行的，因为它能够用 repair 方法处理 Vehicle 及其子类，因此可以用 repair 方法处理 Bike。

对于声明处型变来说，类型的实现者需要考虑该类型在声明时是否支持型变。声明处型变帮助该类型的使用者承担了责任，否则类型使用者必须在使用处考虑能否型变。这样使得代码变得更容易阅读。但是，就像你在可变集合中看到的那样，并非所有类型都支持协变和逆变。只有那些能够作为纯粹的生产者（协变）或消费者（逆变）的类型的对象才可以支持协变和逆变。

如果不支持声明处型变的话，Kotlin 依然可以支持使用处型变。当该类型不是严格意义上的生产者或消费者，且你只在部分代码中使用该类型的时候，使用处型变就会非常有用。此时该类型在那部分代码中就可以是协变或逆变。

在 Java 中需注意

Java 中仅支持使用处型变而不支持声明处型变。不过 JEP（JDK 增强方案）可以提供这样的功能[⊖]。

表 4-2 总结了协变、逆变和不变类型之间的区别。

表 4-2 型变总览

	协 变	逆 变	不 变
角色	生产者	消费者	生产者和消费者
示例	Kotlin's List<T>	Repair<T>	MutableList<T>
关键字	out	in	–

最后，图 4-1 展示了 Kotlin 类型系统中子类型之间的型变关系。图中只展示了非空类型，但这种型变关系对于其相应的非空类型也同样适用。需要注意的是，Nothing 是其他所有类型的绝对子类型，而 Any 是绝对超类型 Any? 的子类型，只不过 Any? 并没有在图中展示。

⊖ http://openjdk.java.net/jeps/300。

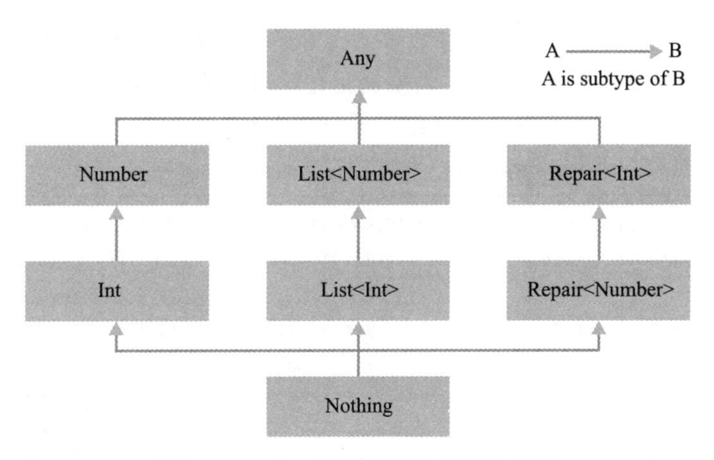

图 4-1　Kotlin 类型系统中的型变关系

4.12.4　使用处型变

类型投影是 Kotlin 中的使用处型变。投影只是将类型 Type 限制为其自身的子集。例如，通过将 `Type<T>` 投影到它的协变子集 `Type<out T>`，`Type<T>` 的成员就会被限制成不能消费 T。事实上，`Type<out T>` 是一个生产者。相应的，投影到 `Type<in T>` 则 `Type<T>` 的成员就会被限制成不能生成 T，从而使其成为消费者。

> **在 Java 中需注意**
>
> Java 仅支持使用处型变，其中 `List<? extends T>` 语法用于协变，而 `List<? super T>` 语法用于逆变。这些也被称为通配符类型。可以采用 Joshua Bloch 提出的"PECS"缩写来帮助记忆这些语法。"PECS"是 Producer-extends-Consumer-super 的英文首字母缩写。在 Kotlin 中由于使用了 **in** 和 **out** 这样专用的命名修饰符，使得书写更为容易。助记方式就变成 Producer-out-Consumer-in。

代码清单 4-66 给出了赋值时采用使用处协变方式的示例。

代码清单4-66　赋值时采用使用处协变方式

```
val normal: MutableList<Number> = mutableListOf<Int>(1, 2, 3)  // Compile-time error
val producer: MutableList<out Number> = mutableListOf<Int>(1, 2, 3)  // Now covariant

// Can only read from producer, not write to it
producer.add(???)            // Parameter type is Nothing, so impossible to call 'add'
val n: Number = producer[0]  // Returns Number
```

尽管 `MutableList` 自身并不是协变，但是可以在使用它的地方通过 `MutableList<out Number>` 语句来将其声明为生产者。此时，`MutableList` 的消费者方法将不能再被调用，因为无论在什么情况下，只要将类型参数 T 当作方法参数使用，该类型都会变成 Nothing 类型。并且 Kotlin 中不能为 Nothing 类型创建有效的对象，因此就无法对 Nothing 类型调用添加或删除等方法。代码清单 4-67 给出了一个关于逆变的例子。

代码清单4-67 赋值时采用使用处逆变方式

```
val normal: MutableList<Int> = mutableListOf<Number>(1.7, 2f, 3)  // Compile-time error
val consumer: MutableList<in Int> = mutableListOf<Number>(1.7, 2f, 3)  // Contravariant

// Can write to consumer normally, but only read values as Any?
consumer.add(4)
val value: Any? = consumer[0]  // Return type is Any? (only type-safe choice)
```

上述代码中，可变列表通过使用 <**in** Int> 变成了消费者，即逆变类型。只要 T 作为参数出现在泛型类定义中，它就会变成 Int 类型。因此，add 方法可以接受类型为 Int 的参数值。特别重要的一点是当把 T 对外输出时，T 就会变成 Any? 类型，这是因为不论从列表中读取到何值，都可以将该值存储在 Any? 类型的变量中。因此，可变列表不是严格意义上的消费者。由于只能返回 Any? 类型的值，所以并不建议从中读取数据。

需要注意在协变和逆变情况下 T 会分别映射成具有相反性质的类型。对于协变来说，为了防止向列表中写入数据，T 将被转换为 Nothing 类型，即 Kotlin 类型层级结构中最底层的类型。对于逆变来说，T 将被转换为 Any? 类型，即 Kotlin 类型层级结构中的绝对超类型。

使用处型变最常见的用法是用来增强方法的灵活性。例如你想要实现一个方法，该方法用来将一个可变栈中的所有元素移动到另一个可变栈中。代码清单 4-68 展示了一个采用笨拙的方式来实现该方法的例子。

代码清单4-68 未使用使用处型变的函数

```
fun <E> transfer(from: MutableStack<E>, to: MutableStack<E>) {
  while (from.size() > 0) { to.push(from.pop()) }
}

val from = MutableStack<Int>(1, 2, 3)
val to = MutableStack<Number>(9.87, 42, 1.23)
transfer(from, to)  // Compile-time error, although it would be safe
```

尽管可以安全地将所有元素从 Int 类型栈中转移到 Number 类型的栈中，但在 transfer 函数的契约中没有保证该函数一定是安全的。由于 MutableStack 是不变的，因此可以将元素推到 from 栈中或者从 to 栈中读取元素。使用处型变可以用来解决这类问题，如代码清单 4-69 所示。

代码清单4-69 使用处型变增强了函数的灵活性

```
fun <E> transfer(from: MutableStack<out E>, to: MutableStack<in E>) {
  // Same as before
```

```
}
// …
transfer(from, to)  // Works now due to variance
```

协变并不意味着绝对意义上的无法改变。即使不能对 MutableList<**out** Int> 调用 add 或 remove 等方法，但仍然可以调用 clear 方法来移除所有元素。如代码清单 4-69 所示。transfer 函数的一个副作用就是，由于调用了 pop 函数，所以 from 栈会被清空。

> **小贴士**
>
> 对于声明处型变和使用处型变来说，当类允许时优先使用声明处型变，也就是何时将它作为生产者或消费者。使用处的代码无须额外语法即可提高灵活性。

4.12.5　受限的类型参数

有些时候你可能需要规定哪些特定的类型能够作为泛型类型的参数。例如，接口 Repair<in T>，只有当类型参数为 Vehicle 的子类的时候才有意义。所以对于该接口应该不允许用户进行诸如 Repair<Person> 或 Repair<Int> 的初始化操作。代码清单 4-70 展示了如何通过绑定类型参数来完成此操作。

代码清单4-70　受限的类型参数

```
interface Repair<in T : Vehicle> {  // Upper bound for T is Vehicle
  fun repair(t: T)
}
```

这里唯一改变的地方就是 <in T : Vehicle> 中 T 被定义了上界。与超类一样，上界是在冒号后被指定的。如果要为同一类型参数定义多个上界，则必须使用 **where** 语句，如代码清单 4-71 所示。在这个例子中，我们假设有些车辆不可被修复，因此需要一个单独的 Repairable 接口，并且 Vehicle 类并没有对该接口进行实现。

代码清单4-71　多限制条件的类型参数

```
interface Repairable { … }
interface Repair<in T>
  where T : Vehicle,  // where clause lists all type bounds
        T : Repairable {
  fun repair(t: T)
}
```

上述代码中，将定义上界的语句从尖括号中取出，放入 **where** 语句中来定义。每个上界的定义都由逗号进行分隔，并且类的主体跟在 **where** 语句之后。按照习惯用法，**where** 语句前有两倍的正常缩进距离，并将多个上界定义语句的缩进对齐。

小贴士

任何需要定义类型参数的时候都可以使用 **where** 语句，而不仅仅是在同一类型有多个参数时使用。尤其是可以在泛型方法中通过 **where** 语句来避免为多个参数重复设置相同的上界：

```
fun <T> min(a: T, b: T): T where T : Comparable<T> = if (a < b) a else b
```

如果 **where** 语句特别短的话，也可以使用内联的方式来编写。否则应该采用代码密集度较低的写法并将其拆分为多行来编写。

上界会对类型 T 的对象产生更为严格的约束。也就是说，对这些对象越了解，就越能用它们来做更多的事情。例如代码清单 4-71 中接口 Repair 内的 repair(t: T) 方法，你可以访问 Vehicle 类的所有成员以及对象 t 的 Repairable 接口实现，因为你已经了解到 t：T 已经实现了这两种类型。

4.12.6 星形投影

有时候你不关心类型参数的具体类型，但仍想写出类型安全的代码。在这种情况下，你可以使用 Kotlin 的*星形投影*。代码清单 4-72 展示了一个打印数组所有元素的函数示例。

代码清单4-72 使用星形投影

```
fun printAll(array: Array<*>) {  // Nothing known about type of array, but type-safe
  array.forEach(::println)
}

printAll(arrayOf(1, 2, 3))
printAll(arrayOf("a", 2.7, Person("Sandy")))  // Can pass in arrays of arbitrary type
```

在这里，你并不关心 Array 的具体参数类型，并且星形投影可以表示为 Array <*>。你也可以定义一个泛型函数 fun <E> printAll(array: Array<E>)，但在这里并不要求该函数一定是泛型类型的。甚至可以使用相同的方式去调用不同的泛型版本，因为编译器可以自动推导你是在调用 printAll<Int>(…) 方法还是在调用 printAll<Any>(…) 方法。当使用星形投影时，编译器在访问星形投影时会出现三种不同的情况。你应该熟知这三种情况以及在这三种情况下应该如何分别进行处理。

1. 对于（只能被读取的）协变类型 Producer<**out** T> 来说，它只能被读取。而当 T 属于未知情况并且不受限制的时候，Produce<*> 会变为 Producer<**out** Any?>，因为这是唯一一种类型安全的做法。

如果 T 在 Producer <**out** T：Upper> 中具有上界 Upper 的话，它将变为 Producer <**out** Upper>，因为所有能被读取的元素都可以安全地转换为 Upper 类型。

2. 对于逆变类型来说，Consumer <*>将变为Consumer <**in** Nothing>，因为当T类型未知时无法安全地传递T类型元素。这很容易理解，因为在任何时候你都可以初始化Consumer<Nothing>类型，使得它不能向该类型中传递任何T类型的元素。

3. 不变类型Inv<T>结合了上述两种情况。在进行读取操作时，Inv<*>会变成Inv<**out** Any?>（如果T具有上界的话，会变成Inv<**out** Upper>）。再次强调一下，这也是唯一一种类型安全的做法。在进行写操作时，因为不能安全地传递未知类型T的元素，Inv<*>将会变成Inv<**in** Nothing>。

代码清单4-73举例说明了前两种情况。该示例中定义了一个接口，该接口含有一个逆变类型参数和一个协变类型参数，并展示了它们如何使用星形投影来进行操作。

代码清单4-73　对型变使用星形投影

```
interface Function<in T, out R> {  // Contravariant w.r.t. T and covariant w.r.t. R
  fun apply(t: T): R
}

object IssueToInt : Function<Issue, Int> {
  override fun apply(t: Issue) = t.priority
}

// Star projections
val f1: Function<*, Int>  = IssueToInt  // apply() not callable but would return Int
val f2: Function<Task, *> = IssueToInt  // apply() callable with Task, returns Any?
val f3: Function<*, *>    = IssueToInt  // apply() not callable and would return Any?

val errand = Task("Save the world", 80)
val urgency: Any? = f2.apply(errand)
```

apply方法既是类型T的消费者也是类型R的生产者。通过对逆变类型参数T使用星形投影来将apply(t: T)转换为apply(t: Nothing)，从而使得该方法无法被调用。而那些没有使用T来作为参数的方法仍然可以被调用。

与之相反，对协变类型参数使用星形投影不会对方法的调用产生任何阻碍，但会使所有返回值为R类型的方法返回Any?类型，从而使该方法变为apply(t: T) : Any?。这也是在最后一行代码中调用f2的方法时，urgency没有声明为Int类型的原因。可以很直观地将声明语句f2: Function<Task, *>理解为“传入一个Task类型的参数并返回一个未知类型值的函数”。

最后，通过对两种类型参数进行投影的方式来声明一个函数会导致传入某些未知的类型以及返回一个未知的类型。这种方式结合了上述两种约束情况，即不能调用那些消费T类型的方法，以及所有返回R类型的方法都只能安全地返回Any?类型。

代码清单 4-72 给出了第三种情况的示例，即不变类型的星形投影。在该示例中，因 `printAll` 方法签名被定义为 `array.set(index: Int, value: Nothing)`，所以不能在该方法内部调用 `array.set`。在从该 `array` 中读取数据时会返回 `Any?` 类型的值。因此除了只有一个类型参数的情况外，该方法在此约束下的工作方式类似于 `Function<*, *>`。

总之，在使用星形投影时，编译器会在必要时通过执行合适的类型投影来确保类型的安全。

4.13 本章小结

作为一种面向对象的编程语言，Kotlin 能够通过使用类和对象来构建系统。而在这些类和对象中，数据可以用属性来表示，行为可以用方法来表示。这种面向对象的系统应该通过遵循信息隐藏原则来保证代码的可维护性并减少类之间的耦合。设置可见性是实现信息隐藏的主要方式。

Kotlin 通过结合面向对象概念和函数式编程特性为编写更为简洁的代码，更轻松地解决常见任务，以及提高代码的复用提供了强大的支持。例如，类中逻辑的非固定条件的部分可以使用 Lambda 表达式来进行传递。策略模式是面向对象系统中非常著名的设计模式。通过使用那些已经明确定义好策略的 Lambda 表达式在实现策略模式时可以更容易。

通过本章的学习，你应该已经对在 Kotlin 中如何声明和使用面向对象的实体有了一定的了解。以下列举出了 Kotlin 中的主要实体，以及各个实体适用的使用场景。

1. 对系统中的常规实体使用普通类。
2. 使用接口来为类型定义最高级别的或抽象的契约。
3. 将抽象类用于不可实例化的类，这些类不是系统中的直接实体而是为多个子类封装了公共的逻辑。
4. （合理的）使用继承来避免代码冗余，并只实现不同子类之间有差异的部分。
5. 使用 data 类作为数据或数据类型的载体。
6. 使用密封类来实现受限制的层次结构（或算术类型）。
7. 使用 enum 类来定义不同值的有限集合。
8. 使用对象表达式来创建临时对象或仅使用一次的接口实现，其中该接口实现可以针对一个或多个接口进行实现。
9. 使用对象声明来创建单例或伴生对象。
10. 使用泛型类来表示那些不依赖于特定元素类型的逻辑，通常用于数据结构中。

除了这些面向对象的实体，Kotlin 还提供了各种易于使用的语言特性来帮助解决常见的开发任务。这些特性包括：使用委托属性来复用公共访问器的逻辑，使用扩展函数来增强现有 API，使用声明处型变来避免在调用处出现重复的代码，等等。所有这些特性都大大提高了开发人员的工作效率和代码质量。

第 5 章 Chapter 5

与 Java 的互操作性

协同比你我的方式都更好，因为那是我们的方式。

—— Stephen Covey

互操作性从一开始就是 Kotlin 的一项优先级很高的事情。在本章，你将学习混合 Kotlin 和 Java 开发的来龙去脉，它们的语言概念如何相互映射，为了实现互操作性 Kotlin 的编译器底层做了什么以及如何进一步编写代码来促进互操作性实现。

5.1 在 Kotlin 中使用 Java 代码

通常，当你需要时，Kotlin 代码都可以调用 Java 代码。在本节，为了给 Kotlin 编译器提供更多的信息，尤其关于可空性，我们将讨论可能的细节和陷阱，如何编写能够兼容 Java 和 Kotlin 的代码以及如何优化 Java 代码。

首先，在 Kotlin 中能够很容易地调用 Java 标准库和任何第三方库。示例如代码清单 5-1 所示。

代码清单5-1　在Kotlin中调用Java库

```kotlin
import com.google.common.math.Stats
import java.util.ArrayList

// Using the standard library
val arrayList = ArrayList<String>()  // Uses java.util.ArrayList
arrayList.addAll(arrayOf("Mercury", "Venus", "Jupiter"))
arrayList[2] = arrayList[0]          // Indexed access operator calls 'get' and 'set'
```

```
// Looping as usual, ArrayList provides iterator()
for (item in arrayList) { println(item) }

// Using a third-party library (Google Guava)
val stats = Stats.of(4, 8, 15, 16, 23, 42)
println(stats.sum())  // 108.0
```

Java 中不同的概念会自动对应到 Kotlin 中。例如，集合的索引访问操作符在 Kotlin 的底层被转换为 get 和 set 方法。你也可以使用 **for** 循环来迭代提供了 iterator 方法的对象。通常，可以简单地直接在 Kotlin 中使用 Java，而无须思考太多。知道这些后，我们一起来了解处理一些混合语言开发中的特殊情况（以便你能够自信地处理混合语言项目）。

注意

对 Kotlin 来说，能够使用任何已有的 Java 库并能够尽可能多地重用代码是非常重要的。这些库包括标准库、第三方库和框架，包括 Spring[1]、JUnit[2]以及 Android 的 SDK(Software Development Kit)。

5.1.1 调用 getter 和 setter

在 Kotlin 中，不用显示地调用 getSomething 或 setSomething，而要使用属性语法直接调用 Kotlin 底层的 getter 和 setter 方法。为了保持一致性和简洁性，你可能希望在访问 Java 字段的时候也保持这种方式，幸运的是在默认情况下这是可以的，示例如代码清单 5-2 所示。

代码清单5-2 调用Java的Getter和Setter

```
// Java
public class GettersAndSetters {
  private String readOnly = "Only getter defined";
  private String writeOnly = "Only setter defined";
  private String readWrite = "Both defined";

  public String getReadOnly() { return readOnly; }
  public void setWriteOnly(String writeOnly) { this.writeOnly = writeOnly; }
  public String getReadWrite() { return readWrite; }
  public void setReadWrite(String readWrite) { this.readWrite = readWrite; }
}
```

[1] https://spring.io/。
[2] https://junit.org/。

```
// Kotlin
private val gs = GettersAndSetters()
println(gs.readOnly)          // Read-only attribute acts like a val property

gs.readWrite = "I have both"  // Read-write attribute acts like a var property
println(gs.readWrite)

gs.setWriteOnly("No getter")  // Write-only properties not supported in Kotlin
```

当Java类提供了以get开头的参数方法，或者也提供了以set开头且只有一个参数的方法，那么这些方法就可以自动转换为Kotlin中的属性。同样也适用于以is而非get开头的Boolean表达式，但是如果方法以has或者其他前缀开头，则目前还不存在这种（自动转换）机制。

Kotlin目前不支持“只写”的属性，这也是我们不能直接使用属性语法通过writeOnly来调用setWriteOnly的原因。

5.1.2　处理可空属性

针对可空性，必须处理Kotlin和Java之间的表达差异：在Kotlin中，每一个变量都是可空的或者非空的，但Java语言中没有可以表达可空性信息的语法，因为每个变量都可能为空（除了基本类型）。但如果把所有Java代码中的对象都在Kotlin中处理为可空对象，那么可能会增加代码复杂性，因为需要不必要的代码来对**null**进行处理。为了处理这种情况，Kotlin使用所谓的平台类型来获取来自Java的数据。

正如第2章所说的，基本类型和Kotlin中非空的原始类型相对应。例如，**int**映射为kotlin.Int，**boolean**映射为kotlin.Boolean，其他的类似。由于在Java中基本类型不能为**null**，所以这样映射是合理的。但是装箱类型必须和可空类型对应，例如java.lang.Integer对应kotlin.Int?，java.lang.Character对应kotlin.Char?，等等。

通常，互通性产生问题是由于Java的任何对象都与Kotlin对象相对应。如果将所有的对象都映射成非空对象显然是不安全的，因为你希望在代码中尽可能地排除可空性，而Kotlin并不是简单地让它们都为空。Kotlin在JSR 305[1]、JetBrains、Android、FindBugs[2]中支持@Nullable和@NotNull等可空性注释。这些附加信息能够让Java类型更好地映射成Koltin类型。

平台类型

最终，Kotlin团队决定将无法判断可空性时的情况留给开发人员做决定。即使用平台类型来表示，例如SomeType！。这里，SomeType！的意思是SomeType或SomeType？。

[1] https://jcp.org/en/jsr/detail?id=305。

[2] http://findbugs.sourceforge.net/。

在这种情况下，你可以自行选择将对象存放在可空或非空的变量中。表 5-1 列出了几个相对应类型的例子。

表 5-1 类型和可空性的对应关系

Java 声明	Kotlin 类型	解　释
`String name;`	`kotlin.String!`	可能为空也可能非空
`@NotNull String name;`	`kotlin.String`	不能为空
`@Nullable String name;`	`kotlin.String?`	可以为空
`@NotNull String name = null;`	`kotlin.String`	即使在 Kotlin 中也会报空指针异常

没有任何注释的 Java 对象可能为空也可能非空，所以 Kotlin 会将它们与相应的平台类型相对应，从而能够把该对象视为可空的或者非空的。如果使用注释，则 Kotlin 会使用有关可空性的附加注释来进行可空性判断。但是在 Kotlin 中，如果 Java 对象标注为 `@NotNull` 但仍然不小心包含 **null**，则还是会导致空指针异常。

注意

你不能自己显式地创建平台类型。类似 `String!` 的类型在 Kotlin 中不是一个有效类型，它只是编译器和 IDE 用来与你沟通类型的。

所以，平台类型所表示的类型可能为空也可能非空，这时开发者可以根据相对应的类型来决定平台类型是否是可空的，如代码清单 5-3 所示。

代码清单5-3 Kotlin中处理平台类型

```
// Java
public static String hello() { return "I could be null"; }

// Kotlin
val str = hello()                    // Inferred type: String (by default)
println(str.length)                  // 15

val nullable: String? = hello()  // Explicit type: String?
println(nullable?.length)            // 15
```

这里编译器能够根据平台类型判断该类型是非空的，而不用显式地指明，因此你在使用时也不需要处理 **null**。但如果不确定方法的返回值不是 **null**，这种做法是不安全的。因此，建议你在调用 Java 方法时要明确地声明类型，这样，方法返回值的目的以及你对可空性的预测都是明确的。

这里还有更复杂的平台类型：映射类型和泛型，它们可能带有也可能不带有可空性信息。思考表 5-2。

表 5-2　平台类型的例子（与映射类型结合）

Java 返回类型	平台类型	解　释
String	String!	可能为空也可能非空，因此是 String 或者 String?
List <String>	(Mutable)List<String!>!	可能是可变的也可能是空列表，包含可能为空的 String
Map<Int, String>	(Mutable)Map<Int!, String!>!	可能是可变的也可能是空的 map，包含可能为空的 Int 类型的 key，以及可能为空的 String 类型的 value
Object[]	Array<(**out**)Any!>!	可能是空数组，包含可能为空的 Any 或其子类（因为 Java 中的数组是协变的）
long[]	LongArray!	基本类型 long 的数组可能为空（整个数组可能为空）
List<? **super** Integer>	MutableList<**in** Int!>!	可能为空且可变的列表，包含 Int 或其父类型

第一行是默认情况下未注释的类型转化为平台类型的例子。第二行中，Java 代码的 List<T> 是可变的也可以是不变的，且还有可能为空（像其他类型一样），列表中的元素也有可能为空。其他泛型类型和参数也类似，如表格中第三行所示，这里，泛型类型参数 Int 和 String 也会对应相应的平台类型，这个转换是必需的，因为 Java 允许其 key 和 value 为 **null**。

而第四行，Java 数组也可能为空。重要的是，它也可能包含声明类型的子类，因为 Java 中的数组是协变的，所以 Object[] 也可能包含 Object 的子类，这也是在转换为平台类型时增加了 out 类型的原因。注意，java.lang.Object 对应于 Kotlin 中的 kotlin.Any。官方文档[㊀]中列出了全部的类型对应关系。除此之外，Java 中基本类型的数组在 Kotlin 中有相对应的类，例如 IntArray、DoubleArray 和 CharArray。最后，Java 中的逆变列表对应于 Kotlin 中的 in 类型。正如你看到的，它甚至变成了一个可变的列表，因为它不能作为一个预投影（in-projected）列表使用。但是，Java 中不能将通配符作为返回类型，因为这会使调用函数很难返回类型。

注意

Kotlin 不仅能够将基本数据数组映射为相应的类型（IntArray、LongArray、CharArray 等），并且在与 Java 一起使用时，也不会产生任何的性能成本。

例如，从 IntArray 中读取类型其实不会调用 get 方法，且写入数据也不会产生 set 方法。同样的，遍历操作和 **in** 也不会产生迭代器或其他对象。对于所有的映射的基本类型数组也都是如此。

最后回忆一下，可以使用专用的 intArrayOf、doubleArrayOf、longArrayOf 等帮助方法来直接在 Kotlin 中创建此类数组。

㊀ https://kotlinlang.org/docs/reference/java-interop.html#mapped-types。

添加可空性注释

只有在没有编译器可以使用的可空性判断信息时，才需要处理平台类型。即使 Java 语言本身没有可空性的概念，但实际上你也可以添加类似 `@NotNull` 和 `@Nullable` 来附加可空性信息。已有的很多库都包含这种注释，因此它们非常普遍。Kotlin 编译器目前可以处理以下几种可空性注释。

- Android 中 `android.support.annotations` 包下的 `@NonNull` 和 `@Nullable` 注解，且它们可以开箱即用。
- JetBrains 的 `@NotNull` 注解和 `org.jetbrains.annotations` 包下的 `@Nullable` 注解，它们可以在 Android Studio 和 IntelliJ IDEA 中静态分析，并且都可以开箱即用。
- `javax.annotation` 包下的注解。
- `edu.umd.cs.findbugs.annotations` 包下的 FindBugs 注解。
- Lombok 注释 `lombok.NonNull`[1]。
- `org.eclipse.jdt.annotation` 包下的 Eclipse[2]可空性注释。

因此，Kotlin 广泛支持使用注释。如代码清单 5-4 所示的实例，展示了如何使用 JetBrains 的注释，其他注释作用方式类似。如果你使用 NetBeans[3]或者 Spring 框架注释，那需要将其转换为上面的某一种注释，才能在 Kotlin 中获得更好的类型推断。

代码清单5-4　使用可空性注释

```
// Java
public static @Nullable String nullable() { return null; }
public static @NotNull String nonNull() { return "Could be null, but with warning"; }

// Kotlin
val s1 = nullable()  // Inferred type: String?
val s2 = nonNull()   // Inferred type: String
```

注意，在 Java 中没办法阻止在非空的方法中返回 **`null`**，而根据使用的可空性注解不同，在 Android Studio 和 IntelliJ 中也只不过是收到一个警告而已。例如，JetBrains 的注解在 Android Studio 和 IntelliJ 中用作静态分析，所以有可空性错误时会发出警告。

通过这种方式，在 Kotlin 中的可空性注释可以提供更多的类型信息，也就是说，它们消除了 `Type!`、`Type` 或 `Type?` 类型的不精确性。思考表 5-3 所示的例子，并且与上面表格中的平台类型比较。

---

[1] https://projectlombok.org/features/NonNull。

[2] http://www.eclipse.org/。

[3] https://netbeans.org/。

表 5-3　推断类型的实例（使用可空性注释）

Java 返回类型	推断 Kotlin 类型	解　释
@NonNull String	String	非空的 String
@Nullable String	String?	可为空的 String
@NonNull List <String>	(Mutable) List<String!>	非空但是可变的列表，包含可能为空的 String
List<@NonNull String>	(Mutable)List! <String>	可为空且可变的列表，包含不能为空的 String
@NonNull List<@NonNull String>	(Mutable)List <String>	不为空但可变的列表，包含非空的 String

简而言之，通过明确 @NonNull 和 @Nullable 之间的歧义，从 Kotlin 中调用的 Java 方法的返回类型会进行相应的映射。注意，如果要对 List<@NonNull String> 中的泛型变量使用注解，则需要使用 JSR 308[1]的实现，例如 checker 框架[2]。JSR 308 的目标是能够在 Java 中为任何类型进行注解，包括泛型类型参数，并能够合并到 Java Standard Edition 8 中。

5.1.3　转义冲突的 Java 标识符

在 Java 和 Kotlin 两种语言之间进行映射时，总会有一些语言关键字定义上的差异。Kotlin 中的一些关键字在 Java 中是不存在的，例如 **val**、**var**、**object** 和 **fun**，因此这些关键字可以在 java 中作为属性名或方法名。如果在 Kotlin 中使用了 Java 中以这些关键字命名的属性和方法，就需要使用反引号进行转译，如代码清单 5-5 所示，而这些转换工作都是在 IntelliJ 和 Android Studio 中自动进行的。

代码清单5-5　处理名字冲突

```
// Java
class KeywordsAsIdentifiers {
    public int val = 100;
    public Object object = new Object();
    public boolean in(List<Integer> list) { return true; }
    public void fun() { System.out.println("This is fun."); }
}

// Kotlin
val kai = KeywordsAsIdentifiers()
kai.`val`
kai.`object`
kai.`in`(listOf(1, 2, 3))
kai.`fun`()
```

[1] https://jcp.org/en/jsr/detail?id=308。

[2] https://checkerframework.org/。

虽然看起来非常不方便，但多亏了 IDE，你不用必须明确思考这类事情。这样做仍然会使代码有点混乱，但只在极少数情况下才会出现这种情况。如果你需要频繁地处理名字冲突，那么你可能需要重新思考一下 Java 中的命名规范了——因为上述名字用作标识符时并没有传达太多的含义。

5.1.4 调用可变参数方法

在 Java 中通过调用 **vararg** 方法，能够传入任意数量的参数。但是在 Kotlin 中，不能直接给 **vararg** 方法传入数组，而需要在数组前使用一个*扩展运算符* * 来完成。代码清单 5-6 展示了两种调用可变参数方法的方法。

代码清单5-6 调用可变参数方法

```
// Java
public static List<String> myListOf(String... strings) {  // Vararg method from Java
    return Arrays.asList(strings);                         // Passes in vararg unchanged
}
// Kotlin
val list = myListOf("a", "b", "c")                      // Can pass in any number of args
val values = arrayOf("d", "e", "f")
val list2 = myListOf(*values)                           // Spread operator required
```

5.1.5 使用操作符

在 Kotlin 中，你可以像使用操作符一样调用 Java 中以对应签名声明的方法。例如，在 Java 中定义了某个类用于执行对象加、减操作的 `plus` 和 `minus` 方法，那么开发者就可以如代码清单 5-7 所示的方式，在 Kotlin 中使用这些方法。

代码清单5-7 将Java方法作为操作符来使用

```
// Java
public class Box {
    private final int value;

    public Box(int value) { this.value = value; }
    public Box plus(Box other)  { return new Box(this.value + other.value); }
    public Box minus(Box other) { return new Box(this.value - other.value); }
    public int getValue() { return value; }
}

// Kotlin
val value1 = Box(19)
val value2 = Box(37)
val value3 = Box(14)
```

```
val result = value1 + value2 - value3  // Uses 'plus' and 'minus' as operators
println(result.value)  // 42
```

虽然开发者可以编写对应的预定义操作符集的 Java 代码，但是在 Kotlin 中，开发人员无法定义另外一些允许使用中缀表示法的方法。

5.1.6　使用 SAM 类型

在 Kotlin 中，拥有单一抽象方法的接口（SAM 类型）可以在没有样板的情况下被调用，这是由于 SAM 转换。代码清单 5-8 展示了一个 Lambda 表达式是如何实现 SAM 接口的单一抽象方法的。

代码清单5-8　在Kotlin中使用SAM类型

```
// Java
interface Producer<T> {  // SAM interface (single abstract method)
  T produce();
}

// Kotlin
private val creator = Producer { Box(9000) }  // Inferred type: Producer<Box>
```

在 Java 代码中，这里定义了一个 SAM 类型，该接口拥有一个 `produce` 的单一抽象方法。在 Kotlin 中，创建一个 `Producer<T>`，开发者无须使用对象表达式（或 Java 中的匿名内部类），而是使用 Lambda 表达式作为替代以提供单一抽象方法的实现。在代码清单 5-8 中，开发者需要在 Lambda 表达式之前添加 `Producer`，否则等式右边的类型将会为 `()->Box`，而不再是 `Producer<Box>`。如果把接口作为函数参数传递，这将不再是必需的，因为 Kotlin 编译器会帮助开发者完成类型推断工作，如代码清单 5-9 所示。

代码清单5-9　对函数入参使用SAM转换

```
// Kotlin
val thread = Thread {  // No need to write Thread(Runnable { … })
  println("I'm the runnable")
}
```

`Thread` 的构造函数接收一个 `Runnable` 类型的参数，该参数通过 SAM 转换被实例化。因此，上面的代码等价于 `Thread(Runnable{...})`。但是，因为构造函数的参数类型是 `Runnable`，开发者无须在 Lambda 之前添加一个额外的类型声明。最终，基于 Kotlin 的惯例，由于 Lambda 是唯一的参数，故将 Lambda 从括号中移出，然后省略括号。

这种机制对于许多内置 SAM 类型，如 Comparator，Runnable 和其他一些监听器类来说非常有帮助。

5.1.7　关于互操作性更进一步的考虑

目前为止，在大多数情况下，开发者可以在 Kotlin 中以一种很自然的方式调用 Java 代码。对于SAM类型的情况，需要通过SAM转换，但即使如此，也比单纯使用Java代码要便利。与Java互操作性的关键点在于切记其可空性，以及这一点是如何映射到Kotlin中的。其他点下面会简单说明：

- 在Java中抛出已检查异常的方法可以从Kotlin调用，而不必处理异常，因为Kotlin决定不使用已检查异常。
- 开发者可以通过使用 `SomeClass :: class.java` 或 `instance.javaClass` 的方式获取一个Java类的对象。
- 开发者可以在Koltin上使用java类的反射，并将对Java类的引用作为入口点。例如，`Box::class.Java.declareMethods` 返回 `Box` 类中声明的方法。
- 继承在Kotlin和Java之间自然有效；两者都只支持一个父类，但是支持实现任意数量的接口。

由于Kotlin在设计时考虑到了互操作性，所以在大多数情况下它可以与Java无缝地工作。下一节将探讨从Java调用Kotlin代码时应该注意的地方。

5.2 在Java中使用Kotlin代码

上一节，介绍了如何在Kotlin中调用Java，那么反过来，在Java中也可以调用Kotlin。了解如何在Java中访问明确的Kotlin元素（如扩展方法，文件级声明等）的最佳方法是尝试去了解Kotlin是如何转换为Java字节码的。这样做还会有额外的收获，同时你也会对Kotlin的内部工作有更多的了解。

5.2.1 访问属性

在深入讨论细节之前，请记住，在书中看到“字段”时，通常指的是Java（除非书中明确说明指Kotlin中的某个字段）。相反，当在书中看到“属性”时，通常指的是Kotlin，因为这个概念在Java中并不是直接存在的。

如你所知道的，开发者并不需要在Kotlin中手动实现属性的 `get` 和 `set` 方法，这些方法是自动实现的，并且可以从Java直接访问，如代码清单5-10所示。

代码清单5-10 调用get和set方法

```
// Kotlin
class KotlinClass {
  val fixed: String = "base.KotlinClass"
  var mutable: Boolean = false
}

// Java
KotlinClass kotlinClass = new KotlinClass();
String s = kotlinClass.getFixed();      // Uses getter of 'val'
```

```
kotlinClass.setMutable(true);          // Uses setter of 'var'
boolean b = kotlinClass.getMutable();  // Uses getter of 'var'
```

需要注意的是，布尔类型的getters在默认情况下也是使用get前缀的，而非is或has前缀。但是，如果属性名称本身就是以is开头，则属性名直接被用作getter名——这不仅仅用于布尔表达式，这一点与属性类型无关。因此，如果以isMutable的方式调用布尔类型，属性将会导致同时调用同名的getter方法。同样，目前还没用以has开头的属性名称机制，但是，开发者可以通过@JvmName注解getter或setter来自定义JVM名称，如代码清单5-11所示。

代码清单5-11　使用@JvmName定制方法名

```
// Kotlin
class KotlinClass {
  var mutable: Boolean = false
    @JvmName("isMutable") get        // Specifies custom getter name for Java bytecode
}

// Java
boolean b = kotlinClass.isMutable();  // Now getter is accessible as 'isMutable'
```

小贴士

IntelliJ IDEA和Android Studio中一个非常有用的特性是能够查看编译后的Kotlin代码的字节码，然后再查看反编译后的Java代码。为此，Ctrl+Shift+A（Mac上使用Cmd+Shift+A）调用动作搜索，然后键入“Show Kotlin Bytecode”（或“skb”）并按Enter。在打开的面板中，开发者可以看到生成的Kotlin字节码，可以单击反编译按钮来查看反编译的Java代码[⊖]。在代码清单5-10中，展示了一个没有使用注解的简单类，开发者可以试试结果（加上一些元数据）：

```
public final class KotlinClass {
  @NotNull private final String fixed = "base.KotlinClass";
  private boolean mutable;
  private boolean mutable;

  @NotNull public final String getFixed() {
    return this.fixed;
  }
  public final boolean getMutable() { return this.mutable; }
  public final void setMutable(boolean var1) { this.mutable = var1; }
}
```

⊖ 如果反编译按钮没有出现，就需要确认当前的IDE是否安装了Java字节码反编译插件。

需要注意的是，示例中的类在 Java 中是 final 的，因为该类是非开放的，非基本 String 字段也都被 @NotNull 注解标注，以将可空信息传递给 Java，并且固定的只读属性也是 final 的。最后，请注意，由于 Kotlin 的语法（**val** 和 **var**）、选择的默认值（闭类和非空），以及编译器生成的代码（getter 和 setter），可以避免的样板文件数量。

5.2.2 将属性作为字段公开

正如开发者所了解的，在默认情况下，属性会被编译为带有 getter 和 setter 的私有字段（文件级属性也是如此）。但是，开发者可以使用 @JvmField 在 Java 中直接将属性公开为字段，这意味着该字段集成了 Kotlin 属性的可见性，并且不会生成 getter 或 setter。代码清单 5-12 展示了其中的区别。

代码清单5-12 使用@JvmField公开一个属性作为字段

```
// Kotlin
val prop = "Default: private field + getter/setter" // Here no setter because read-only

@JvmField
val exposed = "Exposed as a field in Java"          // No getter or setter generated

// Decompiled Java code (surrounding class omitted)
@NotNull private static final String prop = "Default: private field + getter/setter";
@NotNull public static final String getProp() { return prop; }

@NotNull public static final String exposed = "Exposed as a field in Java";
```

如开发者所见，@JvmField 注释的属性被编译为一个公共字段，可以在 Java 中直接访问。这与类内部属性的工作方式完全相同。在默认情况下，这些字段也可以通过 getter 和 setter 访问，但可以作为字段被公开。

值得一提的是，使用 @JvmField 注解的几个限制，如果读者有兴趣，可以尝试思考一下这些限制存在的意义，这也是一种很好的实践。

- 带注释的属性必须有一个幕后字段。否则，Java 字节码就没有要公开的字段。
- 属性不能是私有的，因为这会使注解成为多余的。对于私有属性，无论如何都不会生成 getter 或 setter，因为它们没有任何价值。
- 无论如何，属性不能被 **const** 修饰符修饰。因为这样的属性将成为一个具有属性可见性的静态 final 字段，致使 @JvmField 无效。

- 被 @JvmField 修饰的属性不能有 **open** 或 **override** 修改器。这样，字段的可见性及其 getter 与 setter 的存在性在父类与子类之间就是一致的。否则，开发者可能会意外地将 Java 中的父类字段隐藏为更具严格可见性的字段。这可能导致意想不到的行为，是一种不好的实践。
- 被 **lateinit** 修饰的属性的作用是以便在任何可访问的地方初始化该属性，而不需要对初始化方式进行任何假设。这一点对于在外部框架中，初始化属性时非常有用。因此，@JvmField 在这里也是多余的。
- 不能是委托属性。委托只与满足一定条件的 getter 和 setter 方法工作，这种 getter 和 setter 可以分别路由到委托的 getValue 和 setValue 方法。

5.2.3 使用文件级声明

在 Kotlin 中，可以在文件级声明属性和函数。但是 Java 是不支持的，所以 Java 会编译出来一个包含这些属性和方法的类。如代码 5.13 所示，在 com.example 包下有一个 Kotlin 类 sampleName.kt。

代码清单5-13 Kotlin中的文件级声明

```
// sampleName.kt
package com.example

class FileLevelClass                        // Generates class FileLevelClass
object FileLevelObject                      // Generates FileLevelObject as Singleton
fun fileLevelFunction() {}                  // Goes into generated class SampleNameKt
val fileLevelVariable = "Usable from Java"  // Goes into generated class SampleNameKt
```

注意，上述代码中的类和对象也被声明为文件级，但会如你所希望的那样简单地编译出来一个对应的 Java 类（这里所产生的对象是单例模式）。文件级的属性和方法不能直接被 Java 调用，因此对代码清单 5-13 中的代码，编译器不仅产生类 com.example.FileLevelClass 和 com.example.FileLevelObject，同时也会产生一个 com.example. SampleNameKt 的类，且该类会有一个静态字段来获取文件级的属性，还有一个静态方法对应于文件级的方法。这些字段都是私有的，且有公开的静态 getter 和 setter 方法。

你可以在反编译的 Java 代码中找到所有的类，且如果想在 Java 类中访问静态成员变量，只要像之前一样导入 SampleNameKt 类或者静态引入该成员变量即可。

对于编译后的类名，相较于根据文件名产生的类名，你也可以给它起一个更短更有意义的名字。在 Kotlin 中对整个文件使用注解 @file:JvmName("<YOUR_NAME>") 即可，如代码清单 5-14 所示。

代码清单5-14 在文件级别使用@JvmName

```
// sampleName.kt
@file:JvmName("MyUtils") // Must be the first statement in the file
// ...
```

通过这种方式，编译后产生的类名为 MyUtils。你甚至可以将多个 Kotlin 文件编译为一个 Java 类，方法是通过添加注解 @file:JvmMultifileClass 和 @file:JvmName 并给它们传入相同的名字。但要注意的是，这样可能会增加名字冲突的可能性，因此只有当确实要与合并的文件密切相关时才使用；但还是可能产生问题，因为毕竟它们来自不同的 Kotlin 文件，所以请谨慎使用。

还有很多类似的其他注释能够允许你调整：Kotlin 代码映射到 Java 的一些方式。这些注释都是以 @Jvm 为前缀，且大部分都会在本章讨论到。

5.2.4 调用扩展函数

扩展函数和扩展属性通常在文件级声明，且可以像生成类的文件级声明一样作为方法被调用。与 Kotlin 相比，Java 中没有这种特性，不能在扩展接收者类型上直接调用，如代码清单 5-15 所示。

代码清单5-15 调用文件级扩展

```
// Kotlin
@file:JvmName("Notifications")

fun Context.toast(message: String) { // Top-level function => becomes static method
    Toast.makeText(this, message, Toast.LENGTH_SHORT).show()
}

// Within a Java Activity (Android)
Notifications.toast(this, "Quick info...");
```

上述代码运行在 Android 系统上，这里使用注解 @JvmName 为生成类提供一个更加形象的名字，且在该类中定义了一个扩展方法，该方法负责展示 toast 信息。在 Kotlin 中，你可以在 activity 中直接调用该扩展方法 toast("Quick info...")，因为每个 activity 对象本身都是一个 context，而该扩展方法的接收类型就是 Conxtext。而在 Java 中，可以通过静态引用使用类似的语法，但第一个参数需要传入 Context。

类似的，也可以在类或对象中定义扩展方法，且在 Java 中可以使用该类的实例来调用。为了说明 Kotlin 和 Java 中调用的不同，代码清单 5-16 在 Notifier 类中定义了一个类似的扩展方法。

代码清单5-16　调用在类内部声明的扩展函数

```
// Kotlin
class Notifier {
    fun Context.longToast(message: String) {  // Becomes member method
        Toast.makeText(this, message, Toast.LENGTH_LONG).show()
    }
}

// Calling from a Kotlin Android activity
with(Notifier()) { longToast("Important notification...") }
Notifier().apply { longToast("Important notification...") }

// Calling from a Java Android Activity
Notifier notifier = new Notifier();
notifier.longToast(this, "Important notification...");  // 'this' is the Context arg
```

不论是在Kotlin还是在Java中，当一个类中包含其扩展方法，且开发者需要在该类外部调用该扩展方法，则你需要使用该类的实例。在Java中，你可以将该扩展方法作为实例静态方法的调用，且也需要传入context对象。在Kotlin中，首先要有该类的访问权限，这里可以使用`with`或`apply`。回忆前几章我们所学的，在Lambda表达式中，你可以像在`Notifier`类中那样写代码，也就是说，你可以直接调用`longToast`。

5.2.5　访问静态成员

Kotlin语法中有几个语言元素可以编译为静态成员或者静态方法。它们可以被其包含类像平常一样直接调用。

静态成员

虽然Kotlin中没有**static**关键字，但是仍然有几个语言元素可以让Kotlin在Java的字节码中生成静态成员，且它们也可以在Java中调用。除了已经看到的例子（文件级声明和扩展函数），静态变量可以产生自：

- 对象中声明的属性。
- 伴生对象中的属性。
- 常量值。

这些例子都可以在代码清单5-17中看到。

代码清单5-17 在JVM中产生静态成员

```
// Kotlin
const val CONSTANT = 360

object Cache { val obj = "Expensive object here..." }

class Car {
  companion object Factory { val defaultCar = Car() }
}

// Decompiled Java code (simplified)
public final class StaticFieldsKt {
  public static final int CONSTANT = 360;
}

public final class Cache {  // Simplified
  private static final String obj = "Expensive object here..."; // private static field
  public final String getObj() { return obj; }                   // with getter
}

public final class Car {    // Simplified
  private static final Car defaultCar = new Car();               // Static field
  public static final class Factory {
    public final Car getDefaultCar() { return Car.defaultCar; } // Nonstatic method
  }
}
```

对象和伴生对象中声明的属性，会生成带有 getter 和 setter 的私有字段。对于对象中的声明，会在 Java 类中生成相应的对象，例如 `Cache`；对于伴生对象，成员变量在其持有该对象的类中，且 getter 和 setter 方法也在该嵌套类中。而在 Java 中使用静态成员时也和之前一样，例如 `Cache.INSTANCE.getObj()` 或 `Car.Factory.getDefaultCar()`。

通常情况下，生成的静态成员是私有的（除了使用 **`const`** 的情况），但是它们也可以使用注解 `@JvmField` 来公开。或者，正如我们前面学过的，你也可以使用 lateinit 或 const 来公开字段。但是，作用域公开并不是它们的主要作用，这不是它们的主要目的，而是产生的副作用，注意，使用 `@JvmField` 注解后，静态成员本身会变成可见的，但是如果使用 `lateinit`，只会让 setter 方法变得可见。

静态方法

在默认情况下，文件级函数在 Java 字节码中会变成静态方法，但默认情况下命名对象和伴生对象中声明的方法不是静态的。如代码清单 5-18 所示，可以使用注解 `@JvmStatic` 使其成为静态方法。

代码5-18　使用@JvmStatic生成静态方法

```
// Kotlin
object Cache {
  @JvmStatic fun cache(key: String, obj: Any) { … }  // Becomes a static member
}

class Car {
  companion object Factory {
    @JvmStatic fun produceCar() { … }                 // Now becomes static as well
  }
}

// Inside a Java method
Cache.cache("supercar", new Car());      // Static member is callable directly on class
Cache.INSTANCE.cache("car", new Car());  // Bad practice

Car.produceCar();                        // Static
Car.Factory.produceCar();                // Also possible
(new Car()).produceCar();                // Bad practice
```

在命名对象（对象声明）中，使用注解 @JvmStatic 能够使你在类中像调用静态方法一样直接调用该方法。当然，也可以通过类的实例来调用该静态方法，但你应该避免这样使用，因为可能会导致代码混乱，且这样使用没有任何意义。而命名对象的非静态方法只能在对象实例上调用。

对于伴生对象，使用 @JvmStatic 注解就可以直接在密封类上调用该方法，比如这里可以使用 Car. 来调用，且它的静态方法也可以被嵌套的伴生对象显式调用。而伴生对象的非静态方法只能被其作为实例方法调用，上述代码中使用 Car.Factory。再次强调，应该避免在对象实例上调用静态方法。

你也可以对命名对象和伴生对象的属性使用 @JvmStatic 注解，使其变为静态属性。但是不能在命名对象和伴生对象以外使用 @JvmStatic 注解。

5.2.6　生成重载方法

在 Kotlin 中，传入默认参数可以避免实现多个重载方法，从而减少代码量。而在编译为 Java 代码时，你可以决定是否应该生成重载方法来在 Java 中启用可选参数，如代码清单 5-19 所示。

代码清单5-19　通过@JvmOverloads生成重载方法

```
// Kotlin
@JvmOverloads  // Triggers generation of overloaded methods in Java bytecode
fun <T> Array<T>.join(delimiter: String = ", ",
```

```
                        prefix: String = "",
                        suffix: String = ""): String {
  return this.joinToString(delimiter, prefix, suffix)
}

// Java
String[] languages = new String[] {"Kotlin", "Scala", "Java", "Groovy"};

// Without @JvmOverloads: you must pass in all parameters
ArrayUtils.join(languages, ";", "{", "}");    // Assumes @file:JvmName("ArrayUtils")

// With @JvmOverloads: overloaded methods
ArrayUtils.join(languages);                    // Skips all optional parameters
ArrayUtils.join(languages, "; ");              // Skips prefix and suffix
ArrayUtils.join(languages, "; ", "Array: ");   // Skips suffix
ArrayUtils.join(languages, "; ", "[", "]");    // Passes in all possible arguments
```

通过在方法上使用注解 `@JvmOverloads`，编译器会为每个有默认值的参数生成一个重载方法。这会导致编译器生成一系列方法，且每个方法少一个参数，即可选参数。当然，没有默认值的参数不会生成对应的重载方法。这增加了在 Java 代码中调用方法的灵活性，但因为参数的顺序是固定的，且不能使用命名参数，所以依然不如 Kotlin 灵活。例如，在上面的代码中，如果没有传入参数 prefix，则不能传入参数 suffix。

注意，你也可以在构造函数上使用注解 `@JvmOverloads`，从而产生重载构造函数。而如果构造函数中的所有参数都有默认值，则即使没有注解也会生成一个无参数的构造函数。这么做是为了支持那些依赖无参数构造函数的框架。

5.2.7 使用密封类和数据类

密封类和数据类都可以编译为 Java 中的普通类，且能够正常使用。而 Java 语法中没有对密封类进行特殊处理，所以不能像在 Kotlin 中使用 **when** 那样在 Java 中使用 **switch**。例如，你需要使用 **instanceof** 来检查某个具体对象的类型是否是该密封类的子类型，如代码清单 5-20 所示。

代码清单5-20 使用密封类

```
// Kotlin
sealed class Component
data class Composite(val children: List<Component>) : Component()
data class Leaf(val value: Int): Component()

// Java
Component comp = new Composite(asList(new Leaf(1), new Composite(…)));
```

```
if (comp instanceof Composite) {     // Cannot use 'switch', must use 'if'
  out.println("It's a Composite");  // No smart-casts
} else if (comp instanceof Leaf) {  // No exhaustiveness inferred
  out.println("It's a Leaf");
}
```

密封类也是一种抽象类，是不能被实例化的，其子类能够像正常类一样使用。但由于Java中没有密封类的概念，因此也没有特殊的语义。

数据类在Java中可以直接使用，但要谨记有两条限制。首先，Java不支持解构声明，所以函数componentN也就没有用了；其次，copy方法在Java中没有重载方法，所以与使用构造方法比起来也没有优势。而如果要生成所有可能的重载方法，则会产生（相对于参数个数）指数数量的方法。但如果只使用@JvmOverloads产生的重载方法，又不能保证刚好是有用的。因此，没有为copy方法生成重载方法。相关示例见代码清单5-21。

代码清单5-21　使用数据类

```
// Kotlin
data class Person(val name: String = "", val alive: Boolean = true)
// Java
Person p1 = new Person("Peter", true);
Person p2 = new Person("Marie Curie", false);
Person p3 = p2.copy("Marie Curie", false);  // No advantage over constructor

String name = p1.getName();  // componentN() methods superfluous
out.println(p1);             // Calls toString()
p2.equals(p3);               // true
```

5.2.8 可见性

Kotlin和Java中的可见性不能完全一一对应，再加上Kotlin中还有文件级声明。所以，本节讨论Kotlin和Java的可见性是如何对应的。首先，以下可见性可以简单地直接对应。

- private成员变量仍然是private。
- protected成员变量仍然是protected。
- 不管是成员变量还是文件级变量，public的元素仍然是public。

在其他情况下，可见性不能简单地直接对应，但可以编译为相近的意思：

- 私有的文件级声明仍然是私有的。但是为了能够访问同一个Kotlin文件中的变量，该变量也可能属于不同的Java类，可以使用JVM产生的合成方法。这样的方法不能被直接调用，但是可以生成转发调用，否则就不可能被调用。
- 所有的Kotlin **internal**声明在Java中都会变为公开的，因为包私有的限制太过严格。在类中声明的内部类会通过名称重组来避免从 Java 代码中误调。例如，一个 internal 方法 C.foo 的方法名在字节码中会被重组为 c.foo$production_sources_for_module_yourmodulename()，但是开发者无法以此名称实际地调用该方法。当开发者需要在 Java 代码中调用类的 internal 声明的成员时，可以使用 @JvmName 注解来改变该成员在 Java 字节码中的名称。

这里解释了对于每个文件级的声明和成员的可视性是如何映射到 Java 的。

5.2.9 获取 KClass

KClass 是 Kotlin 对类的表示，并且同时提供了反射能力。在某些情况下，开发者需要从 Java 代码中调用将 KClass 作为入参的 Kotlin 函数，这时可以使用预定义类 kotlin.jvm.JvmClassMappingKt，就像代码清单 5-22 中展示的那样。在 Kotlin 中，开发者无论访问 KClass，还是 Class，都更容易。

代码清单5-22　了解KClass与Class引用

```
// Java
import kotlin.jvm.JvmClassMappingKt;
import kotlin.reflect.KClass;

KClass<A> clazz = JvmClassMappingKt.getKotlinClass(A.class);

// Kotlin
import kotlin.reflect.KClass

private val kclass: KClass<A> = A::class
private val jclass: Class<A> = A::class.java
```

5.2.10 处理签名冲突

在使用 Kotlin 时，开发者可能声明了一些与 JVM 中的签名相同的方法。也许开发者并不是有意的，但是泛型类型的类型擦除很可能导致这种情况，一旦这种情况发生，那么将意味着在 JVM 运行时，类型参数信息是不可用的。那么为了保持一致，在运行时，Kotlin（像 Java 一样）对于 List<A> 和 List<B> 都只将其识别为 List 类型。代码清单 5-23 展示了这种情况。

代码清单5-23　JVM签名冲突

```
fun List<Customer>.validate() {}    // JVM signature: validate(java.util.List)
fun List<CreditCard>.validate() {}  // JVM signature: validate(java.util.List)
```

在这里，你将无法从Java调用这些方法，因为在运行时没有办法区分两个同名方法。换句话说，签名冲突的方法拥有相同的字节码签名。正如开发者所期望的，Kotlin为这种情况提供了处理办法，使用@JvmName注解就可以很容易地解决这类问题，如代码清单5-24所示。

代码清单5-24　JVM签名冲突的解决办法

```
fun List<Customer>.validate() { … }

@JvmName("validateCC")  // Resolves the name clash
fun List<CreditCard>.validate() { … }

// Both can be called as validate() from Kotlin (because dispatched at compile-time)
val customers = listOf(Customer())
val ccs       = listOf(CreditCard())
customers.validate()
ccs.validate()
```

上例中的代码在Java中，两个不同的validate方法会被识别为两个不同名的静态方法FileNameKt.validate和FlieNameKt.validateCC。在Kotlin中，开发者可以通过同一方法名validate来访问这两个方法，因为编译器已经完成了内部对应的分配过程（在编译时，由于使用注解，所有必要的类型信息都是可用的）。

5.2.11　使用内联函数

在Java中，开发者可以像调用其他函数一样调用内联函数，但这只是假象，因为这些函数并不是真正意义上的内联——Java中没有内联特性。代码清单5-25展示了在Kotlin中使用内联。值得一提的是，带有reified参数的内联函数是无法从Java调用的，因为Java不支持内联，那么没有内联，reified也就无法工作。因此，开发者不能在没有reified概念的Java方法中使用reified类型参数。

代码清单5-25　调用内联函数（在Kotlin中）

```
// Kotlin
inline fun require(predicate: Boolean, message: () -> String) {
  if (!predicate) println(message())
}

fun main(args: Array<String>) {  // Listing uses main function to show decompiled code
  require(someCondition()) { "someCondition must be true" }
}

// Decompiled Java Code (of main function)
```

```
public static final void main(@NotNull String[] args) {
  Intrinsics.checkParameterIsNotNull(args, "args");  // Always generated by Kotlin
  boolean predicate$iv = someCondition();
  if (!predicate$iv) {                              // Inlined function call
    String var2 = "someCondition must be true";
    System.out.println(var2);
  }
}
```

正如上例反编译的代码所示，**if** 语句及其代码块是被内联到 main 方法的，而且在这些代码中不再真正地调用 require 方法。但是如果没有使用 **inline** 关键字，或者从 Java 调用该方法时，required 方法将被显式调用。

5.2.12 异常处理

因为在 Kotlin 中并没有已检查的异常，所以开发者可以在 Java 中调用 Kotlin 中的任何方法而无须处理异常。而之所以 Kotlin 中没有已检查的异常，是因为异常不会声明在字节码中（即没有 throws 语句）。那么为了允许在 Java 代码中进行异常处理，开发者需要像代码清单 5-26 中所示的方式，使用 @Throws 注解。

代码清单5-26 生成throws语句

```
// Kotlin
import java.io.*

@Throws(FileNotFoundException::class)  // Generates throws clause in bytecode
fun readInput() = File("input.csv").readText()

// Java
import java.io.FileNotFoundException;
// …
try {                     // Must handle exception
  CsvUtils.readInput();  // Assumes @file:JvmName("CsvUtils")
} catch (FileNotFoundException e) {
  // Handle non-existing file...
}
```

不使用 @Throws 注解时，开发者无论是在 Kotlin 中，还是在 Java 代码中，都无须在调用 readInput 方法时处理异常。使用 Throws 注解，开发者在 Kotlin 中调用该方法时，可以可选地处理异常；但在 Java 中调用该方法时，就必须处理所有已检查的异常。

通过反编译的 Java 代码，可以看到注解所做的事情就是在方法签名中添加 **throws** FileNotFoundException，如代码清单 5-27 所示。

代码清单5-27　经过反编译后的区别

```
// Without @Throws
public static final String readInput() { ... }

// With @Throws
public static final String readInput() throws FileNotFoundException { ... }
```

5.2.13　使用可变类型

Kotlin 和 Java 在使用型变类型时是不同的，Java 只在使用时区分型变，而 Kotlin 还在声明处区分型变。所以我们必须映射使用处和声明处型变才能在 Java 中调用，那么要如何实现呢？当参数或变量的类型为 out 投影类型时，那么代码编译后自动生成 `<? extends T>` 的通配符类型；同理，使用 in 的投影类型时，编译后生成 `<? super T>` 类型。这样就可以在 Java 中使用型变类型了，思考代码清单 5-28 所示的例子。

代码清单5-28　声明的型变映射到使用时型变

```
// Kotlin
class Stack<out E>(vararg items: E) { … }
fun consumeStack(stack: Stack<Number>) { … }

// Java: you can use the covariance of Stack
consumeStack(new Stack<Number>(4, 8, 15, 16, 23, 42));
consumeStack(new Stack<Integer>(4, 8, 15, 16, 23, 42));
```

`consumeStack` 方法对应的 Java 签名是 `void consumeStack(Stack<? extends Number> Stack)`，所以上述代码可以使用 `Stack<Number>` 和 `Stack<Integer>` 类型。由于类型擦除，该签名无法在反编译后的 Java 代码中看到，但可以直接在 Kotlin 的字节码中看到其声明类型：`void consumeStack(Stack<? extends java.lang.Number>)`。所以你依然可以通过字节码工具查看其内部发生了什么。

只有参数使用 in 或 out 的投影类型时才会产生通配符类型；而对于返回值类型，因为会违反 Java 编码标准，所以不会产生通配符。但你仍然可以改变编译后生成的代码。若想在不会生成通配符的地方生成通配符，可以使用注解 `@JvmWildcard`，如代码清单 5-29 所示。若不想生成通配符，可以使用注解 `@JvmSuppressWildcards`，如代码清单 5-29 所示。

代码清单5-29　配置通配符的生成

```
// Kotlin
fun consumeStack(stack: Stack<@JvmSuppressWildcards Number>) { … } // No more wildcards

// Normally no wildcards are generated for return types, unless you use @JvmWildcard
fun produceStack(): Stack<@JvmWildcard Number> {
```

```
  return Stack(4, 8, 15, 16, 23, 42)
}

// Java
consumeStack(new Stack<Number>(4, 8, 15, 16, 23, 42));   // Matches exactly
consumeStack(new Stack<Integer>(4, 8, 15, 16, 23, 42));  // Error: No longer allowed

Stack<Number> stack = produceStack();            // Error: No longer allowed
Stack<? extends Number> stack = produceStack();  // Inconvenient, thus bad practice
```

注意，也可以通过该注解对方法或整个类进行配置，以控制是否生成通配符。但由于 Kotlin 中声明时型变默认情况下能够合理地映射，所以大部分情况下可以直接在 Java 代码中调用 Kotlin 方法，而无须拦截其代码生成过程。

小贴士

注解 @JvmSuppressWildcards 有时可以解决难以调试的错误。例如，某个 Java 类继承了一个接口，且需要重写其中一个方法，该方法要与其接口中的方法签名完全一致。而如果该接口不包含通配符，那么如果不使用注解 @JvmSuppressWildcards 就无法重写它。

而如果所使用的框架强制需要提供一个特定接口的实现，那么也会产生类似的问题。例如，对于方法 Adapter<T>，若想实现为 Adapter<Pair<String, String>>，因为 Pair 是协变的，实际上需要实现的方法是 Adapter<Pair<? **extends** String, ? **extends** String>>。所以，谨记型变类型是如何与 Java 中的代码对应的，而更重要的是，谨记查看字节码和反编译后的 Java 代码。

5.2.14 Nothing 类型

最后，Kotlin 中的 Nothing 类型没有对应的 Java 类型，因为即使 java.lang.Void 类型也可以接收 **null** 值。但由于 Java 已有的类型中只有 Void 和 Nothing 最接近，所以 Nothing 类型的返回值及参数都与 Void 类型相对应。正如代码清单 5-30 所示，但这种对应并不能完全等价。

代码清单5-30 使用Nothing类型

```
// Kotlin
fun fail(message: String): Nothing {          // Indicates non-terminating function
  throw AssertionError(message)
}

fun takeNothing(perpetualMotion: Nothing) {}  // Impossible to call from Kotlin
```

```
// Java
NothingKt.takeNothing(null); // Possible in Java (but with warning due to @NonNull)
NothingKt.fail("Cannot pass null to non-null variable");    // Cannot terminate
System.out.println("Never reached but Java doesn't know");  // Dead code
```

方法 takeNothing 在 Kotlin 中是不可能调用的，但却可以在 Java 代码中调用。但由于编译后的签名其实是 **void** takeNothing(@NonNull Void perpetualMotion)，该方法虽然能调用但依旧会产生警告。因为 **null** 是 Void 的唯一有效值，所以这是 Java 代码对 Nothing 类型最相似的表达方式。同理，fail 方法的返回值编译后变为 Void 类型，这样 Java 无法像 Kotlin 一样推断出该代码是无法终止的。

最后，若在 Java 中使用 Nothing 类型作为参数的泛型类型，则会生成一个原始类型，则至少会引发未检查的调用警告。例如，List<Nothing> 在 Java 中会生成原始的 List。

5.3 互操作的最佳实践

在结束本章之前，我想从前面讨论的概念和陷阱中总结出互操作的最佳实践。遵循以下的这些实践有助于更加畅通无阻地实现 Kotlin 和 Java 之间的互通性。

5.3.1 写出对 Kotlin 友好的 Java 代码

从 Kotlin 中调用 Java 代码几乎在所有情况下都能畅通无阻。但依然可以通过遵循一些最佳实践，以避免特殊的冲突情况，并进一步帮助实现互操作性。

- 为所有非原始类型的返回类型、参数和字段增加适当的可空性注释，以避免不明确的平台类型。
- 使用 get、set 和 is 的访问器前缀，以便它们能够作为 Kotlin 属性以自动访问。
- 将 Lambda 参数定义到签名的最后一位，这样就能够将 Lambda 表达式从括号中移出来，以简化语法。
- 不要定义可以用作 Kotlin 运算符的方法，除非该方法确实对相应的操作符有意义。
- 不要在 Java 代码中使用 Kotlin 的关键字[1]作为标识符，这样可以避免转义。

以上所有的实践都能够使 Kotlin 和 Java 代码的互操作性更加畅通无阻，且能够提高 Java 代码的质量，例如可空性注解的使用。

5.3.2 写出对 Java 友好的 Kotlin 代码

正如前面所学的，从 Java 代码中调用 Kotlin 代码需要谨记几件事情，并且你还可以通过查看字节码或者反编译的 Java 代码来帮助记忆。你还可以遵循以下实践，有助于实现互

[1] https://kotlinlang.org/docs/reference/keyword-reference.html#hard-keywords。

操作性。

- ❑ 为所有带有文件级声明的文件取一个富有表现力的名字，而不是使用该类默认的 FileNameKt，这样也会泄露语言。你可以通过使用注解 @file:JvmName("ExpressiveName") 解决这个问题，如果还有其他关系密切的文件级声明存在于不同的 Kotlin 文件中，可以考虑使用注解 @file:JvmMultifileClass 来合并它们。
- ❑ 如果可能，当需要在 Java 代码中调用 Lambda 方法时，避免其返回类型为 Unit，因为这会导致 Java 代码需要显式地返回 Unit.INSTANCE 类型。未来，Kotlin 有可能能够避免这个问题。
- ❑ 如果希望在 Java 中处理异常，可以为所有方法的已检查异常添加 @Throws 注解。这需要开发者自己平衡已检查类型和未检查类型。且这里还需要考虑在方法内调用方法时引发的异常。
- ❑ 不要将 Kotlin 中只读类型的集合直接公开给 Java，例如作为返回类型，因为 Java 中它们是可变的。合适的做法是，可以在公开它们之前进行复制，或者只公开 Kotlin 中不可修改的集合包装，例如使用 Collections.unmodifiableList(kotlinList)。
- ❑ 在伴生对象的方法和属性上使用注解 @JvmStatic，以便在 Java 的包含类中能够直接调用它们。类似的，也可以在命名对象声明中使用注解 @JvmStatic。
- ❑ @JvmField 用于成对对象的有效常量属性，而非 const 修饰符对应的常量（因为 const 只适用于基本类型和字符串）。不使用 @JvmField 时，这些有效常量属性可以通过 Java 中的一个不怎么雅观的 getter 名称 MyClass.Companion.getEFFECTIVE_CONSTANT 获取。使用注解，则这些有效常量属性就可以通过 MyClass.EFFECTIVE_CONSTANT 来获取，这也是遵循 Java 代码规范的。
- ❑ 在 Kotlin 和 Java 的习惯命名方式不同的方法上使用注解 @JvmName。这里主要指扩展方法和中缀方法，因为它们的调用方式不同。
- ❑ 对有默认参数值的方法使用注解 @JvmOverloads，且假定该方法是从 Java 代码中调用的。确保所有生成的重载方法都是有意义的，否则，可以通过重新排列参数将有默认值的参数移动到末尾，以使其有意义。

这些最佳实践帮助开发者写出符合 Kotlin 和 Java 语言习惯的代码，甚至在混合使用这两种语言时也是如此。而其中大多数实践都是通过使用 Kotlin 的 JVM 注解来调整 Kotlin 编译为 Java 字节码的。

5.4 本章小结

开发者可能会在一个混合语言或正处于技术栈变更的项目中同时使用 Java 与 Kotlin 语言。幸好对于这两种语言的概念，在大多数情况下都可以很自然地过渡。尽管如此，开发者也应理解并掌握 Kotlin 代码编译为 Java 字节码的过程，以及如何编写有助于 Kotlin 与 Java 的互操作性的代码的方式。就细节而言，对于 Java，需要谨记的差异主要包括增加可空性信息和 Kotlin 代码中所使用的更简洁的语法，例如将 Lambda 参数移动到最后以达到简化的效果；对于 Kotlin ，需要注意的关键在于使用 JVM 注解来调整编译过程，例如生成静态修饰符、描述性名称，或者重载方法等。理解并掌握这些关键点，开发者就可以在这两种语言间自由切换，而无须在任何一种语言上花费大量的时间去研究。

Chapter 6 第 6 章

Kotlin 中的并发

"杂耍只是表面现象，其本质是每个球被连续地接住并迅速被抛起，也就是任务的切换。"

—— Gary Keller

自多核处理器诞生以来，并发已经成为一个无所不在的话题。但是并发非常复杂并且往往附带着一系列难以调试的问题。本章首先简要介绍了并发的基本概念，其次着重介绍了 Kotlin 中独特的并发方式——协程，以及如何用协程来表示各种异步操作和并发模式。

6.1 并发

在当今 REST[⊖]API 和微服务的世界中，并发和异步对于开发人员来说起着至关重要的作用。在 Android 系统上，应用程序可能不会执行许多的计算，反而会花费大量的时间用来等待——无论是等待从服务器获取天气数据，等待从数据库检索用户数据，还是等待电子邮件到达。

关于本章内容，我想先为几个容易混淆的术语做一个定义，这几个术语是：并发（concurrency）、并行（parallelism）、多任务（multitasking）、多线程（multithreading）和异步（asynchrony）。虽然区分这些术语对于接下来的 Kotlin 并发练习和代码应用来说并不是必需的，但是提前打好坚实的基础有助于理解术语的上下文并在相应的背景下进行讨论。

- 首先，并发本身只说明程序的不同部分可能无序运行而不会影响最终结果，并不意味着并行执行。在单核计算机上同样可以运行并发程序，其任务在时间上重叠，因为处理器时间会在进程（和线程）之间共享。并发是正确运行并行程序的必要条件，

⊖ representational state transfer，"表述性状态传递"的首字母缩写。

并行运行非可并发的程序会得到不可预测的结果。

- 在本书中术语并行和多任务是同一个意思，都是指同时实际并行执行多个计算任务。与并发相比，这需要多核机器（参见下面的小贴士）的支持。并行执行有时候也称为并发执行，这也就是这些术语会被混淆的原因。
- 多线程是实现（并行）多任务的一种特殊方式，即通过线程来实现。线程直观上被看作受到调度器管理的一些列的指令。多个线程可以存在于同一个进程中并共享其地址空间和内存。由于这些线程可以在多个处理器或内核上独立执行，因此可以实现并行。
- 最后，异步允许在主程序流之外进行操作。从直观上讲，这通常用于那些并非强制要求调用者必须等待其执行完成的后台任务，例如从网络获取资源。它与同步正好相反，同步要求调用者在执行下一个操作之前必须等待先前操作完成。相较于将同步任务用于等待第三方的应答（例如REST API）而言，将其用于执行CPU计算更有意义。

异步的重要特点是可以在等待结果的同时不阻塞主线程。在本书中，术语异步和非阻塞同义。在Android系统中，阻塞主线程会冻结UI并在一段时间后导致异常出现，从而导致非常糟糕的用户体验。要实现异步，通常会使用一些future（也称为promise）的实现，例如Java 8中的`CompletableFuture`。在本章中，你将发现协程是一种更轻量级的解决方案，它可以允许你编写更为直观的代码。

小贴士

为了完整起见，还可以将并行细分为位级并行、指令级并行、数据级并行和功能级并行。例如，在位级上，现代处理器可以在一个周期内处理64位字节，这也是一种并行形式。对于开发人员而言，位级并行是透明的，并不依赖于并发。

在本书中，并行是指功能级别的并行，意味着同时对相同或不同的数据执行相同或不同的计算。这种并行形式需要具备并发性才能保证最终的结果正确。

要想将这些概念联系起来，需要对它们之间的关系进行思考。假设并行总是指功能级并行，则会依赖于并发性。如果不具备并发性，则并行性将会导致不可预测的结果和随机发生的错误（也就是所谓的heisenbug）。异步并不一定意味着并行，至少在本地机器上是这样，但如果连接到远程机器则可能会被认为是并行的。因此，虽然并行需要使用多核机器，但是可以通过在单核机器上使用单线程执行异步调用来实现并行。

使用现实中的例子来进行解释的话，可以将并行想象成一群正在进行网球表演的人，每个人都在进行各自的表演：把网球扔向地面使其弹跳，或者把它扔到空中，等等。并发则是一个人在表演的同时玩四个球的杂耍，他一次只关注一个球（分时）。异步可以表现为一个人在做饭的同时（非阻塞的）等待其他人洗完衣服。

以下是这些术语的简要概述，方便大家快速记忆：

- **并发**：代码单元无序执行（无论是并行还是分时），并且仍能获得正确结果的能力。
- **并行**：同时执行多个代码单元。
- **多任务**：与并行相同。
- **多线程**：使用线程来实现的并行。
- **异步**：主线程之外的非阻塞操作。

了解了这些术语之后，让我们开始探讨并发所带来的普遍困扰和当前最佳的解决方案，然后深入了解 Kotlin 在并行编程时所使用到的协程。

6.1.1 普遍难题

如你所知，并非所有程序都是并发执行的。通常情况下程序执行的顺序往往非常重要，尤其是当并发单元会共享可变状态的时候，例如线程。两个线程既可以读取同一个变量的值，也可以对该值进行修改，然后将该值写回。在这种情况下，第二个写操作将覆盖第一个写操作的结果。

一个用来描述这个普遍难题的例子就是*哲学家就餐*。想象一下五位哲学家围坐在圆桌旁，五根筷子分布在这些哲学家之间。每位哲学家都有一碗米饭，左边和右边各有一根筷子。哲学家要么处于“吃饭”状态，要么处于“思考”状态。哲学家想要吃饭必须同时拥有左边和右边的筷子。哲学家之间不允许交流。图 6-1 描绘了这样的场景。

在这个场景中筷子是共享资源，对于每根筷子来说都有两位哲学家在进行争夺。可以把哲学家想象为并行线程。为了展示这种并行可能导致的问题，我们规定每位哲学家吃饭的时候都先拿起左手边的筷子，接着拿起右手边的筷子，吃饭，然后将筷子放回原位。如果所有哲学家同时开始这个过程，他们都将拿起左手边的筷子然后无休止地等待另一边的筷子。

图 6-1 哲学家就餐：n 位哲学家 n 根筷子，并且哲学家之间不能交流

这种问题被称为*死锁*，每当并行单元由于循环依赖而不能继续执行时就会出现这种问题。在这个例子中，每位哲学家都在等待他右手边的筷子。对于可能会发生死锁的场景，需要启用更多的条件（被称为 Coffman 条件），其中之一就是*互斥*。互斥通常用来防止出现其他同步问题。这意味着多个线程不能同时使用同一根资源，就像多个哲学家不能同时使用同一根筷子一样。

还有一个问题是不希望相邻的哲学家同时拿起会引起竞争的筷子。这被称为*竞争条件*，当线程同时访问同一个资源时就会发生。可以通过对同一资源（筷子）使用互斥访问的方式来避免这一问题。这样，一次只能有一个线程（哲学家）可以访问这一资源，通常可以通过锁（哲学家拿住筷子也就锁住了其他人访问的权限）来实现。

通常来讲，竞争条件属于 bug，其出现的原因是并行任务遵循各自的执行顺序，因此不能通过定义任务来支持并发。锁是实现并发的一种途径，也就是使代码独立于其执行的顺序。出于对性能的考虑，可能希望以一种不被阻塞的方式来等待锁（等待获取筷子的时机），以便在锁可用之前将 CPU 时钟用于其他计算上。Kotlin 在其标准库中通过 java.util.concurrent.locks.Lock 类的扩展函数来提供锁，并在协程库中提供了对非阻塞锁和互斥锁的实现。

除了并发和并行这类经典的同步问题外，在 Android 中还需要考虑一些时间上的问题。例如，异步调用只能在发布该调用的 Activity 被销毁并重新创建之后才能终止。因此，保持对已经销毁的 Activity 的引用会阻止该 Activity 被回收从而导致内存泄漏。此外，尝试对已经销毁的 Activity 进行访问也会导致 App 崩溃。可以通过使用能够感知生命周期的组件来解决这一问题，这类组件在 2017 年作为 Android 架构组件的一部分被引入。因此，一旦调用者被销毁，能够感知生命周期的异步调用将会被自动取消。

另一个非常不同的问题是线程本质上是开销昂贵的对象。因此开发人员应该学会谨慎地创建线程，密切关注现有线程，并对已经创建的线程进行复用。正如你将在本章中发现的那样，Kotlin 的协程解决了这一问题，因为启动协程的开销要比线程低一个数量级。

6.1.2 最先进的解决方案

在多核处理器的世界中，多任务是提高并行算法性能的主要手段。最常见的做法是使用多线程。例如，在多个线程上对大型集合执行映射任务，每个线程都会执行集合中互不相关的部分。

在通常情况下，每个进程中允许执行多个线程，因此这些线程可以共享该进程的地址空间和内存。有关分层的细节请参见图 6-2。这样可以允许线程间进行高效的通信，但是也正是这样的共享状态导致了那些在之前讨论过的同步问题。而且线程间的彼此交互导致大量可能的执行路径出现。这也是并发很难被妥善处理的原因。调试变得更为复杂，程序也变得难以推理。在其他并发计算模型中，通过删除可共享状态来减少此类问题的发生，如 actor model。正如你将要了解到的那样，Kotlin 的协程提供了与线程和 actor 都很相似的行为，除此之外还有其他的一些内容。

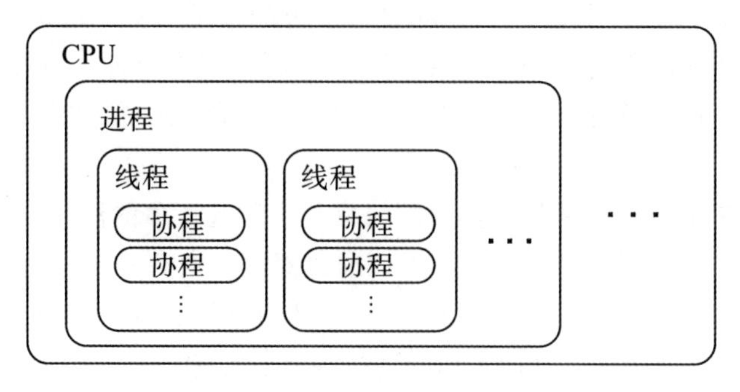

图 6-2 一个 CPU 有多个进程，每个进程可以包含多个线程，而这些线程又可以运行大量的协程

对于异步调用，一种常见的方法是使用回调。回调是传递给另一个函数 f 的函数 c，并且一旦 f 的结果可用（或发生另一个事件）c 就会执行。例如，通过请求 API 来获取天气数据，并使用回调函数来将新的天气报告数据在 UI 上进行更新。不过你往往希望在一个操作之后执行另一个操作，然后再执行另一个操作，依此类推。然后回调的问题就会变成随着每个嵌套操作，代码中的缩进级别不断增加，从而导致代码变得高度嵌套和不可读（参见代码清单 6-1）。用于异常处理的附加回调也会增加代码的复杂度。回调地狱就是用来形容这样的场景。不仅仅是回调，那些使用回调的琐碎控制流也同样会增加复杂度，如循环或 **try-catch** 代码块。代码将不再能够突出地显示逻辑流程，而只是反映了回调是如何连接在一起的。但是使用 Kotlin 的协程就可以编写出有序样式的代码而无须任何语法开销，正如你将要看到的那样。

代码清单6-1 异步回调

```
// Simplified, no error handling
fetchUser(userId) { user ->
  fetchLocation(user) { location ->
    fetchWeather(location) { weatherData ->
      updateUi(weatherData)
    }
  }
}
```

这种带有回调的编程风格也称为延续性传递风格（Continuation Passing Style，CPS）。在这种风格中，延续的内容可以被直观地认为是回调。在 CPS 中，延续的内容总是显式传递的，并将之前的计算结果作为下一次计算的参数。要想这样执行必须将表达式由内向外转换，因为延续内容的顺序必须反映评估的顺序。例如，不能在代码清单 6-1 中调用 `fetchWeather(fetchLocation(…))`，因为优先计算的内容必须在执行前出现。

有趣的是，CPS 因为被认为难以阅读和书写，所以并没有被广泛使用，然而在基于回调的代码中这是标准用法。CPS 与延续总是隐式传递的风格形成鲜明对比，在直接风格中，后一行的代码是前一行代码的延续。这也是在顺序执行代码中所使用的方式。如前所述，即使在编写异步代码时，Kotlin 也仍然可以用顺序编写代码的方式进行编写。

使用异步的另一个方法是 future，它可能以不同的名称出现，例如 CompletableFuture、Call、Deferred 或 Promise。但所有这些最终都代表异步计算的一个单位，假定稍后会返回一个值（或一个表达式）。Futures 可以避免嵌套回调的问题，并且通常会提供组合器来对结果执行额外的计算，例如 thenApply、thenAccept 或 thenCombine，如代码清单 6-2 所示。

代码清单6-2　异步Future

```
// Simplified, no error handling
fetchUser(userId)
    .thenCompose { user -> fetchLocation(user) }
    .thenCompose { location -> fetchWeather(location) }
    .thenAccept { weatherData -> updateUi(weatherData) }
```

这些组合器使编程风格和传递异常更为流畅，但你必须记住许多组合器的名称。而且它们的实现方式并不一致，增加了认知开销。因此，即使与 future 相较于回调的改进部分相比，Kotlin 协程仍然可以提高可读性，也无须使用组合器。

编写异步代码的另一种方法是使用诸如 C#、TypeScript 或 Python 中的 async-await 语言结构。其中，async 和 await 都是语言关键字。async 函数是用来执行异步操作的函数，而 await 函数用于显式地等待异步操作完成，如代码清单 6-3 所示。也可以理解为 await 函数将其拉回到同步的世界中，在这里等待操作完成后再继续进行之后的操作。Kotlin 中的*挂起函数*概念包括了 async-await 模式，但并没有为其引入关键字。没有采用著名的 async-await 模式的原因在本章后面的内容中将会逐渐揭晓。

代码清单6-3　async-await模式异步

```
// C#: Notice the return type Task<Location> instead of Location
async Task<Location> FetchLocation(User user) { … }
var location = await FetchLocation(user)  // Need await keyword to fetch location
```

对于同步问题的最佳解决方案包括并发数据结构、锁和避免共享可变状态。首先，并发数据结构可以允许并发访问，且不会破坏存储数据的完整性。因其可用于共享可变状态，所以有助于并行编程。其次，锁可以每次只允许一个并发单元对关键部分进行访问以避免竞争条件。通常使用信号量来限制并发访问数量为给定数量的并发单元。最后，避免共享可变状态是一种不错的做法，它提出了诸如之前提到过的访问者模型之类的方法。其中并发单元仅通过消息传递进行通信，所以本质上不存在共享状态。以上这些概念也都适用于 Kotlin 中的并发，相对于语言设计，更多的是涉及编码实践的内容。

6.2 Kotlin 中的协程

在讨论了并发的优点、问题和解决方法后，本节将介绍 Kotlin 中有关并发和异步的主要特性：协程。协程从概念上可以理解为非常轻量级的线程。但它们不是线程，一个线程中可以同时运行数以百万计的协程。此外，协程并不会绑定到某一特定的线程上。例如，协程可以在主线程上启动、暂停，然后在后台线程上恢复。甚至可以定义如何来调度协程，这对于在 Android 和其他 UI 框架上分配 UI 线程和后台线程之间的操作非常有用。

协程与线程类似，它们具有相似的生命周期：它们被创建、开始，并且可被暂停和恢复。与线程一样，你可以使用协程来实现并行。可以加入协程以等待它们完成，也可以显式地取消协程。但与线程相比，协程占用的资源要少得多。因此不需要像使用线程那样密切跟踪协程。通常可以为每个异步调用创建一个新的协程而不必担心开销。另一个区别是线程使用抢占式多任务处理，这意味着线程之间通过调度器共享处理器时钟。可以认为线程非常自私，它们不考虑其他线程，并自行使用可以获得的所有处理器时钟。而协程使用协作式多任务处理，每个协程都可以控制其他协程。没有独立的调度员介入其中来主持公道。

小贴士

直到 Kotlin 1.3 版本，协程依然处于试验阶段。在撰写本书时，Kotlin 1.3 尚未发布其稳定版本。尽管此处介绍的有关协程的某些细节可能会发生改变，但所讨论的概念仍然相同。所以，此处使用的示例代码依然可以运行或者仅需一点点改动即可运行。

任何有关更改和协程的更新都会在配套网站 kotlinandroidbook.com 上介绍，并在必要时提供相应的代码清单。

6.2.1 引入协程

在深入讨论协程及其示例代码之前，你应该在 Kotlin 工程中按照以下方法来引入协程：将核心依赖添加到 app 的 `build.gradle` 文件中的 `dependencies` 部分，而不是添加到 `buildscript` 中的 `dependencies` 部分。

```
implementation "org.jetbrains.kotlinx:kotlinx-coroutines-core:0.25.3"
```

对于 Android 还需要添加特定的 Android 依赖项：

```
implementation "org.jetbrains.kotlinx:kotlinx-coroutines-android:0.25.3"
```

可以使用最新的版本号[1]来替代以上的版本号。这样就可以在工程中使用协程了。如果在引入依赖的过程中遇到了什么问题，可以在 GitHub[2]上找到更详细的设置指南。

---

[1] 最新的版本号可以从这里找到：https://github.com/Kotlin/kotlinx.coroutines/releases。

[2] https://github.com/Kotlin/kotlinx.coroutines/blob/master/README.md#using-in-your-projects。

在撰写本书时，协程与 `.kts` 脚本尚不兼容，因此本章中的代码清单都会使用 main 函数（作为入口）。

6.2.2 基本概念

Kotlin 团队试图将 async-await 和（异步迭代）生成器的概念囊括到协程之中。他们同样希望协程能够独立于任何 future 的特定实现，并希望能够对异步 API 进行包装，如 Java NIO（非阻塞 I/O）。所有这一切都可以通过协程实现。最重要的是，协程可以使用最为自然的函数定义而不使用回调或者 `Future<T>` 来返回值；可以编写顺序样式代码而无须回调或组合，并在调用处并发。事实上，我们鼓励在惯用的 Kotlin 代码中始终将并发和异步显式化。你将在本章中学习这是如何实现的。

代码清单 6-1、6-2 中的代码可以使用协程的方式进行编写，如代码清单 6-4 所示。如你所见，协程允许按照人们习惯的能够反映程序逻辑流程的顺序代码样式来编写异步代码。同样可以很自然地在代码清单 6-4 中添加条件、循环、**`try-catch`** 代码块以及其他控制流结构，这对于回调来说并不容易。

代码清单6-4　使用协程来处理异步

```
val user = fetchUser(userId)  // Asynchronous call in sequential style
val location = fetchLocation(user)
val weatherData = fetchWeather(location)
updateUi(weatherData)
```

如果没有 IDE 提供帮助的话，上述代码会让你感到困惑，因为它看起来就像会被阻塞一样。例如第一行代码中，你会认为当前线程会被阻塞直到接收到 user 信息为止，以免该线程在此期间执行其他任务。但是这些函数属于*挂起函数*，也就是说，这些函数可以以非阻塞方式暂停执行。Android studio 会在编辑器中这些函数的左侧空白处突出显示，以便你能够注意到该挂起点和正在使用异步的事实。

6.2.3 挂起函数

遵循 Kotlin 团队成员 Roman Elizarov 的直觉：*suspending 函数是具有额外强大力量的函数*，它们可以在被明确定义处以非阻塞方式暂停代码的执行。也就是说，当前正在执行 suspending 函数的协程与其正在运行的线程分离，然后一直处于等待状态直到该函数恢复执行（很可能在另一个线程上）。在此期间线程可以自由执行其他任务。代码清单 6-5 中将 `fetchUser` 定义为 suspending 函数。

代码清单6-5　声明suspend函数

```
suspend fun fetchUser(): User { … }
```

`suspend` 修饰符可以将普通函数转变为挂起函数。原则上不需要使用其他修饰内容。

正如你所看到的，它的函数签名非常普通，没有其他的参数或者使用 future 包装的返回值。将其与代码清单 6-6 中基于回调的函数签名以及基于 future 的异步函数签名进行比较的话，回调引入了额外的参数，而 future 包装了所需的返回值。

代码清单6-6 回调及future的函数签名

```
// Callback-based
fun fetchUser(callback: (User) -> Unit) { … }

// Future-based
fun fetchUser(): Future<User> { … }
```

使用协程可以使函数签名和调用代码看起来很自然。基于这一点，重要的是去理解，除非该函数中有需要*挂起的位置*，否则 **suspend** 修饰符是多余的。挂起的位置就是之前提到过的“明确定义处”，在该位置挂起函数将被暂停。除了挂起位置，该函数在运行时是无法被暂停的。

那如何引入这样的挂起点呢？可以通过调用另一个挂起函数。因为 Kotlin 标准库中所有的挂起函数都适用于此，因为所有的这些函数最终都会调用低级别函数 `suspendCoroutine`。你也可以直接调用 `suspendCoroutine`，但它通常用于为库实现更高级别的 API。假设所有 fetch 函数都被声明为 suspending，代码清单 6-7 中的注释与 Android Studio 中的提示类似。

代码清单6-7 将协程用于异步

```
suspend fun updateWeather() {
  val user = fetchUser(userId)                 // Suspension point #1
  val location = fetchLocation(user)           // Suspension point #2
  val weatherData = fetchWeather(location)  // Suspension point #3
  updateUi(weatherData)
}
```

`updateWeather` 函数可以在每个挂起处，并且仅在这些挂起处以非阻塞的方式执行挂起控制。这样可以允许程序等待每次调用的结果返回而不阻塞 CPU。默认情况下三个调用按顺序执行，例如第三行代码仅在第二行代码运行完成后执行。这种方式与诸如 C# 等编程语言中的异步函数行为有所不同，C# 中的默认异步行为是顺序运行的，但是开发人员需要对其调用 `await` 函数。Kotlin 开发团队决定将顺序行为作为默认行为出于两个原因。首先，他们希望这种异步处理行为符合通常的处理行为，并与开发人员的开发习惯保持一致。其次，他们鼓励开发人员始终明确地使用异步。例如，基于 future 的 `fetchUser` 函数更好的命名应该是 `fetchUserAsync` 或 `asyncFetchUser`，因此异步在调用处是显式调用，如代码清单 6-8 所示。由于挂起函数默认顺序执行，所以不需要使用这样的前缀或后缀。

代码清单6-8　命名异步函数

```
fun fetchUserAsync(): Future<User> { … }

// Call-site
val user = fetchUserAsync()  // Asynchrony is explicit, so you expect a Future<User>
```

出于对挂起函数的兴奋之情，你已经迫不及待地想在 `main` 函数或 Android App 中的 `onCreate` 方法中尝试使用它，但是你会发现这样做并不可行。仔细思考一下就会发现端倪：挂起函数具有强大的力量，可以在不阻塞线程的情况下将执行挂起。但是 `main` 函数和 `onCreate` 函数仅仅是普通的函数并不支持这样强大的功能，因此也就无法调用挂起函数。挂起函数只能从另一个挂起函数中、可挂起 Lambda 表达式、协程或者内联到协程的 Lambda 表达式中调用（因为它可以从协程中有效调用）。当你尝试以不同方式来调用挂起函数时，Kotlin 编译器会向你提供友好的提示，如代码清单 6-9 所示。首先，你需要使用协程构建器进入挂起函数的世界，这将在下一节中进行介绍。

代码清单6-9　在非挂起函数中不能调用suspending函数

```
fun main(args: Array<String>) {
  // Error: Suspend function must be called from coroutine or other suspend function
  updateWeather()
}
```

在开始探究挂起函数的世界之前，我想提供更多关于如何将挂起函数进行自然组合并允许控制流结构的示例。挂起函数基本上将并发的复杂内容进行了抽象，并允许你按照习惯来编写代码。例如，假设每个用户都持有一个他们想获得天气信息的 location 列表。你可以在循环语句中调用挂起函数，如代码清单 6-10 所示。

代码清单6-10　suspending函数和循环

```
suspend fun updateWeather(userId: Int) {
  val user = fetchUser(userId)
  val locations = fetchLocations(user) // Now returns a list of locations
  for (location in locations) {         // Uses loop naturally in suspending function
    val weatherData = fetchWeather(location)
    updateUi(weatherData, location)
  }
}
```

你同样可以像往常那样使用 **`try-catch`** 表达式来处理异常，如代码清单 6-11 所示。这提供了一种相似的方法来处理不同粒度的异常，而无须额外的错误回调或故障组合器。

代码清单6-11 suspending函数和异常处理

```
suspend fun updateWeather(userId: Int) {
  try {  // Uses try-catch naturally within suspending function
    val user = fetchUser(userId)
    val location = fetchLocation(user)
    val weatherData = fetchWeather(location)
    updateUi(weatherData)
  } catch(e: Exception) {
    // Handle exception
  } finally {
    // Cleanup
  }
}
```

由于挂起函数保留了普通样式的返回值，因此它还可以与 Kotlin 强大的标准库和高阶函数结合使用。例如，因为 `fetchLocations` 函数会直接返回 `List<Location>`，它是普通的返回类型，所以代码清单 6-10 中的代码可以写成代码清单 6-12 中的样式。

代码清单6-12 suspending函数和高阶函数

```
suspend fun updateWeather(userId: Int) {
  val user = fetchUser(userId)
  fetchLocations(user).forEach {       // Can use all higher-order fcts. as usual
    val weatherData = fetchWeather(it)  // Can be called inside higher-order function
    updateUi(weatherData, it)
  }
}
```

总之，除了只能从协程或其他挂起函数中调用挂起函数外，你通常可以像使用其他函数一样来使用挂起函数。实际上，协程至少需要一个挂起函数才能启动，因此每个协程都会在创建时提供挂起函数作为其任务。通常采用可挂起 Lambda 的形式并将其传到协程构建器中以启动新的协程，参见下一小节。

6.2.4 协程构建器

协程构建器会为你打开挂起函数世界的大门。它们是启动新协程并发出异步请求的起点。如上所述，协程构建器接收一个提供协程任务的 suspending Lambda 表达式。Kotlin 提供了三种不同的协程构建器，它们的用途也不尽相同，其特征可以简单总结为：

- ❑ `launch` 用于没有返回值的即用即弃操作。
- ❑ `async` 用于有返回结果（或异常）的操作。
- ❑ `runBlocking` 用于桥接阻塞与非阻塞的世界。

使用 runBlocking 桥接阻塞与非阻塞的世界

runBlocking 从字面上看会让人感到困惑，但它正是解决代码清单 6-9 中如何桥接两个世界的关键所在。代码清单 6-13 展示了如何在 main 函数中使用 runBlocking 来调用挂起函数。

小贴士

本书中所有代码清单的代码都以 Kotlin 1.3 正式发布为前提，这时协程不再只是试验内容。但如果其仍然处于试验阶段，只需将本章及第 7 章和第 8 章中的导入内容替换为 kotlinx.coroutines 中的 kotlinx.coroutines.experimental 包即可。

代码清单6-13　使用runBlocking

```
import kotlinx.coroutines.runBlocking

fun main(args: Array<String>) {
  runBlocking {
    // Can call suspending functions inside runBlocking
    updateWeather()
  }
}
```

runBlocking 作为协程构建器创建并启动一个新的协程。顾名思义，它会阻塞当前线程直到传递进来的代码块执行完成。该线程仍然可以被其他线程中断，但不能执行任何其他工作。这也就是永远不应该从协程调用 runBlocking 的原因，协程应该始终是非阻塞的。实际上，runBlocking 主要用于 main 函数和单元测试中。

与其他协程构建器一样，runBlocking 只是一个函数而非关键字，它与 with、apply 和 run 等作用域函数类似。由于 runBlocking 函数的签名限制，传入协程构建器里面的 Lambda 表达式为挂起 Lambda 类型，如代码清单 6-14 所示。

代码清单6-14　runBlocking函数（简化）签名

```
fun <T> runBlocking(block: suspend () -> T) // Blocks thread until coroutine finishes
```

Kotlin 可以通过在函数类型前加上 **suspend** 修饰符来定义 Lambda 参数为挂起函数。这称为挂起函数类型，也称为挂起 Lambda 表达式。它与普通函数类型相似，如 (String)-> Int。参数的修饰符可以使传入的 Lambda 表达式挂起，以便其他挂起函数可以在 runBlocking 中调用。这也是进入挂起函数世界的一种技巧。调用 runBlocking 函数的习惯用法如代码清单 6-15 所示。

代码清单6-15 使用runBlocking函数的习惯用法

```
fun main(args: Array<String>) = runBlocking<Unit> {  // Allows suspend calls in main
  updateWeather()
}

// In a test case…
@Test fun testUpdateWeather() = runBlocking { … updateWeather() … }
```

习惯上会使用简写函数表示法来调用 runBlocking 函数。在 main 函数中，通常必须使用 runBlocking <Unit> 显式指定 Unit 作为返回类型。当 Lambda 表达式返回值不为 Unit 时（返回值由表达式最后一行代码定义）这是必需的，因为 main 函数必须返回 Unit 类型。为了避免产生混淆，通常会希望始终使用 runBlocking<Unit>，因为这样可以确保返回类型一定正确，确保返回值不被 Lambda 返回类型所干扰。只有在对 main 函数使用简写函数表示法时才需要这么做。以下代码清单依然默认使用 Kotlin 脚本，因此除非必要则不会使用 main 函数。

> **注意**
>
> 绝对不要在协程中使用 runBlocking 函数，只能在常规代码中使用挂起函数。

使用 launch 构建器的即发即弃协程

launch 协程构建器用于创建那些独立于主程序而执行的即发即弃协程。它与线程相似通常用于引入并行，而协程中未捕获的异常将会打印到 stderr，并导致应用程序崩溃。如代码清单 6-16 所示。

代码清单6-16 使用launch创建新的协程

```
import kotlinx.coroutines.*

// Launches non-blocking coroutine
launch {
  println("Coroutine started")  // 2nd print
  delay(1000)                   // Calls suspending function from within coroutine
  println("Coroutine finished") // 3rd print
}

println("Script continues")     // 1st print
Thread.sleep(1500)              // Keep program alive
println("Script finished")      // 4th print
```

上述代码使用 launch 启动了一个新的协程，首先以非阻塞方式延迟 1 秒，然后打印一条消息。delay 函数是标准库中的挂起函数，代表此处是一个挂起点。但是，即使是在 delay 之前的 print 语句也会在 launch 函数之后的 print 语句执行后才执行打印。这个简单的例子揭示了 Kotlin 中协程调度的方法：协程依附到目标线程上并会延迟执行。这与 JavaScript 中的行为相似。与之不同的是，在 C# 中会立即执行每个异步函数，直到它的第一个挂起点。按照这种方式，代码清单 6-16 中的“coroutine started”会在“Script continue”之前打印出来。这样效率更高，但是 JavaScript 的方式更为一致且不易出错，这也是 Kotlin 团队选择这种方式的原因。

你依然可以通过使用 launch(CoroutineStart.UNDISPATCHED) 语句来采用 C# 中的行为方式。为了内容的完整性这里需要提一下，如果不需要进行调度的话，可以通过使用默认的 CoroutineStart 来立即启动协程。调度器将在下一节中详细讨论。不过根据之前的经验可以想到，Kotlin 调度协程在目标线程上延迟执行。

注意

协程构建器的默认“目标线程”是由 DefaultDispatcher 对象来确定的。在撰写本书时如果可用的话（从 Java 8 开始），默认是 CommonPool，它是一个使用 ForkJoinPool.commonPool 的线程池。否则它会尝试创建一个新的 ForkJoinPool 实例（从 Java 7 开始）。如果再次失败，则会使用 Executors.newFixedThreadPool 来创建线程池。不过 CommonPool 计划将被弃用，因此在你阅读本书时它可能不再是默认的调度器。

不管怎样，默认的调度器依然用于那些受到 CPU 限制的操作的线程池。因此，线程池的大小与 CPU 核数相同。该线程池不应用于网络请求或 I/O 操作。为网络请求和 I/O 操作使用独立的线程池是一种很好的实践，协程在访问 UI 时必须使用主线程。

代码清单 6-16 中的代码可以改进。首先，代码中混合使用了非阻塞 delay 函数和会阻塞的 Thread.sleep 函数。通过使用 runBlocking 函数可以将 Thread.sleep 替换为 delay 函数，从而保持代码一致。但是通过设置固定时间（使用 delay 函数）来控制代码执行从而等待并行任务并不是一种好的实践方式。相反，你应该使用 launch 返回 Job 对象来显式等待任务完成。

代码清单 6-17 展示了这些改进的内容。需要注意的一点是等待是必需的，因为处于活动状态的协程不会阻止程序退出。此外，join 是一个挂起函数，所以需要使用 runBlocking 函数。

代码清单6-17　等待协程

```
import kotlinx.coroutines.*

runBlocking {   // runBlocking is required to call suspending 'join'
  val job = launch {  // launch returns a Job object
    println("Coroutine started")
```

```
    delay(1000)
    println("Coroutine finished")
  }

  println("Script continues")
  job.join()  // Waits for completion of coroutine (non-blocking)
  println("Script finished")
}
```

到目前为止的这些行为也可以通过使用线程来实现。Kotlin 甚至为线程的创建提供了与协程构建器类似的语法 `thread { … }`。但是使用协程可以轻松创建 100 000 个任务以实现 100 000 个工人并行工作的场景，如代码清单 6-18 所示。而使用线程执行此操作可能会导致内存溢出的异常，因为每个线程大约需要占用 1 MB 左右的内存空间。或者由于创建线程和切换上下文时的开销很大，导致至少需要花费更多数量级的资源才能完成此任务。

代码清单6-18 启动100 000个协程

```
import kotlinx.coroutines.*

runBlocking {
  // Launch 100,000 coroutines
  val jobs = List(100_000) {
    launch {
      delay(1000)
      print("+")
    }
  }
  jobs.forEach { it.join() }
}
```

上述代码会打印 100 000 次“+”而不出现内存溢出的异常。该列表使用接收列表大小的 `List` 构造函数和定义每个列表项的创建方式的 Lambda。由于 `launch` 返回的是 `Job` 类型，所以最后的类型是 `List<Job>`。该类型用于等待所有协程都执行完成。如代码清单 6-19 所示，它也可以用来取消一个协程。请注意，`repeat` 是一个工具函数，可以用来更简洁地编写 **for** 循环。

代码清单6-19 取消协程

```
import kotlinx.coroutines.*

runBlocking {
  val job = launch {
    repeat(10) {
      delay(300)                    // Cooperative delay from stdlib
```

```
      println("${it + 1} of 10...")  // Only 1 of 10, 2 of 10, 3 of 10 are printed
    }
  }

  delay(1000)
  println("main(): No more time")
  job.cancel()  // Can control cancellation on per-coroutine level
  job.join()    // Then wait for it to cancel
  println("main(): Now ready to quit")
}
```

一旦调用了job.cancel()，协程就会接收到一个取消执行的信号。此信号通过CancellationException表示。因为该异常是所预期的协程停止的方式，因此不会打印到stderr。与协作式多任务处理类似，协程也遵循协同取消。这也就意味着协程必须明确地支持取消。可以通过定期调用Kotlin标准库中的任意一个挂起函数来达到这样的要求，因为这些挂起函数都是可取消的，从而使你的协程可以被取消。另一种方式是在协程中定期检查可用的isActive属性。首先让我们看下代码清单6-20中的非合作实现，它是不可取消的。

代码清单6-20　不可取消的非合作协程

```
import kotlinx.coroutines.*

runBlocking {
  val job = launch {
    repeat(10) {
      Thread.sleep(300)              // Non-cooperative
      println("${it + 1} of 10...")  // All ten iterations are executed
    }
  }

  delay(1000)
  job.cancelAndJoin()  // Cancel is ignored, will wait for another 2 seconds
}
```

此代码使用的是非合作的Thread.sleep而非Kotlin中属于合作的delay函数。这就是为什么即使在执行1秒后取消，协程仍然会继续运行直到结束，同时保持线程处于繁忙状态。因此，对工具函数cancelAndJoin的调用必须等待大约2秒。在这种情况下，最简单的解决方法是使用delay而非Thread.sleep。这样，每当执行到delay函数时就可以取消协程，从而引入了10个取消点。

另一种不需要从标准库调用挂起函数的方法是手动检查isActive，如代码清单6-21所示。

代码清单6-21 使用isActive将协程变为可合作

```
import kotlinx.coroutines.*

runBlocking {
  val job = launch {
    repeat(10) {
      if (isActive) {  // Cooperative
        Thread.sleep(300)
        println("${it + 1} of 10...")
      }
    }
  }

  delay(1000)
  job.cancelAndJoin()
}
```

每次检查 isActive 时都是一个可取消协程的点，共计 10 个。取消协程会使 isActive 的值变为 **false**，每次判断 isActive 的值时，如果值为 false 时协程会快速跳过剩余的迭代内容并终止执行。因此，想要实现合作取消，只需要确保能够经常对 isActive 进行检查，并且当 isActive 的值为 false 时可以结束协程。

使用 async 返回值的异步调用

下一个基础协程构建器是 async，它用于创建会返回结果或异常的异步调用。这对于 REST API 请求、从数据库中提取条目、从文件中读取内容或者引入等待时间和提取某些数据的任何其他操作都非常有用。如果传递给 async 的 Lambda 返回类型 T，则调用 async 会返回 Deferred <T>。Deferred 是来自 Kotlin 协程库的轻量级 future 实现。要获得实际的返回值，必须对其调用 await 函数。

与 C# 一样，await 会非阻塞地等待 asycn 任务完成，以便将结果返回。与 C# 不同的是，Kotlin 中 await 不是关键字而是一个函数。代码清单 6-22 展示了如何使用 async 来同时调用多个独立的异步请求。

代码清单6-22 启动异步任务

```
import kotlinx.coroutines.*

fun fetchFirstAsync() = async {  // Return type is Deferred<Int>
  delay(1000)
  294  // Return value of lambda, type Int
}

fun fetchSecondAsync() = async {  // Return type is Deferred<Int>
```

```
    delay(1000)
    7  // Return value of lambda, type Int
  }

  runBlocking {
    // Asynchronous composition: total runtime ~1s
    val first = fetchFirstAsync()    // Inferred type: Deferred<Int>
    val second = fetchSecondAsync()  // Inferred type: Deferred<Int>
    val result = first.await() / second.await()  // Awaits completion; now type is Int
    println("Result: $result")       // 42
  }
```

这两个异步函数都会启动一个新的协程来模拟网络调用，每个调用需要 1 秒钟并返回一个数值。因为传入 async 的 Lambda 会返回 Int 类型，所以这两个异步函数都会返回 Deferred<Int> 类型。函数名遵循命名约定会带有“async”后缀，这样就可以明确显示异步的调用位置，并且预期为 Deferred 类型的返回值。调用 first.await() 会将运行挂起，直到该未包装的结果可用并返回 Int 类型。因此，当代码执行到 first.await() 表达式时，将会等待大约 1 秒钟的时间然后执行 second.await()。因为 second.await() 也会在 1 秒钟后完成，所以该语句不需要等待，因此代码清单 6-22 的总执行时间约为 1 秒钟。

使用挂起函数来代替 async 的话需要 2 秒，因为默认情况下挂起函数是顺序执行的。类似的，在执行第二个异步调用之前会在第一个 Deferred 上调用 await 函数。如代码清单 6-23 所示。第一个 await 调用会将运行挂起 1 秒钟，只有在这之后才会创建第二个协程并开始工作，这会使得运行时间大约为 2 秒钟。

代码清单6-23　同步运行异步函数

```
import kotlinx.coroutines.*

runBlocking {
  // Effectively synchronous: total runtime ~2s
  val first = fetchFirstAsync().await()    // Inferred type: Int (runtime ~1s)
  val second = fetchSecondAsync().await()  // Inferred type: Int (runtime ~1s)
}
```

以上两个异步函数并不是 Kotlin 代码中惯用的用法。Kotlin 鼓励将顺序执行的行为作为默认行为，而异步只是作为可选项加入其中。然而在代码清单 6-23 中，异步是默认执行的，而且必须通过在每次调用后直接调用 await 函数来强制执行同步。代码清单 6-24 展示了惯用的做法。

代码清单6-24　异步的习惯用法

```
import kotlinx.coroutines.*

suspend fun fetchFirst(): Int {
```

```
  delay(1000); return 294
}

suspend fun fetchSecond(): Int {
  delay(1000); return 7
}

runBlocking {
  val a = async { fetchFirst() }   // Asynchrony is explicit
  val b = async { fetchSecond() }  // Asynchrony is explicit
  println("Result: ${a.await() / b.await()}")
}
```

现在这两个 fetch 函数属于挂起函数，拥有标准类型的返回值，并且没有使用 async 后缀。这两个函数默认顺序执行，只需将其包装成 async {…} 即可实现异步。这样就可以使异步显式化。

相较于 launch 方式，你更应该记住使用 async 方式启动的协程，因为这种方式可以带有结果或异常。除非特殊处理，否则异常都会被默默地吞掉。代码清单 6-25 展示了如何处理出现错误的情况。其中 await 实现了两个功能：如果操作执行成功则返回结果；如果执行出现异常则抛出该异常。因此它被包装到 **try-catch** 代码块中。

代码清单6-25 处理异步调用的异常

```
import kotlinx.coroutines.*

runBlocking {
  val deferred: Deferred<Int> = async { throw Exception("Failed...") }

  try {
    deferred.await()  // Tries to get result of asynchronous call, throws exception
  } catch (e: Exception) {
    // Handle failure case here
  }
}
```

还可以使用 isCompleted 属性和 isCompletedException 属性来直接检查 Deferred 的状态。请注意，后者如果为 **false** 的话并不意味着操作成功完成，它可能依然是活动状态。除此之外还有一个 deferred.invokeOnCompletion 回调，在该回调中可以使用 deferred.getCompletion Exce-ption OrNull 来访问抛出的异常。但是大多数情况下，代码清单 6-25 中的方法就已经满足需要也更容易阅读。

注意

需要注意launch与join，async与await之间的类似关系。launch和async都用于启动一个并行执行工作的新协程。在launch中可以使用join来等待执行完成，而在asycn中通常使用await来等待结果。

launch返回Job类型，而async返回Deferred类型。但是Deferred实现了Job接口，所以同样可以对Deferred使用cancel和join，尽管这种情况不太常见。

协程的上下文

所有协程构建器都接收一个CoroutineContext。这是一组诸如协程名称、协程的调度器及协程任务详细信息的索引元素。从这方面来看，CoroutineContext类似于一组ThreadLocals，只不过它是不可变的。由于协程太过于轻量级，以致如果需要修改上下文的话就可以直接新建一个协程的方式来解决该问题。协程上下文的两个最重要的元素，一个是用来决定协程在哪个线程运行的CoroutineDispatcher，另一个是提供了有关执行详细信息的Job，Job可用于生成子协程。除了这两个元素以外，上下文中还包含CoroutineName和CoroutineExceptionHandler。

协程调度器

当协程需要恢复时，其调度器需要决定将该协程在哪个线程上进行恢复。代码清单6-26展示了如何通过传递一个CoroutineDispatcher来在Android的UI线程上启动一个协程。

代码清单6-26 在UI线程上启动协程（Android）

```
import kotlinx.coroutines.android.UI
import kotlinx.coroutines.launch

launch(UI) {  // The UI context is provided by the coroutines-android dependency
    updateUi(weatherData)
}
```

UI调度器是由Android特定的coroutines包提供的，该包通过Gradle依赖项org.jetbrains.kotlinx:kotlinx-coroutines-android引入。所有主流的UI框架，如Android、Swing和JavaFX都拥有这样的UI调度器。你也可以自定义一个UI调度器。Android UI调度器被定义为顶级的公共属性，如代码清单6-27所示。它是指位于主线程中的Android主looper。

代码清单6-27 在Android中定义UI上下文

```
val UI = HandlerContext(Handler(Looper.getMainLooper()), "UI")
```

在恢复协程之前，CoroutineDispatcher 有机会去改变该协程所要恢复的位置。带有默认调度器的协程始终会在 CommonPool 线程池中的某一个线程上进行恢复，因此每次挂起都会在线程之间进行跳转。所有 UI 调度器都确保始终在 UI 线程上进行恢复。与之相对，具有默认上下文的协程因为使用了 CommonPool，因此可以在此线程池中的任意一个后台线程上进行恢复。代码清单 6-28 展示了三条等效的 launch 语句（在撰写本书时 DefaultDispatcher 可能会发生变化，可能不再是 CommonPool）㊀。

代码清单6-28 默认协程调度器

```
launch { … }
launch(DefaultDispatcher) { … }
launch(CommonPool) { … }
```

另一种可能是在新的专用线程中运行协程。这会引入线程创建的成本，也因此抵销了轻量级的优势。代码清单 6-29 展示了如何使用 newSingleThreadContext 来执行此操作。这将创建一个线程池。你还可以使用 newFixedThreadPoolContext 创建具有多个线程的线程池。

代码清单6-29 调度到新线程

```
launch(newSingleThreadContext("MyNewThread")) { … }  // Runs coroutine in new thread
```

如果希望协程完全不受任何线程和 CommonPool 的约束，可以使用 Unconfined 调度器，如代码清单 6-30 所示。这会在当前的调用框架中启动协程，然后在恢复挂起函数运行的位置将其恢复。基本上，unconfined 调度器绝不会对恢复进行拦截，只是让用于恢复协程的挂起函数来决定在哪个线程上运行。稍后在代码清单 6-32 中给出了一个示例来说明此方式。

代码清单6-30 unconfined调度器

```
launch(Unconfined) { … }
```

最后一个调度器，更确切地说应该是 coroutineContext，它包含了一个调度器。参见代码清单 6-31 中的 coroutineContext。它是一个顶级属性，可以在每个协程中使用并代表其上下文。通过使用协程的上下文来启动另一个协程，启动的协程就会变成当前协程的子协程。确切地说，父子关系不是由调度员引起的，而是由作为上下文一部分的 job 引起的。取消父作业将以递归的方式取消其所有子作业（仍依赖于合作取消）。

代码清单6-31 创建子协程

```
launch(coroutineContext) { … }
```

㊀ 任何有关此类更新的内容，请访问配套网站 https://kotlinandroidbook.com/。

为了更好地了解这些调度器之间的差异以及它们产生的行为，代码清单 6-32 用到了所有调度器，并比较了它们在挂起前后调度到的线程。

代码清单6-32 比较调度器

```
import kotlinx.coroutines.*
import kotlin.coroutines.experimental.coroutineContext

runBlocking {
  val jobs = mutableListOf<Job>()

  // DefaultDispatcher (CommonPool at the time of writing)
  jobs += launch {
    println("Default: In thread ${Thread.currentThread().name} before delay")
    delay(500)
    println("Default: In thread ${Thread.currentThread().name} after delay")
  }

  jobs += launch(newSingleThreadContext("New Thread")) {
    println("New Thread: In thread ${Thread.currentThread().name} before delay")
    delay(500)
    println("New Thread: In thread ${Thread.currentThread().name} after delay")
  }

  jobs += launch(Unconfined) {
    println("Unconfined: In thread ${Thread.currentThread().name} before delay")
    delay(500)
    println("Unconfined: In thread ${Thread.currentThread().name} after delay")
  }

  jobs += launch(coroutineContext) {
    println("cC: In thread ${Thread.currentThread().name} before delay")
    delay(500)
    println("cC: In thread ${Thread.currentThread().name} after delay")
  }

  jobs.forEach { it.join() }
}
```

此代码在 runBlocking 中启动了 4 个协程，涵盖了所有讨论过的调度器。每个协程首先执行一条 print 语句，其次执行 delay 来挂起它，最后恢复执行另一条 print 语句。这里有趣的部分是，在挂起前后协程所运行的线程。表 6-1 给出了结论总览。

表 6-1 代码清单 6-32 中的调度结果

协程调度器	delay 之前	delay 之后
默认调度器（CommonPool）	在 ForkJoinPool .commonPool-worker-1 线程中	在 ForkJoinPool .commonPool-worker-1 线程中
单线程上下文	在新线程中	在新线程中
Unconfined	在主线程中	在 kotlinx.coroutines. DefaultExecutor 线程中
coroutineContext	在主线程中	在主线程中

当使用默认调度器时，协程总是会调度到线程池中的某个工作线程内。使用 Java 8 作为编译环境时会使用 ForkJoinPool.commonPool。当使用单线程上下文时，协程始终在特定的线程内执行。对于 Unconfined 和 coroutinesContext 来说，重点是需要确认当前线程为主线程，因为 runBlocking 需要在主线程执行。因为 Unconfined 不会在任何位置主动进行调度，所以协程只能在当前的主线程中启动。因为 coroutineContext 继承了 runBlocking 的上下文，所以它也同样需要在主线程启动。但是在挂起结束时，Unconfined 协程可以在挂起函数指定的位置进行恢复。由于 delay 使用了 kotlinx.coroutine 包中的 DefaultExecutor，因此会在这个地方进行恢复。相应的，coroutineContext 总是在从其父类继承的主线程中恢复。

在很多情况下需要对上下文进行更细粒度的控制。具体来说就是希望协程的不同部分分别运行在不同的线程上。一个典型的场景就是进行异步调用后在后台线程上获取数据，然后在 UI 可用时将其显示在 UI 中。上面介绍的 updateWeather 函数就类似于这样的模式。代码清单 6-33 给出了一个更好的实现方式。

代码清单6-33 在协程内切换上下文

```
import kotlinx.coroutines.*
import kotlinx.coroutines.android.UI

suspend fun updateWeather(userId: Int) {
  val user = fetchUser(userId)
  val location = fetchLocation(user)
  val weatherData = fetchWeather(location)

  withContext(UI) {
    updateUi(weatherData)
  }
}

// Call-site
launch { updateWeather() }
```

要想将协程的部分内容运行在特定的上下文中，可以使用 withContext。这时，只有当代码涉及 UI 时才会在 UI 线程上执行。现在，挂起函数可以在线程池中启动以执行异步调用而不会影响 UI 线程，直到最终结果可用。当协程在同一个线程中时，协程之间上下文切换的开销远比线程之间上下文切换的开销要小得多。但是，如果协程分别位于不同线程中的话，切换协程上下文需要昂贵的线程上下文切换开销。

小贴士

withContext 函数对于在 Android 和其他 UI 框架中轻松切换后台线程和 UI 线程至关重要。所有 UI 更新必须在 UI 线程完成。

除非需要并行运行多个异步调用，否则当希望从挂起函数返回结果时，withContext 通常是比 async-await 更好的方法。例如在执行数据库操作时：

```
suspend fun loadUser(id: Int): User = withContext(DB) { … }
```

这样就可以使用普通的返回类型并确保数据库操作始终在专用的 DB 上下文中运行。你将在第 7 章和第 8 章中看到很多这样的例子。

另一个方便的异步调用库函数是 withTimeout。它可以方便地指定调用超时时间。代码清单 6-34 展示了其基本用法。此代码在超时之前会执行两次 print 语句。

代码清单6-34 异步调用超时

```
import kotlinx.coroutines.*

runBlocking {
  withTimeout(1200) {
    repeat(10) {
      delay(500)
      println("${it + 1} of 10")
    }
  }
}
```

与常规取消类似，该超时由 TimeoutCancellationException 指示。与 CancellationException 不同的是，TimeoutCancellationException 会打印到 stderr 并导致程序在未处理捕获异常时终止。代码清单 6-35 展示了一种安全的方法来调用 withTimeout。其中，**finally** 代码块可用于关闭协程打开的所有连接。

代码清单6-35 处理超时

```
import kotlinx.coroutines.*

runBlocking {
```

```
  try {
    withTimeout(1200) {
      repeat(10) {
        delay(500)
        println("${it + 1} of 10")
      }
    }
  } catch (e: TimeoutCancellationException) {
    println("Time is up!")
  } finally {
    println("Cleaning up open connections...")
  }
}
```

协程任务

上下文中除了 CoroutineDispatcher 之外还包含了一个 Job 对象，该对象也值得我们更细致地研究一下。Job 对象可用于创建协程的父子层次结构以便执行取消，将协程绑定到 Activity 的声明周期，等等。如你所知，传递 coroutineContext 会创建一个子协程。由于它是默认传递，所以使用嵌套的协程构建器就可以用来创建子协程。代码清单 6-36 显示了这会如何影响取消。该代码启动了 10 个协程，其中 3 个将在取消之前完成。这表明取消父协程的同时也取消了其子协程，这其实是一种基于递归的方式。

代码清单6-36 子协程和取消

```
import kotlinx.coroutines.*

runBlocking {
  val parent = launch {
    repeat(10) { i ->
      launch {  // Implicitly uses coroutineContext, thus parent context
        delay(300 * (i + 1))
        println("Coroutine ${i + 1} finished")  // Only 1, 2, and 3 get to print
      }
    }
  }

  delay(1000)
  parent.cancelAndJoin()  // Cancels parent coroutine along with all its children
}
```

在上述代码中，取消父协程将递归取消其所有子协程，这会导致只有前 3 个协程可以执行 print 语句。Job 同样提供了对任务执行中重要属性的访问。这些属性包括：isCompleted、isCancelled 和 isActive。除了 cancel 和 join 这些有用的函数之外还包括能够取消所有子协程的 cancelChildren 函数，能够等待所有子协程运行完成的 joinChildren 函数以及 invokeOnCompletion 回调函数。

理论上协程可能会比与其关联的 UI 元素运行更长的时间，而且可以继续持有引用从而防止被回收。例如，一个 Android 中的 Activity（相当于 App 中的一个“屏幕界面”）先启动了异步调用，然后用户对 App 进行屏幕旋转，这就可能导致 Activity 被销毁但未被垃圾回收。你可以通过为每个 Activity 创建一个显式的父任务来避免内存泄漏，该任务用来作为那些要绑定到其相应 Activity 的协程的父类。这种方法适用于所有具有生命周期并且可能会在协程运行时被销毁的元素。我们将在接下来的内容中考虑 Android 的 Activity。我们的目的是将父任务与 Activity 绑定，并且在 Activity 被销毁时同时取消所有已经启动并且依然在运行着的协程。实现该目标的一种方法在《使用协程进行 UI 编程指南》[⊖]一文中进行了描述。第一步，你可以将父任务抽象为一个含有 Job 属性的接口，如代码清单 6-37 所示。

代码清单6-37　将协程与Activity绑定1：JobHolder接口

```
import kotlinx.coroutines.*

interface JobHolder { val job: Job }
```

该接口可以被那些拥有协程的 Activity 实现，这些协程需要跟其 Activity 的生命周期绑定。关键要在 Activity 的 onDestroy 方法中调用 job.cancel()，这样就可以取消该任务的所有子协程，如代码清单 6-38 所示。

代码清单6-38　将协程与Activity绑定2：Activity

```
import kotlinx.coroutines.Job
import android.support.v7.app.AppCompatActivity

class MainActivity : AppCompatActivity(), JobHolder {
  override val job = Job()
  override fun onDestroy() {
    super.onDestroy()
    job.cancel()
  }
}
```

经过这样处理后，所有被 Activity 使用 launch(job) { … } 或 async(job) { … } 启动的协程都不再需要进行跟踪。一旦 Activity 被销毁，协程取消策略将会自动取消所有绑定在该 Activity 上的协程。该指南更进一步使每个 view 都可以使用 job。在 Android 中，每个 view 都携带了关联至其 Activity 的上下文，如果该 Activity 实现了 JobHolder 接口，则该上下文可以用来访问父任务，如代码清单 6-39 所示。

[⊖] https://github.com/Kotlin/kotlinx.coroutines/blob/master/ui/coroutines-guide-ui.md。

代码清单6-39 将协程与Activity绑定3：从view访问任务

```
import android.view.View
import kotlinx.coroutines.NonCancellable

val View.contextJob
  get() = (context as? JobHolder)?.job ?: NonCancellable
```

上述代码为所有view添加了一个扩展属性，当context是JobHolder类型时该属性返回其Activity的父job引用，否则返回NonCancellable。通过使用launch(contextJob)，所有view都可以启动一个协程。一旦其包含的Activity被销毁，该协程就会自动取消。

调度器和job是最常用的上下文元素，此外还有很多常用的预定义上下文元素。这包括对调试非常有帮助的CoroutineName和在协程执行期间发生异常时调用的CoroutineExceptionHandler。你可以很容易地创建它们的实例并且将它们作为context参数进行传递，如代码清单6-40所示。

代码清单6-40 CoroutineName和CoroutineExceptionHandler

```
import kotlinx.coroutines.*

// CoroutineName
val name = CoroutineName("Koroutine")
launch(name) { … }

// CoroutineExceptionHandler
val exceptionHandler = CoroutineExceptionHandler { context, exception ->
  println("Crashed with context $context")
  exception.printStackTrace()
}
launch(exceptionHandler) { … }
```

此时，细心的读者可能想知道如何来组合这些上下文元素。这里只有一个CoroutineContext参数，而如果你希望在具有特定父任务的UI线程上运行协程，或者具有名称和异常处理的协程，或者所有这些内容，该怎么办呢？想要实现这些非常容易，CoroutineContext类定义了一个运算符函数plus，该函数能够组合所有这些内容。代码清单6-41展示了该运算符签名。

代码清单6-41 CoroutineContext组合运算符

```
public operator fun plus(context: CoroutineContext): CoroutineContext
```

因为所有上下文元素都实现了CoroutineContext，所以每个元素都可以使用此运算符。因此也就可以轻松地将协程所需的上下文组合在一起，如代码清单 6-42 所示。

代码清单6-42　组合上下文

```
// CoroutineName + CoroutineExceptionHandler
launch(name + exceptionHandler) { … }

// Job + CoroutineDispatcher
launch(contextJob + UI) { … }  // Uses 'contextJob' from Listing 6.39 (Android)
```

右侧上下文中的元素会替换左侧使用相同 key 的所有元素。key 基本上是元素的类名，这意味着你可以访问这些类，如代码清单 6-43 所示。

代码清单6-43　访问上下文元素

```
import kotlinx.coroutines.*
import kotlin.coroutines.experimental.ContinuationInterceptor

launch(name + exceptionHandler) {
  println("Context:           ${coroutineContext}")
  println("Job:               ${coroutineContext[Job]}")
  println("Dispatcher:        ${coroutineContext[ContinuationInterceptor]}")
  println("Name:              ${coroutineContext[CoroutineName]}")
  println("Exception Handler: ${coroutineContext[CoroutineExceptionHandler]}")
}
```

回想一下之前的内容，每个协程都带有一个 coroutineContext，并且可以从内部对其进行访问。同样，该上下文由一组索引元素组成。可以使用相应的 key 值来访问其中特定的元素。例如，要检索其中的 Job，可以使用 coroutineContext[Job]。由于 Job 类定义了一个**伴生对象** Key : CoroutineContext.Key <Job>，因此该元素访问相当于 coroutineContext[Job.Key]。

更多的协程参数

至此你已经了解了协程的上下文及其元素，以及如何使用它们。除了每个协程构建器都要接收的 CoroutineContext 参数之外，launch 和 async 还会接收 CoroutineStart 参数。在 JavaScript 与 C # 协程调度风格的上下文中遇到过这种情况。

正如之前讨论过的，Kotlin 通常会调度一个协程延迟执行（JavaScript 风格），也可以使用 CoroutineStart.UNDISPATCHED 来采用 C# 调度风格，该风格意味着协程会立即运行直到它运行到第一个挂起点为止。除了 CoroutineStart. DEFAULT 和 CoroutineStart.UNDISPATCHED 以外，还有两个有趣的方式可以对协程进行调度。

一个是 CoroutineStart.LAZY，它只在需要时才开始运行协程。对于 launch 来说，这种方式可以通过使用 job.start() 来显式地启动一个协程或者在调用 job.join() 时隐式地启动一个协程。对于 async 来说，还有一个额外的方式来调用 await 以触发执行。在代码清单 6-44 中，join 使协程以同步的方式开始执行。这依然是非阻塞方式的，需要留心的是 lazy 协程可能需要一段时间才能完成。

代码清单6-44 以lazy方式启动协程

```
runBlocking {
  val job = launch(start = CoroutineStart.LAZY) {  // Runs only when triggered
    println("Lazy coroutine started")
  }
  println("Moving on...")
  delay(1000)
  println("Still no coroutine started")
  job.join()  // Triggers execution of the coroutine using join()
  println("Joined coroutine")
}
```

另一个是 CoroutineStart.ATOMIC，它能确保协程至少在开始执行之前无法被取消。

除了 Lambda 代码块之外，协程构建器的最后一个参数是一个独立的父 job。这是在当前协程版本中引入的并重写了协程上下文中的父 job。你也可以像本章中介绍的那样使用协程上下文来定义该父 job。

对于最为重要的框架和 API 来说可以使用包装器，而对于协程构建器和调度器来说你可以自由地实现。以下这些内容已经可以覆盖大多数的使用场景[⊖]：

- kotlinx-coroutines-core 用于为协程提供最基本的支持。
- kotlinx-coroutines-android 用于进行 Android 开发。
- kotlinx-coroutines-javafx 用于 JavaFX。
- kotlinx-coroutines-swing 用于 Swing。
- kotlinx-coroutines-jdk8 用于与 CompletableFuture 进行互操作。
- kotlinx-coroutines-nio 用于与 Java 非阻塞 I / O 进行互操作。
- kotlinx-coroutines-rx2 用于为 RxJava 2.x 提供支持。

例如，如果你更喜欢使用 Java 的 CompletableFuture 及其流畅的 API，你依然可以使用协程。在 kotlinx-coroutines-jdk8 中，你可以找到 future 协程构建器，它的工作方式类似于 async 和 CompletableFuture.supplyAsync，但会返回 CompletableFuture 而非 Deferred，参见代码清单 6-45。

代码清单6-45 组合协程和CompletableFuture

```
import kotlinx.coroutines.*
import kotlinx.coroutines.future.*
```

⊖ https://kotlin.github.io/kotlinx.coroutines/，该页面提供了完整的最新列表。

```
fun fetchValueAsync() = future { delay(500); 7 }  // Uses 'future' coroutine builder

runBlocking {
  fetchValueAsync().thenApply { it * 6 }
      .thenAccept { println("Retrieved value: $it") }
      .await()
}
```

为了对到目前为止所讲的有关挂起函数及其如何替代常规代码的内容给出更好的直观描述，图 6-3 描述了它们之间的关系。如前文所讲，协程构建器可以让你进入挂起函数的世界，而挂起函数可以让你停留在其世界中，在挂起函数中调用 suspendCoroutine 可以获取它的后续执行内容，以便你可以像使用回调一样使用它，从而可以有效地带你回到常规代码中。

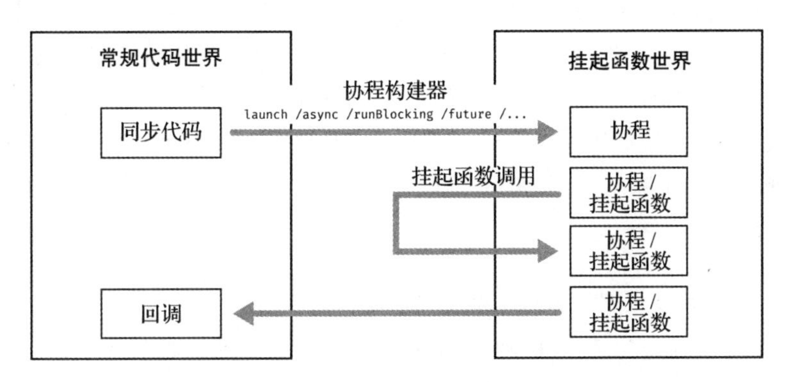

图 6-3 常规代码与“暂停功能世界”之间的关系总览及其相互切换的不同方式

6.2.5 生成器

正如本章开头提到过的那样，协程试图将其内容涵盖 async-await 的概念，其他异步库和生成器。基于这点，你已经了解了如何使用 Kotlin 的协程来编写 async-await 风格的代码，还了解了它们可以包装其他诸如 Java NIO 的异步 API 和诸如 CompletableFuture 的其他 future 实现。本节将介绍生成器并说明如何使用协程实现它们。

生成器是一个可以按需要惰性地生成值的迭代器。虽然它的实现看起来像是连续的，但在请求下一个值之前，其执行将被挂起。它使用 yield 函数将值发射出去，类似于 Python 或 C # 等语言中的 yield 关键字。另一种更理论地看待生成器的方式是认为生成器不是通用协程，因为协程可以控制其他协程，而生成器总是控制它的调用者。代码清单 6-46 使用生成器实现了斐波那契数列。

代码清单6-46 创建暂停序列（生成器）

```
import kotlin.coroutines.experimental.buildSequence

val fibonacci = buildSequence {
```

```
    yield(1)
    var a = 0
    var b = 1
    while (true) {
      val next = a + b
      yield(next)
      a = b
      b = next
    }
  }

  fibonacci.take(10).forEach { println(it) }  // 1, 1, 2, 3, 5, 8, …
```

与协程构建器类似，buildSequence 接收一个挂起 Lambda，但它本身不是挂起函数而是使用协程来计算新的值。yield 是一个挂起函数，它会将执行挂起直到下一个元素被请求。因此，每次调用 next 都会使生成器运行直到执行到下一个 yield。你可以像在挂起函数中那样在生成器中使用控制流结构。buildSequence 与 generateSequence 类似，但它使用挂起函数和 yield。而 generateSequence 每次调用提供给它的函数来生成下一个值并且不会使用协程。

注意

生成器不会引入异步，其执行完全受到调用者控制并且与调用者同步运行。这是同步挂起函数的一个示例，并且演示了挂起计算并不一定意味着异步。你可以将其视为除非调用者调用它，否则在生成器内部不会做任何事情。这里指没有进行异步计算。换句话说，yield 是一个挂起函数而非异步函数。

这也解释了为什么 Kotlin 使用 **suspend** 作为关键字而不是像 C # 等其他语言那样使用 **async** 来作为关键字。请记住：在 Kotlin 中你可以选择是否使用异步，而不是仅靠使用 **suspend** 关键字来标识。

除了 buildSequence 之外，Kotlin 还提供了 buildIterator 函数。该迭代器几乎与序列相同，事实上 Kotlin 中的序列只是对迭代器进行了包装。与迭代器相比，序列通常可以被多次迭代并且是无状态的。也就是说，序列上的每次迭代都会为你提供一个新的迭代器。代码清单 6-46 展示了一个允许被多次遍历其迭代器的序列：你可以用斐波那契数列的前 5 个元素做一些事情。而其他序列的实现只允许访问其迭代器一次（参见 ConstrainedOnceSequence）。

另一个可以使用生成器进行解释的概念是 @Restricts Suspension 注解。它用于标准库中的 SequenceBuilder 类，该类是传递给 buildSequence 和 buildIterator 的 Lambda 的接收者，参见代码清单 6-47。在 Lambda 中，你可以访问 SequenceBuilder 中

的方法，这也是yield和yieldAll的来源。

代码清单6-47 buildSequence声明

```
fun <T> buildSequence(block: suspend SequenceBuilder<T>.() -> Unit): Sequence<T>
```

现在设想一下你作为SequenceBuilder的库开发人员。在使用该类时你必须确保所有的挂起点都完全来自yield。也就是说，你必须对库的使用者进行限制，使他们不能通过扩展函数来为能够将协程挂起而添加新的方式。这就是SequenceBuilder声明中@RestrictsSuspension的作用，参见代码清单6-48。

代码清单6-48 对挂起进行限制的SequenceBuilder声明

```
@RestrictsSuspension
public abstract class SequenceBuilder<in T> { … }  // Declaration from stdlib
```

由于该注释，挂起扩展函数必须调用SequenceBuilder的另一个挂起扩展或挂起成员函数。这样，所有挂起扩展最终都会调用挂起成员函数，这里是yield或yieldAll。

6.2.6 actors和channels

本章开头简要提到过并发编程的actor模型。在此模型中actor表示与其他actor分离的并发计算单元。尤其是actor不会直接共享可变状态。它们之间只通过传递消息来通信。每个actor都附加了一个消息通道以便能够接收消息。actor基于接收到的消息来决定接下来做什么，是生产更多的actor，还是发送消息，抑或是操纵其私有状态。由于不会存在竞争条件，所以在没有共享状态时不需要使用锁。

注意

在Carl Hewitt对actor模型的原始描述中并没有提到channel[1]。在actor之间直接进行通信，而channel可以认为是另一种独立的actor。在该模型中一切皆actor。然而诸如Erlang、Elixir、Go或Kotlin等使用actor的编程语言并不严格遵循此原始模型。

通常来说，actor可以和channel建立多对多的关系，以便单个actor可以读取多个channel中的信息。同样，多个actor可以从同一个channel中读取消息以分发工作。虽然这是一个并发模型，但actor自身是按照顺序工作的。如果一个actor收到三条消息，它会按照顺序对它们进行处理。该模型的力量源于这种actor并行工作的机制。并发由这种仅通过消息传递来进行通信的方式实现。

[1] 在这个视频中，Hewitt谈到了他提出的概念：https://youtu.be/7erJ1DV_Tlo。

很多编程语言都受到了 actor 模型的影响。例如它是爱立信语言 Erlang[一]中的一个基本概念，引入该模型是为解决该语言创造者需要一个容错分布式系统模型的需求。因此，actor 在基于 Erlang 的现代语言 Elixir[二]中也是必不可少的。由 Google 开发的 Go 编程语言[三]也直接受到了 actor 模型的影响。在 Go 中 actor 通过使用 goroutines 来实现，这与 Kotlin 的协程密切相关[四]。因此你可以在 Kotlin 中使用协程来实现 actor。代码清单 6-49 展示了一个简单的 actor，它可以接收一个字符串消息并将其打印。当代码执行时将会打印 "Hello World!"。

代码清单6-49 一个简单的actor

```
import kotlinx.coroutines.channels.actor
import kotlinx.coroutines.runBlocking

val actor = actor<String> {
  val message = channel.receive()
  println(message)
}

runBlocking {
  actor.send("Hello World!")  // Sends an element to the actor's channel
  actor.close()               // Closes channel because actor is no longer needed
}
```

Kotlin 为创建 actor 提供了 actor 函数，该函数实际上是另一种协程构建器。由于 actor 在 Kotlin 中是协程，所以创建一个 actor 意味着创建一个协程。actor 尝试从其 channel 中接收消息，该消息可以在 Lambda 中从其接收器类型 ActorScope 来访问。在主线程中，一个字符串将被发送到 actor 的 channel 中，然后该 channel 将被关闭。这里有几点需要注意：

- send 和 receive 都是挂起函数。当 channel 已满时 send 会暂停执行，而当 channel 为空时 receive 会暂停执行。
- 因此，main 函数必须使用 runBlocking 来进行包装以便能够调用挂起的 send。
- 调用 close 不会立即停止 actor 协程。相反，close 会发送特殊的消息 "close token" 到 channel 中，channel 仍然会按照先进先出（FIFO）的方式读取消息队列，所以该特殊消息之前的所有消息都会在实际停止之前处理。

[一] https://www.erlang.org/。

[二] https://elixir-lang.org/。

[三] https://golang.org/。

[四] 可以使用 `fun go(block: suspend () -> Unit) = CommonPool.runParallel(block)` 来进行模拟。

- 上面的 actor 在打印完第一条消息后终止，因此 channel 也就关闭了。尝试再向其发送另一条消息会导致 `ClosedSendChannelException`。因此，在代码清单 6-49 中调用 `actor.close` 是多余的。这并不是 actor 的常用使用方式。代码清单 6-50 展示了一种更为贴近 actor 实际使用的方式，该方式在一行上打印“`Hello`”后会在下一行打印“`World`”。

代码清单6-50　在其channel中保持读取行为的actor

```
import kotlinx.coroutines.channels.actor
import kotlinx.coroutines.runBlocking

// This actor keeps reading from its channel indefinitely (until it's closed)
val actor = actor<String> {
  for (value in channel) { println(value) }
}

runBlocking {
  actor.send("Hello")  // Makes actor print out "Hello"
  actor.send("World")  // Makes actor print out "World"
  actor.close()
}
```

`for` 循环部分是整个代码的关键，它用来保证 actor 存活直到 channel 被关闭。现在，你可以向 actor 发送任意数量的消息，然后在不需要 actor 时调用 `close`。

因为 `actor` 函数返回一个 `SendChannel`，所以你只能向 actor 发送消息，而不能从 channel 接收消息（只有 actor 才应该这样做）。在 actor Lambda 中，`channel` 具有 `Channel <E>` 类型并且实现了 `SendChannel <E>` 和 `ReceiveChannel <E>`。因此，你可以在 Lambda 内调用 `send` 和 `receive`。但当给自己发送消息时，actor 必须确保 channel 未满。否则它将在等待 receive 时被无限期地挂起并且产生死锁。所以应该先使用 `channel .isFull` 来检查 channel 是否已满，并且确保给 channel 设置容量至少为一个元素的缓冲区。设置缓冲区很容易通过设置 capacity 来实现，如本节后面的内容所示。

注意

Kotlin 的 channel 遵循 FIFO 模式，优先接收那些先发送的元素，公平对待所有类型元素。

`actor` 函数作为协程构建器与你之前看到的函数非常相似。它接收一个 `CoroutineContext`、一个 `CoroutineStart`、一个显式的父 `Job` 和定义其行为的挂起 Lambda。这些工作方式与以前一样。一旦元素首次发送到其 channel 中，懒惰启动的 actor 就会变为活动状态。

除了这些参数以外，actor 还拥有一个用来定义其 channel 能够缓冲多少个元素的 capacity 参数。默认情况下 capacity 为零，意味着 send 必须暂停直到 receive 执行，反之亦然。这种方式被称为 RendezvousChannel，发送方和接收方必须在某一个时间点“会面”。在代码清单 6-51 中，receive 在 **for** 循环中被隐式调用并且直到新的元素发送到其 channel 之前都会被挂起。

另一种有用的 channel 类型是混合 channel，它只保留发送给它的最新的一个元素。这通常是我们所期望的行为，例如使用最新的数据来更新 UI。

代码清单6-51　actor与混合channel

```
import kotlinx.coroutines.channels.*
import kotlinx.coroutines.*

runBlocking {
  val actor = actor<String>(capacity = Channel.CONFLATED) {  // Conflated channel
    for (value in channel) { println(value) }
  }

  actor.send("Hello")  // Will be overwritten by following element
  actor.send("World")  // Overwrites Hello if it was not yet consumed by the actor
  delay(500)
  actor.close()
}
```

在上述示例中将 capacity 参数设置为 Channel.CONFLATED，以便在发出 receive 之前不再将 send 挂起，新接收到的值会覆盖旧的值，使得使用 receive 检索的值都是最新的值。需要注意的是，不设置延迟的话，代码很可能不会打印任何东西。因为当 actor 第一次接收到消息的时候，close token 是最新接收到的元素。

除此之外，可以使用 Channel.UNLIMITED 创建具有无限容量的 channel（使用 LinkedListChannel）或使用 actor(capacity = n) 来使用缓冲区大小为 n 的 channel（使用 ArrayChannel）。前者使用链表来缓冲元素，后者使用数组。当设置为无限容量时，发送者永远不会被挂起。

小贴士

建议阅读 Kotlin 标准库中的源代码文档。它提供了大多数实体的详细信息。Ctrl + Q（在 Mac 上为 Ctrl + J）可以显示快速文档，Ctrl + B（在 Mac 上为 Cmd + B）可以跳转到声明处。这两个快捷键在 Android Studio 和 IntelliJ 中是开发人员最好的朋友。

跳转到声明处还拥有额外的好处，你可以探索其实际的实现。例如，你会注意到所有协程构建器都以非常类似的方式实现。

接下来你可以创建使用多个 channel 的 actor 协程，并从首先具有元素的 channel 接收一条消息。代码清单 6-52 实现了一个 actor，它使用 `select` 表达式同时从两个 channel 中读取数字（就像在 Go 语言中一样）。它显式地创建了两个 channel，因此不需要使用协程构建器。从两个 channel 中选择的所有协程都可以在这里作为 actor。

由于 receive 只允许一次从一个 channel 中读取消息，因此此处代码中使用了 `onReceive` 方法。在 `select` 中还可以使用诸如 `onSend`、`onAwait`、`onLock`、`onTimeout` 和 `onReceiveOrNull` 等方法。所有这些在内部都实现了 `SelectClause` 接口，因此可以在 `select` 中进行任意组合以便使用可用的值执行某些操作。无论这些值是延迟结果、超时、获取锁定还是在 channel 中的新消息。换句话说，无论发生什么事件，这些事件都将被“选中”。

代码清单6-52　多channel的actor

```
import kotlinx.coroutines.channels.*
import kotlinx.coroutines.*
import kotlinx.coroutines.selects.select

runBlocking {
  val channel1 = Channel<Int>()
  val channel2 = Channel<Int>()

  launch {  // No need for the actor coroutine builder
    while (true) {
      select<Unit> {  // Provide any number of alternative data sources in here
        channel1.onReceive { println("From channel 1: $it") }
        channel2.onReceive { println("From channel 2: $it") }
      }
    }
  }
  channel1.send(17)  // Sends 17 to channel 1, thus this source is selected first
  channel2.send(42)  // Sends 42 to channel 2, causing channel 2 to be selected next
  channel1.close(); channel2.close()
}
```

注意

`select` 函数更倾向于执行第一条子句，也就是说，同时有多条子句可供选择的话，将选择第一条子句。你也可以有意地使用此功能，例如当主 channel 未满时将消息发送到主 channel，否则发送到辅助 channel。

如果你不希望出现这样的行为，则可以使用 `selectUnbiased`。这会在每次选择时执行随机选择，使选择变得更为公平。

同样，可以将多个 actor 发送到同一个 channel，如代码清单 6-53 所示。这里使用的 channel 只是一个局部变量，因此所有 actor 都可以访问它。启动了三个生产者，所有生产者都在尝试向 channel 中重复发送消息并且直到接收者出现之前都会被挂起。这里使用了 rendezvous channel。在消费者方面，`consumeEach` 可以用来替代显式的 **`for`** 循环。从同一个 channel 进行读取操作的多个协程可以以相同的方式实现。只需提供对该 channel 对象的访问权限即可。

代码清单6-53　同一个channel上的多个actor

```
import kotlinx.coroutines.channels.*
import kotlinx.coroutines.*

runBlocking {
  val channel = Channel<String>()
  repeat(3) { n ->
    launch {
      while (true) {
        channel.send("Message from actor $n")
      }
    }
  }
  channel.take(10).consumeEach { println(it) }
  channel.close()
}
```

在前面的例子中，有几个协程表现出来的行为与传统意义上的 actor 行为不符。这是因为它们与传入的 channel 无关，而与传出的 channel 息息相关。我们称这些为生产者。例如代码清单 6-53 中创建了三个生产者。直观上来看生产者为 actor 的对立面，因为它拥有附加的传出 channel。

Kotlin 提供了更为简便的方式来创建这类生产者，如代码清单 6-54 所示。代码中，produce 协程构建器创建了一个生产者，并返回一个 `ReceiveChannel`。因为你只希望从外部接收生产者的消息，而把发送留给生产者。

代码清单6-54　创建一个生产者

```
import kotlinx.coroutines.*
import kotlinx.coroutines.channels.*

runBlocking {
  val producer = produce {
    var next = 1
    while (true) {
      send(next)
```

```
      next *= 2
    }
  }
  producer.take(10).consumeEach { println(it) }
}
```

需要注意的是，示例中的生产者会不停地发送数值。它发送消息的操作只受它所使用的 RendezvousChannel 的管控，所以在另一端出现接收器之前 send 都会被挂起。如果没有 take(10) 的限制，程序将保持两倍的打印速率直到整数溢出。

要想使用比 Int 或 String 更为有趣的消息类型，你可以使用其他预定义类型或自定义消息类型。密封类非常适合创建消息类型受限的类层次结构，如代码清单 6-55 所示。

代码清单6-55　定义消息类型的actor

```
sealed class Transaction  // Uses a .kt file to be able to declare sealed class
data class Deposit(val amount: Int) : Transaction()
data class Withdrawal(val amount: Int) : Transaction()

fun newAccount(startBalance: Int) = actor<Transaction>(capacity = 10) {
  var balance = startBalance
  for (tx in channel) {
    when (tx) {
      is Deposit    -> { balance += tx.amount; println("New balance: $balance") }
      is Withdrawal -> { balance -= tx.amount; println("New balance: $balance") }
    }
  }
}

fun main(args: Array<String>) = runBlocking<Unit> {  // Not a script (see first line)
  val bankAccount = newAccount(1000)
  bankAccount.send(Deposit(500))
  bankAccount.send(Withdrawal(1700))
  bankAccount.send(Deposit(4400))
}
```

上述代码中，actor 作为银行账户来接收交易消息。交易可以用密封类来定义是存款还是取款。账户的缓冲区可以缓冲 10 笔交易。更多的交易将被挂起，直到账户处理能够赶上进度为止。

注意

协程和 actor 模型看起来像是现代才出现的概念，实则不然。术语协程的出现可以追溯到 1963 年，最初由 Melvin E. Conway 提出，用来指代一个可以产生控制并在稍后进行恢复的子程序的概念[1]。同样，如前文所述，actor 模型是由 Carl Hewitt 在 1973 年提出的[2]。

需要注意的是，Kotlin 并没有声称是在创新，而是融合了适合开发大型软件的众所周知且经过验证的概念。然而，协程的独特之处在于它是如何实现以顺序样式来编写异步代码的。

6.2.7 并发样式

研究如何在基于协程、回调和 future 的并发之间进行转换有助于回顾它们之间的差异性。通过这种方式，就能发现这些其实都只是看起来让人眼花缭乱的回调而已，只要你了解了其中一种方式以及如何在它们之间进行转换，你就能够了解所有这些方式。

代码清单 6-56 通过三个签名表示同一目的的函数展示了这种转换，这些函数的作用是异步获取图像。

代码清单6-56 协程类型转换

```
// Callbacks
fun fetchImageAsync(callback: (Image) -> Unit) { … }

// Futures
fun fetchImageAsync(): Future<Image> { … }

// Coroutines
suspend fun fetchImage(): Image { … }
```

对于 future 来说回调是单独定义的，通常通过像 thenCompose 或 thenAccept 这样的组合器来定义，其依然是使用回调来实现。这些内容定义了当值可用后将会发生什么。对于协程来说，Kotlin 隐藏了回调（更准确地来说是 Continuation），但编译器将一个额外的 Continuation 参数传递给每个挂起函数。这个 Continuation 表示挂起后要进行的操作。换句话说，它也是一个回调。在每个挂起点相应的 Continuation 包含了在函数中暂停点之后的代码。这些代码表示了在该挂起点恢复之后所要做的事情。参见代码清单 6-7 中的示例，其中挂起点被突出显示。

6.2.8 协程实践

为了便于在项目中使用协程并克服可能存在的障碍，本节会讨论实际应用中所出现的问题。例如调试，与 Java 的互操作性以及与异步库的互操作性。

[1] http://www.melconway.com/Home/pdf/compiler.pdf。
[2] https://www.researchgate.net/scientific-contributions/7400545CarlHewitt。

调试协程

并发非常复杂，而调试并发代码往往会让人抓狂。为了减轻这种痛苦，本小节将讨论在调试协程时用到的一些实践方法。然而，在避免使用共享可变状态和可变数据结构之后，并发会变得更加能够被预测。这点请务必牢记。当你因同步问题而开始调试并发代码时可以参考这些实践内容。

众所周知，监视程序执行的一种方法是使用日志。在并发代码中，最好将当前线程名称添加到日志中，这样就可以将记录的操作日志与其相应的线程对应起来，如代码清单 6-57 所示。但是由于可能在同一个线程中同时运行了数千个协程，这会导致你不能区分出每个协程。幸运的是，如果使用了编译器标识 `-Dkotlinx.coroutines.debug` 的话，Kotlin 就会将当前协程的 ID 自动添加到线程名称上。这样，代码清单 6-57 中生成的日志项将以 `[main @coroutine#1]` 来代替 `[main]` 开头。

代码清单6-57 为当前线程（和协程）记录日志

```
fun log(message: String) = println("[${Thread.currentThread().name}] $message")
```

名称后缀的格式为“`@name#id`”并且使用协程上下文中的 `CoroutineName` 和 `CoroutineId`。你也可以自定义 `CoroutineName`，但 `CoroutineId` 是 Kotlin 使用的私有类。默认的名称为 coroutine，而且新创建的协程 ID 都会加一。在 IntelliJ 中运行应用程序时如果想自动传递调试标识，可以创建运行配置（Ctrl + Shift + A / Cmd + Shift + A，并键入 edit config），并添加 `-Dkotlinx.coroutines.debug` 标志来作为 VM 的选项。

但在 Android Studio 中无法创建这样的运行配置。不过可以创建一个 `Application` 类来设置系统属性，如代码清单 6-58 所示。该类会在所有 Activity 之前自动实例化，所以非常适合用来进行配置设置。它通常用来存放 Android 应用的全局状态。为了将其连接到工程中，必须在 manifest 文件中的 `<application>` 内将其指定为 `android:name` 的值。

代码清单6-58 在Android中启用协程调试

```
class App : Application() {

  override fun onCreate() {
    super.onCreate()
    System.setProperty("kotlinx.coroutines.debug",
        if (BuildConfig.DEBUG) "on" else "off")
  }
}

// In AndroidManifest.xml
<application
  android:name=".App" …>
</application>
```

除了这个特殊的功能外，你可以像平时那样在协程代码中使用常用的调试工具：断点、变量观察器、线程概述、框架等。当在 IntelliJ 或 Android Studio 中设置断点时，可以决定该断点是仅在其线程执行到该处时停止，还是所有线程都会停止。如果断点并不像你所期望的那样执行的话，请思考此处的设置。

包装异步 API

如果你希望使用不能使用包装器的 future 实现，并且希望在 Kotlin 中以惯用的方式来使用它们。你可以编写自定义协程构建器和自定义 await 函数。这样你基本上可以将 future 映射到挂起函数的世界。要想分析协程构建器的结构，可以参考包装 Java 8 中 CompletableFuture 的 future 协程构建器的实现。代码清单 6-59 展示了该实现的简化版本。

代码清单6-59 future协程构建器的实现（简化版）

```
public fun <T> future(…): CompletableFuture<T> {
  // Set up coroutine context… (omitted)
  val future = CompletableFutureCoroutine<T>(newContext + job)
  job.cancelFutureOnCompletion(future)
  future.whenComplete { _, exception -> job.cancel(exception) }
  start(lambda, receiver=future, completion=future)

  return future
}

private class CompletableFutureCoroutine<T>(…) : … {
  // …
  override fun resume(value: T) { complete(value) }
  override fun resumeWithException(exception: Throwable) {
    completeExceptionally(exception)
  }
}
```

future 协程构建器首先设置了新协程的上下文。然后创建了一个 CompletableFutureCoroutine 专有类型的新协程。它还告诉协程在其完成时取消 future，这也会将协程的取消延续到更深层的 future 中。之后它以相反的方式进行设置以便在 future 完成时取消协程任务。这样，future 就已经就绪，该函数通过给定的 Lambda 和新创建的作为其接收类型和 completion 的 future 来启动协程。为此，通过代码块、接收器和 completion 来调用给定的 CoroutineStart 对象。

对于接收者来说，你可能想知道为什么即便在使用 CoroutineScope 作为接收者来实现 Lambda 的情况下，也可以改变该 Lambda 的接收类型。因为 CompletableFutureCoroutine 同样实现了 CoroutineScope，所以它依然是一个有效的接收者。对于 completion 来说，它是协程完成时所调用的continuation。future和continuation本质上都是回调的事实在这里表现无遗，因此它们之间可以很好地互相映射。具体来说就是，complete映射到resume以及completeExceptionally映射到resumeWithException。所有这些方法都定义了异步调用结束时（也可是说当提供的Lambda终止的时候）应该发生的事情。

在这种情况下，要么使用结果值来调用CompletableFutureCoroutine.complete，要么在Lambda发生异常时调用completeExceptionally。future会被计算结果（或异常）填充，并使该结果可被外部使用。协程自身会返回CompletableFuture。例如，用户可以保留对返回的future的引用，该引用本质是CompletableFutureCoroutine，但受限于返回类型仅将其视为CompletableFuture。因此，当用户在将来调用join时，它会一直等待直到调用complete或completeException为止。这与等待协程是完成一样的。

为future添加自定义await函数非常容易，因为此时不需要创建新的协程。其主要任务是适当地映射函数，这类似于CompletableFutureCoroutine中完成的方式。代码清单6-60展示了自定义await函数的基本结构。这里的关键是suspendCancellableCoroutine，它是挂起执行的一个低级原语。这会捕获Continuation对象的当前状态并将continuation传递给Lambda代码块。在continuation中捕获所有本地状态是代码能在稍后进行恢复的原因。与以往相同，continuation还定义了挂起后会发生的事情。这些内容用Lambda来表示，因此它的类型是(Continuation<T> -> Unit)。

在代码清单6-60中，continuation会等待future完成并正常恢复协程或抛出异常，具体取决于异常是否发生。如果你查看了Kotlin中CompletableFuture.await的具体实现，你会发现它被优化过。但该列表提供了自定义await函数所应遵循的基本结构。关键是所有future通常都会对正常情况和失败情况进行实现，这两种情况分别映射到resume和resumeWithException。

代码清单6-60　自定义await函数（简化版）

```
import kotlinx.coroutines.future.future
import kotlinx.coroutines.*
import java.util.concurrent.CompletableFuture

suspend fun <T> CompletableFuture<T>.myAwait(): T {
  return suspendCancellableCoroutine { continuation ->
    whenComplete { value, exception ->
      if (exception == null) continuation.resume(value)
      else continuation.resumeWithException(exception)
    }
  }
}
```

```
runBlocking {
  val completable = future { delay(1000); 42 }
  println(completable.myAwait())  // 42

  val fail = future<Int> { throw Exception("Could not fetch value") }
  println(fail.myAwait())         // Throws exception
}
```

你可以使用示例中的方法以便以惯用方式来使用 Retrofit's Call<T>，也就是说你可以创建一个具有自定义 await 函数的 call { … } 协程构建器，该 await 函数作为 Call<T> 的扩展被定义。即使有些 future 没有官方提供的包装器，通常也可以找到社区实现的包装器。

注意

协程自身只使用堆资源而不使用本地资源。状态是在 continuation 对象中被捕获，当没有它他们的引用时，它们就会自动进行垃圾回收。这样做有利于协程的资源管理。你只需要确保关闭那些在协程中打开的资源即可（或者在协程取消的情况下）。

互操作性

想从 Java 中调用挂起函数并不是一件容易的事情。这是为什么呢？编译器会为每个挂起函数添加额外的 Continuation 参数，而 Kotlin 代码会自动提供这样的操作。但在 Java 中你必须自己传递一个 continuation，这并不现实而且绝对不应该这样去做。因为这样做很容易出错并且产生不可读的代码。相反，应该为所有能够从 Java 中调用的挂起函数添加一个异步实现，如代码清单 6-61 所示。

代码清单6-61　包装挂起函数以便与Java进行互操作

```
import kotlinx.coroutines.future.future

suspend fun fetchScore(): Int { … } // This can hardly be called directly from Java
fun fetchScoreAsync() = future { fetchScore() }  // This is to be used from Java

// Java
CompletableFuture<Integer> future = fetchScoreAsync();
int asyncResult = future.join();
```

future 协程构建器来自于 kotlinx-coroutines-jdk8 库。因其会返回 Completable Future，所以其结果可以像往常一样在 Java 中处理。async 对此并不适用，因为它会返回一个带有能够执行挂起的 await 函数的 Deferred，而该函数需要使用 Continuation。这也就是为什么协程通常很难从 Java 中使用。协程只有与挂起函数相结合才能变得无比强大，而这些挂起函数几乎不能从Java中调用。可以认为挂起函数是Kotlin中的概念，而在Java中没有与其相对应的概念。

6.2.9　内部实现

需要提醒一下，挂起函数是一个纯粹的编译器特性。所以从编译器的角度来看，普通函数和带有**suspend**修饰符的函数之间有什么区别呢？它是如何用不同的方式来实现本章之前探究过的挂起函数的世界？通过研究具体的例子来了解内部机制的方式是最容易的。所以我们可以基于代码清单6-62中的挂起函数来讨论。

代码清单6-62　检查挂起函数

```
suspend fun suspending(): Int {
  delay(1000)      // Suspension point #1
  val a = 17
  otherSuspend()  // Suspension point #2
  println(a)

  return 0
}
```

如你所知，编译器会隐式地为每个挂起函数添加一个continuation参数。因此，Java字节码中的编译签名如代码清单6-63所示。注意，这是对CPS的转换，因为现在显式传递了continuation。假设此转换会应用于所有挂起函数。

代码清单6-63　第一步：添加Continuation参数

```
suspend fun suspending(c: Continuation<Int>): … { … }
```

现在原始返回类型被捕获作为continuation的泛型参数，这里为`Continuation<Int>`。表示continuation的“返回类型”。更确切地说，它成为`resume`函数可接收的类型，而`resume`函数又将其值传递到最后一个挂起点。函数名`resume`可以表示为一种直观感受：它是当continuation结束后程序恢复的值。如果这种直观感受能够帮助你的话，你就可以将这一行为想象成continuation的返回值。

此转换使用了下一步的内容：删除**suspend**修饰符，如代码清单6-64所示。挂起在方法内部由编译器生成的代码处理，如第四步（代码清单6-66）所述，并且恢复是通过传递continuation明确表示的。

代码清单6-64　第二步：移除suspend修饰符

```
fun suspending(c: Continuation<Int>): … { … }
```

接下来是修改返回类型。无论原始返回类型如何，编译器都会将返回类型更改为

Any?，如代码清单 6-65 所示。该返回类型实际上结合了原始返回类型和特殊返回类型 COROUTINE_SUSPENDED。但在 Kotlin 中并没有合适的联合类型[⊖]。使用原始返回类型允许挂起函数不被挂起，而是直接将结果返回。例如，如果异步结果已经可用。相反，COROUTINE_SUSPENDED 则表示该函数确实应该将执行挂起。

代码清单6-65 第三步：将返回类型修改为Any?

```
fun suspending(c: Continuation<Int>): Any? { … }
```

此时，你可能想知道编译器将什么内容作为 continuation 来进行传递。基本上，continuation 代表了其余需要执行的内容。例如，代码清单 6-62 产生了三个 continuation。

- 初始的 continuation 代表整个函数和函数内部的五行代码。
- 用于 delay（在挂起点 #1）的 continuation 包含了后续的四行代码，因为这些内容是计算的剩余内容。
- 在挂起点 #2 处，continuation 只包含其后保留的两行代码。此外，a 的当前值被捕获以便在恢复时仍然可用。这就是为什么你还可以将 continuation 视为在悬挂点捕获协程状态的对象。

通常情况下，在每个挂起点都可以获得一个 continuation，加上一个挂起函数本身（在这里是 3 个）。需要注意的是该示例使用了直接式顺序代码，没有显式地传递 continuation 而是由代码行顺序地隐式定义。

现在的问题变为编译器如何为三个挂起调用提供正确的 continuation。一种解决方案是将代码转换为基于回调的样式，如本章开头的代码清单 6-1 所示。但实际上并不是这样。相反，编译器为每个挂起函数生成一个状态机。在该状态机中每个暂停点都是一个状态，并且通过执行代码到下一个暂停点来实现状态转换。此状态机可以使编译器为每个挂起函数传递正确的 continuation。为此它创建了一个协程对象，该对象实现了 Continuation 并存储了程序上下文（如局部变量）和状态机的当前状态。然后将其用作每个挂起调用的 continuation。这样做的一个优点是状态机对象可以被函数中所有挂起调用所复用。因此它只需实例化一个状态机对象。代码清单 6-66 展示了该方法的简化版本，在实际的实现中还需要处理取消以及其他一些情况。

代码清单6-66 第四步：状态机（简化版）

```
fun suspending(c: Continuation<Int>): Any? {

  val stateMachine = object : CoroutineImpl(…)  // Implements Continuation

  when (stateMachine.state) {      // Three cases for three suspension points (states)
    is 0 -> {
```

⊖ 关于联合类型的有趣讨论：https：//discuss.kotlinlang.org/t/union-types/77。

```
            stateMachine.state = 1      // Updates current state
            delay(1000, stateMachine)   // Passes state machine as continuation
        }
        is 1 -> {
            val a = 17
            stateMachine.my$a = a       // Captures variable value
            stateMachine.state = 2      // Updates current state
            otherSuspend(stateMachine)  // Passes state machine as continuation
        }
        is 2 -> {
            val a = stateMachine.my$a   // Recovers value from context
            println(a)
            return 0
        }
    }
}
```

首先，stateMachine 对象表示初始的 continuation，该 continuation 包含了整个函数体。因此，该对象从状态零开始执行至第一个挂起点。在执行到挂起点之前它会更新当前状态以反映执行进度并且使用正确的 continuation 进行恢复。在执行完 delay 之后，continuation 会从状态中恢复，从而继续设置 a 的值。每次为之后所需的变量分配之后，会在状态机中捕获该值。类似的，在变量 a 用于状态二之前，其值会从 continuation 中恢复。

现在，你已经对在实践中如何使用协程以及协程的内部工作方式都有了深刻的理解。虽然在实际工作中并不一定会使用到协程，但是掌握基础概念知识对于理解事物实际工作方式以及如何解决开发过程中出现的问题非常有用。

6.3　本章小结

在本章中你深入了解了 Kotlin 中的协程，以及协程所基于的原理、使用场景和实现方式。协程是一个比较高级的话题，所以我们有必要回顾一下本章中的要点。还需要强调一下，使用协程会比使用其他异步方法方便得多。本章中需要牢记的主要内容如下。

- 并发性与并行性不同。
- 在概念上，协程是非常轻量级的线程。但协程不是真正的线程。每个线程都有可能拥有数百万个协程。
- Kotlin 中的协程是通用的，其涵盖了 async-await 和 future、生成器、并行性、懒惰序列、actor、类似 Go 语言中的 channel 和 select，以及生产者 – 消费者模式的使用场景。这些实现方式都很自然。
- 在使用协程的时候，你可以使用熟悉的顺序样式编写异步代码，包括所有控制流结构和自然的函数签名。

- 挂起函数增强了协程的能力。这些功能具有额外的巨大能力，可以在定义的明确的点（挂起点）挂起执行。
- 协程构建器可以带你进入挂起函数的世界。协程构建器创建了能够执行给定挂起 Lambda 的新协程。
    - `runBlocking` 用于 main 和 test 函数，起到连接普通世界和挂起世界的桥梁作用。
    - `launch` 用于没有返回值的“即发即弃”任务。
    - `async` 用于异步任务，通过 await 等待返回值。
    - `withContext` 允许在协程上下文之间进行切换，并且对于返回结果的调用，它是 async 的一个比较好的替代方案。
    - `future` 是 Java 8 中 `CompletableFuture` 的互操作协程构建器。
    - `actor` 用于创建具有额外输入 channel 的协程。
    - `produce` 用于创建具有额外输出 channel 的协程。
    - `buildSequence` 和 `buildIterator` 用于创建生成器。
- 有些 Android 库和其他 UI 框架可以促进并发。
- continuation 本质上是回调，但它可以存储协程在挂起点时的状态。
- 协程仅在执行期间会依附于特定的线程。暂停时它会独立于任何线程，并且在恢复时可能会使用不同的线程。

需要注意的是，Kotlin 对不可变性的关注对于并发代码来说尤为重要。同步问题源于共享的可变状态而非共享的不可变状态。类似的，private 的可变状态也不会出现任何问题。由于协程本身是按顺序执行的，因此你可以在协程中使用可变数据结构而不会引起同步问题。只有需要在协程之间共享状态时，才必须使用不可变类型或并发数据结构来避免出现同步问题。

协程是一个功能强大的工具。投入时间来了解其工作原理有助于减少开发时间和编写出更稳定的异步代码。即使不了解协程的所有内部工作原理，也能很容易地在实践中使用协程，并能编写出更自然的代码。

本章同样介绍了一些协程内部的工作原理，了解这些内容有助于参与社区讨论、理解 further 开发以及发现代码中的潜在问题。想要完整地介绍该主题需要一整本书的篇幅，但本章为你提供了有效理解和使用协程所需的工具。在接下来的两章中，你将会在开发两个 Android 应用程序的过程中将协程付诸实践。

第二部分 Part 2

使用 Kotlin 进行 Android 开发

Chapter 7 第7章

使用 Kotlin 进行 Android 应用程序开发：Kudoo App

不论你认为自己能否做到，你都是对的。

—— Henry Ford

本章首先说明了如何为 Android 创建一个 Kotlin 项目，并实现了一个简单的待办事项列表 App Kudoo。该 App 中用到了 Android 架构组件、`RecyclerView` 以及其他基础 Android 组件，以便你可以学习如何在 Kotlin 中使用它们。

7.1 在 Android 上配置 Kotlin

本节将带你完成第一个 Kotlin Android 应用程序所需的配置。你将学会如何修改 Gradle 配置文件，以及如何有效地利用 Android Studio 来帮助你用 Kotlin 完成 Android 项目的配置。

7.1.1 在 Android Studio 上使用 Kotlin

谷歌官方宣布 Android 已经全面支持 Kotlin 进行开发，并且已经在 Android Studio 3.0 以后的版本中预装 Kotlin 插件。这意味着，你不再需要单独为 Android 开发安装 Kotlin 插件。

7.1.2 自动生成 Gradle 配置

在开始配置 Gradle 前，你一定要注意，Android 项目中有两个不同的，但是名字都是

build.gradle 的构建文件。在本章以及第 8 章中，你必须能区分这两个 build.gradle 文件。

- 首先，项目的 build.gradle 文件位于项目的根目录中。你可以在 Android Studio 左侧默认的 Android 项目视图中找到它。
- 模块中的 build.gradle 文件更加重要，因为你会在接下来的两章中经常更改它。它位于项目根目录下的应用程序目录中。在 Android Studio 的 Android 项目视图中，你能在里面找到一个显示了所有 Gradle 脚本的地方，然后你可以在这个地方找到模块的 build.gradle 文件。如图 7-1 所示。

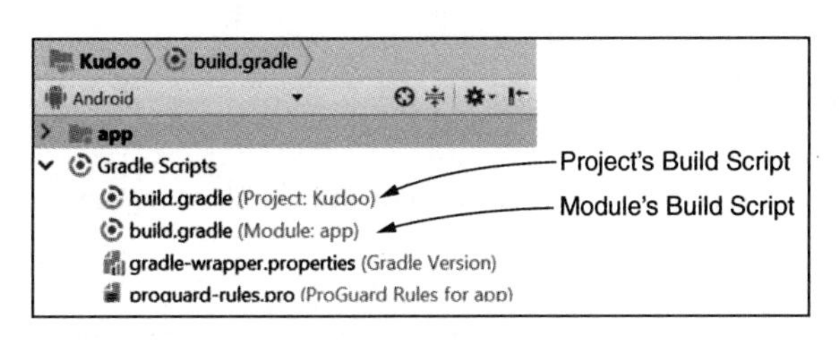

图 7-1　Gradle 构建脚本

在 Android studio 3.0 以后的版本中创建新项目的时候，Kotlin 会自动配置并激活。但是对于现有的 Java 项目，你需要调用 Android Studio 的操作，并在项目中配置 Kotlin 以执行必要的更改。

首先，Android Studio 将 kotlin-gradle-plugin 依赖添加到项目的 build.gradle 文件中。这个插件负责编译 Kotlin 源码。项目的 build.gradle 文件结构如代码清单 7-1 所示。

代码清单7-1　项目的build.gradle文件

```
buildscript {
  ext.kotlin_version = "1.2.60"  // Adjust to your current version
  // …
  dependencies {
    // …
    classpath "org.jetbrains.kotlin:kotlin-gradle-plugin:$kotlin_version"
  }
}
// …
```

其次，为了能够在模块中使用 Kotlin 标准库，Android Studio 将 Kotlin 标准库添加到了模块的 build.gradle 文件中。最后，Android Studio 把构建期间需要的插件 kotlin-android 添加到了 Android 中。

在 Android Studio 3.0 以后的版本中，kotlin-android-extensions 插件默认包括

在内，这个插件为 Android 开发带来了极大的便利，所以我建议在开发中使用它们。而且，它们在本书介绍的两个应用程序中都有使用到。模块中自动生成的 build.gradle 文件看起来和代码清单 7-2 类似。

代码清单7-2 模块的build.gradle文件

```
apply plugin "com.android.application"
apply plugin "kotlin-android"
apply plugin "kotlin-android-extensions"  // Recommended

...

dependencies {
    ...
    implementation "org.jetbrains.kotlin:kotlin-stdlib:$kotlin_version"
  }
}
```

小贴士

如果你使用的是 Android Studio 的默认按键，你可以使用 Ctrl + Shift + A（在 Mac 上使用 Cmd + Shift +A）来调用 Find Action 命令。然后你可以在这里输入你想要执行的操作的名称，如“configure kotlin”，并且执行操作[⊖]。

你可以通过在 Android Studio 中使用模糊搜索来改进你的工作流，这样你可以只输入每个单词的首字母来查找需要的操作，例如你可以通过输入“ckip”来查找 Configure Koltin in Project。这样的模糊搜索适用于 Android Studio（以及 IntelliJ IDEA）的所有搜索面板。

7.1.3 修改 Gradle 配置

如果你想将 Kotlin 源码文件单独分离到一个目录中，例如 src/main/kotlin 中，那么你需要将代码清单 7-3 中的代码添加到应用模块的 build.gradle 文件中，以便让 Android Studio 知道在该目录下索引源码。另外，你也可以如本书中所做的那样，将 Kotlin 源码文件放在 src/main/java 中。

代码清单7-3 将单独的Kotlin源目录添加到Gradle（可选的）

```
android {
  ...
```

⊖ https://developer.android.com/studio/intro/keyboard-shortcuts。

```
  sourceSets {
    main.java.srcDirs += "src/main/kotlin"
  }
}
```

如果你不需要 JDK 6 而是将 JDK 7 或 JDK 8 作为应用程序的目标语言，那么你可以使用代码清单 7-4 中的依赖方式代替代码清单 7-2 中的依赖。新的依赖方式增加了 JDK 7 或 JDK 8 中引入的 API 的附加扩展。目标 JDK 版本可以在 Android Studio 的设置中的 Kotlin Compiler 这一栏下更改。

代码清单7-4　针对JDK 7或JDK 8的依赖方式

```
implementation "org.jetbrains.kotlin:kotlin-stdlib-jdk7:$kotlin_version"  // JDK 7
implementation "org.jetbrains.kotlin:kotlin-stdlib-jdk8:$kotlin_version"  // JDK 8
```

同样的，如果你需要使用 Kotlin 的反射或者单元测试 API，那你还需要添加如代码清单 7-5 的依赖项。

代码清单7-5　Kotlin反射和单元测试库的依赖

```
implementation "org.jetbrains.kotlin:kotlin-reflect:$kotlin_version"
testImplementation "org.jetbrains.kotlin:kotlin-test:$kotlin_version"
testImplementation "org.jetbrains.kotlin:kotlin-test-junit:$kotlin_version"
```

其他的依赖可以通过同样的方式添加。但是这些已经包含了你想使用的与 Android 相关的 Kotlin 基础依赖。

7.1.4　使用注解处理器

如果你使用了包含注解处理器的库（如用于依赖注入的 Dagger），那么你必须做一些额外的配置，以便让它们能够与 Koltin 类一起工作。如代码清单 7-6 所示，你需要用 Kotlin 的 `kapt` 插件替换用于注解处理器的 `android-apt` 插件。

代码清单7-6　为注解处理器配置kapt（如：Dagger2）

```
apply plugin: 'kotlin-kapt'  // Enables kapt for annotation processing
// …

dependencies {
  implementation 'com.google.dagger:dagger:2.17'
  kapt 'com.google.dagger:dagger-compiler:2.17'   // Uses kapt
}
```

上述代码中，第一步启用代替了 `android-apt` 进行注解处理的插件 `kotlin-kapt`，我们将用它处理 Java 文件中的注释，所以可以删除其他的 `apt` 依赖，然后用 `kapt` 代替，如代码清单 7-6 中的 dagger-compile。其他非注解处理器依赖还是像往常一样添加。

如果要在 test 和 androidTest 的源码中处理注解，你可以使用更专业的 kapt-test 和 kaptAndroidTest 来添加需要的依赖项。任何使用 kapt 配置的依赖项都自动包含了 kapt-test 和 kaptAndroidTest，因此我们不需要重复引用，只需要通过 kapt 添加依赖就可以在测试和生产代码中同时使用。

7.1.5 把 Java 代码转换成 Kotlin

如果你不是从一个全新的 Kotlin 项目开始，而是想将 Kotlin 引入一个已有的 Java 项目进行混合开发。你可以这样做：首先，在项目中配置 Kotlin 支持；之后，你可以利用 Java 到 Kotlin 转换器将现有的 Java 文件转换成 Kotlin 文件，转换器可以在 Code 菜单下的 Convert Java File to Kotlin File 找到，或者使用快捷键 Ctrl+Shift +A（Mac 上使用 Cmd+Shift +A），并输入"cjtk"（该指令用来将 Java 转换成 Kotlin）找到相同的操作并且执行。

注意，在很多情况下，你可能希望保留 Java 的原始文件，特别是在生产环境的应用程序上。所以建议你先将 Kotlin 引入现有的应用程序，然后逐步地在非关键业务部分进行小步转换。第 10 章涵盖了将 Java 应用程序迁移到 Kotlin 过程的最佳实践。

> **注意**
>
> 自动转换成 Kotlin 的代码质量可能不太理想。例如，转换过来的代码可能无法使用合适的 Koltin 语言特性。虽然自动转换对于使用 Kotlin 基础语法和特性很有帮助，但是它不能为你提供全部的 Kotlin 特性。

总之，Android Studio 3.0 及以后版本对 Kotlin 提供了强大的支持，并且对于一般的 Kotlin 工程简化了手工配置的内容。你可以直接使用 Kotlin 并将其集成到现有的 Java 项目中。Android Studio 为你的工作流程提供了支持，使你能够很方便地进行诸如 Gradle 构建或将 Java 文件转换为 Kotlin 文件的工作。

7.2 编写待办事项列表应用 Kudoo

是时候用 Kotlin 编写第一个应用程序 Kudoo 了。这个简单的待办事项列表的应用允许用户创建待办事项，并且在用户完成事项后进行检查。虽然这个应用的功能比较简单，但是它已经使用了几个基本的 Android 组件和 Kotlin 的语言特性。最重要的是：

- 使用了 Android **架构组件**，将应用进行了分层，并且减少了各个层级之间的耦合。
- 使用 Recycler View 提高了列表视图的性能。
- 使用了 Kotlin Android Extension 插件来代替 findViewById 方法去获取 View。

- 通过 Intent 在不同的 activity 之间共享数据。
- 使用了**协程**进行数据库操作。

图 7-2 展示了已开发完成的 Kudoo。

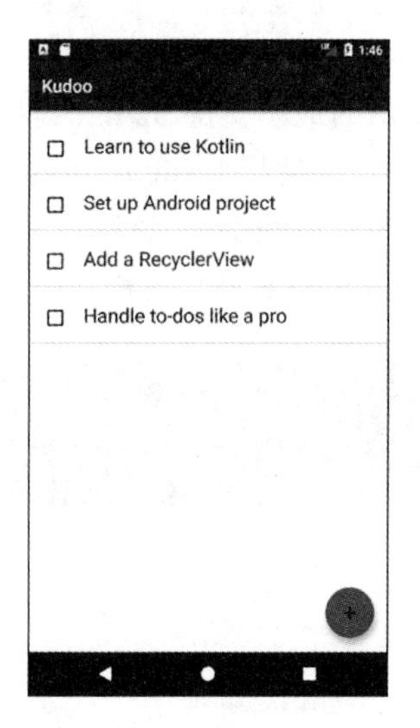

图 7-2　你将在本章编写完成的待办事项应用程序

让我们开始创建一个带有基本 activity 的项目吧。

7.2.1　创建项目

在 file 菜单下，选择 New 下的 New Project，如图 7-3 所示，将应用命名为 Kudoo，然后填入任意唯一的公司域名。如果没有公司域名，你也不需要将应用发布到 Play Store，你可以使用 `example.com`。最后勾选 Include Kotlin support。

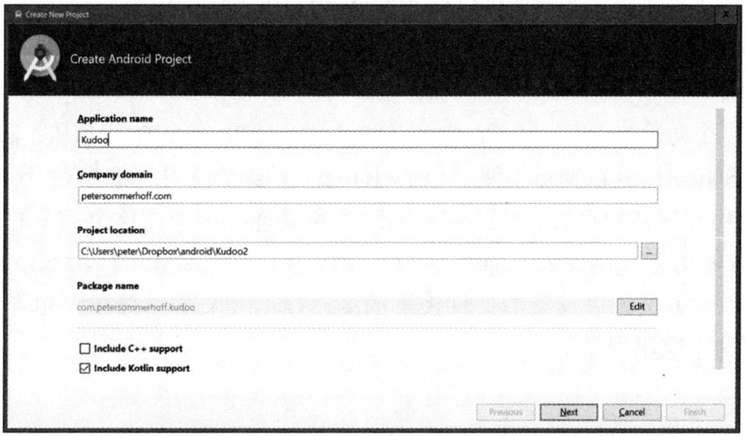

图 7-3　新建一个 Android 项目的截图

注意

如果以下的截图和你使用的 Android Studio 最新版有不同的地方，请按照 Android 开发者网站[1]的最新说明去创建一个带有基本 activity 且支持 Kotlin 的项目。

点击 Next 后，你可以使用默认的最小支持 SDK（编写本书时是 API 19）来选择 Phone & Tablet 选项。然后再次点击 Next，并选择 Basic Acitivity（不要选择 Empty Activity）作为模板。再次点击 Next 并保留默认值，以便生成 `MainActivity.kt` 和它的布局文件（参见图 7-4）。最后点击 Finish，Android Studio 将会设置并构建你的项目。

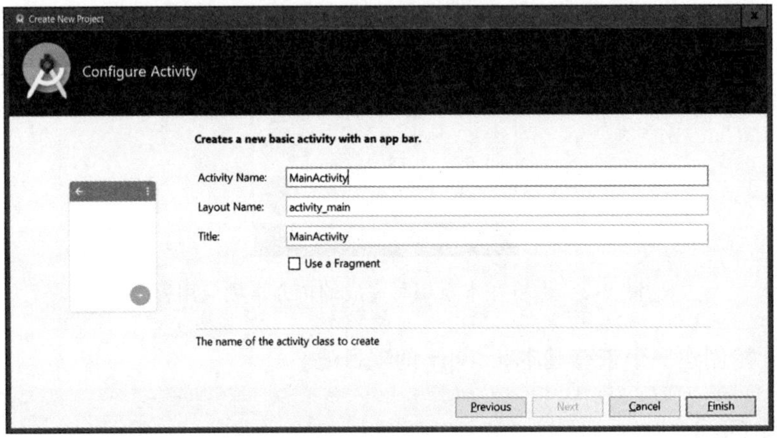

图 7-4 创建 MainActivity 和它的布局文件

配置完成后，你可以使用 Ctrl+Shift+N（在 Mac 上使用 Cmd+Shift+O），然后输入 `build.gradle` 或者在 Android 项目视图中找到模块的 build.gradle 文件，查看该文件是否配置正确，如图 7-1 所示。你应该可以在 gradle 文件中看到下面两行：

```
apply plugin: 'kotlin-android'
apply plugin: 'kotlin-android-extensions'
```

现在你有一个初始的应用程序了，你可以创建一个 Android AVD[2]虚拟机，然后通过绿色的按钮或者使用 Shift + F10（在 Mac 上使用 Ctrl + R）去启动这个应用，以确保程序能够正常运行。

要完成应用程序初始模板，你还需要删除菜单功能，因为在这个简单的应用程序中你不需要用到菜单功能。你需要在 `MainActivity.kt` 中删除 `onCreateOptionsMenu` 和 `OnOptionsItem` 方法，以及资源文件夹下的 `res/menu` 文件。现在大功告成，我们可以开始正式编写这个应用程序了。

[1] https://developer.android.com/studio/projects/create-project。

[2] 设置虚拟设备：https://developer.android.com/studio/run/managing-avds。

注意

如果你想把该应用托管到 git 上，你可以访问 .gitignore.io 为 .gitignore 文件生成内容。我建议你可以使用 Android、Android Studio、Kotlin、Java[⊖]作为配置项来生成内容。

在创建项目的时候，Android Studio 已经为你自动创建了一个 .gitignore 文件，因为它不会显示在 Android 的项目视图中，所以你可以使用 Ctrl+Shift+N（Mac 上使用 Cmd+Shift+O）然后输入 .gitignore 来查找到它，并且选择根目录中后缀为（Kudoo）的那个，并且把里面的内容替换成 gitignore.io 中生成的内容。最后你还需要在 Android Studio 中使用 Alt+F12 打开终端，输入命令 `git init` 来初始化 git。

Kudoo 应用的所有代码都托管在 github[⊜]上，并且我们在仓库中为应用的每个工作状态都创建了一个目录以对应书中每个部分的结果。因此，如果你的应用程序出现了错误，并且无法解决的时候，你可以去 github 找到对应的目录然后一一比对来解决。但是，你在阅读本章和第 8 章的时候，一定要自己动手来编写这个应用程序，因为只有这样，你才能有更大的收获。

7.2.2　添加 RecyclerView

Kudoo 应用程序中最重要的元素是使用 `RecyclerView` 实现的待办事项列表。`RecyclerView` 是一个列表控件，它通过复用显示列表所需要的视图对象来避免长列表的延迟。实现一个基本的 `RecyclerView` 并且向它提供一些需要显示的数据，是开发这个应用程序的一个好的开始。以下是实现这一点所需要的详细步骤：

1. 首先，在 XML 文件中创建和调整必要的布局。
2. 创建一个简单的 to-do item 类，来表示每个列表中显示的数据。
3. 实现用于向 `RecyclerView` 提供数据的 adapter。
4. 在 `MainActivity` 中设置 `RecyclerView`。

设置 RecyclerView 布局

因为在项目初始化的时候选择了 Basic Activity，所以在 `res/layout` 目录下有一个 `activity-main.xml` 布局文件，这个布局文件包含了另外一个布局文件 content_main.xml。在 `content_main.xml` 中，将 `TextView` 替换为 `RecyclerView`，这样布局看起来就和图 7-7 一样了。

代码清单7-7　RecyclerView布局

```
<android.support.constraint.ConstraintLayout
    app:layout_behavior="@string/appbar_scrolling_view_behavior" …>
```

⊖ https://www.gitignore.io/api/java%2ckottion%2landroid%2candroidstudio。

⊜ https://github.com/petersommerhoff/kudoo-app。

```
    <android.support.v7.widget.RecyclerView
        android:id="@+id/recyclerViewTodos"
        android:scrollbars="vertical"
        android:layout_width="match_parent"
        android:layout_height="match_parent" />
</android.support.constraint.ConstraintLayout>
```

在上述代码中，RecyclerView 将占用父容器的所有高度和宽度，从而能够有效地占满整个屏幕。注意，由于 ConstrainLayout 是 CoordinaterLayout 的子布局，所以我们可以通过设置 layoutbehavior 属性让它可以在数据列表超过屏幕长度时进行滚动。

注意

如果 RecyclerView 不能使用，请检查模块的依赖中是否引入了 Design Support 库：implementation 'com.android.support:design:27.1.1'。

接下来，让我们为 RecyclerView 的每一个列表项创建需要用到的布局。这个布局需要用 TextView 来显示待办事项列表的标题，在 TextView 的旁边还需要一个 CheckBox 来标记选中状态。在 res/layout 下创建一个名为 todo_item.xml 的新布局文件。然后把代码清单 7-8 中简单的 LinearLayout 布局代码添加到新创建的布局文件中去。

代码清单7-8 RecyclerView列表项的布局

```
<?xml version="1.0" encoding="utf-8"?>
<LinearLayout xmlns:android="http://schemas.android.com/apk/res/android"
    android:layout_width="match_parent"
    android:layout_height="wrap_content"
    android:orientation="horizontal">

    <CheckBox
        android:id="@+id/cbTodoDone"
        android:layout_width="wrap_content"
        android:layout_height="wrap_content"
        android:layout_marginStart="@dimen/margin_medium" />

    <TextView
        android:id="@+id/tvTodoTitle"
        android:layout_width="match_parent"
        android:layout_height="wrap_content"
        android:padding="@dimen/padding_large"
        android:textSize="@dimen/font_large" />

</LinearLayout>
```

如果要添加缺少的尺寸资源（以 @dimen 开头的尺寸资源），请将光标移动到需要尺寸资源的位置，然后按 Alt+Enter 并点击出现的建议操作“Create dimen value resource”。margin_medium 和 Padding_Large 的值应为 16dp，font_large 的值应为 22sp。或者你可以手动将这些属性添加到 res/values/dimens.xml[⊖]文件中。

注意

Android 使用了多种资源类型。Dimensions 只是其中之一，还有 string、layout 和 drawable。它们都位于 res 目录，dimension 和 string 这些简单的资源位于 res/values 子目录中。查看 res/value 中的文件，你会发现它们的基本结构相同。除了使用 Android Studio 的快捷操作添加资源外，你还可以手动修改这些文件来添加资源。

为了能在代码中访问，所有资源都会生成 ID 然后存在 R 类中，比如 R.string.enter_todo 或 R.layout.activity_main。

这些就是目前所需要的全部布局，现在你可以从 model 开始，逐渐深入到实际的 Kotlin 代码中去。

Model

model 表示应用程序中使用的实体。这个应用程序一共使用了一个 model，我们用它来表示待办事项列表中的列表项。我们可以用 Kotlin 中的 data class 去极大地简化 model 的声明，如代码清单 7-9 所示。然后我们把这个类直接放入 kudoo 包的新的 model 文件夹下。

代码清单7-9　TodoItem数据类

```
data class TodoItem(val title: String)
```

这个只包含标题的简单的待办事项 model 就是这个应用程序所需要的所有 model。

RecyclerView 适配器

使用 RecyclerView 的主要工作都在实现相应的适配器上。适配器为 RecyclerView 的列表项提供数据，并处理视图的复用。RecyclerView 提高性能的方法是：重复使用所谓 View Holder 中已经存在的视图，以避免创建新的对象，更重要的是避免为这些视图增加布局。相反，一个普通的 ListView 会为每个列表项创建和扩充布局，并且不会重复利用。

第一步是添加一个名为 view 的新包，并在该包中添加一个名为 main 的子包（在 Android Studio 中可以通过在创建包对话框中输入 view.main 作为包名的方式来实现这样的包结构）。接着在 main 子包中添加一个名为 RecyclerListAdapter 的 Kotlin 类，该类如代码清单 7-10 所示。如果在创建工程的时候使用 example.com 作为公司域名的话，

⊖ https://github.com/petersommerhoff/kudoo-app/blob/master/01_AddingRecyclerView/app/src/main/res/values/dimens.xml。

此时包名应为 com.example.kudoo.view.main。

代码清单7-10 RecyclerListAdapter签名

```
import android.support.v7.widget.RecyclerView
import com.example.kudoo.model.TodoItem

class RecyclerListAdapter(
    private val items: MutableList<TodoItem>
) : RecyclerView.Adapter<RecyclerListAdapter.ViewHolder>() { // ViewHolder impl. next
  // …
}
```

由于 RecyclerView 将显示待办事项并且用户可以在列表中添加或删除项目，因此该适配器中拥有一个用于在 RecyclerView 中显示的数据集合 MutableList<TodoItem>。

该类继承了 Android 的 RecyclerView.Adapter 类并重写了以下三个方法：

1. onCreateViewHolder 方法：该方法用来创建一个 ViewHolder 对象，该对象用于保存单个列表项的所有 view。此例中的 view 包括一个 TextView 和一个 CheckBox。如上所述，RecyclerView 会复用这些 view 对象以避免因创建不必要的对象和布局填充所带来的巨大开销。

2. onBindViewHolder 方法：该方法将给定的 TodoItem 与 ViewHolder 进行绑定。也就是说，该适配器会使用 TodoItem 中的数据来填充 view。这里用于在 TextView 中显示待办事项的标题。

3. getItemCount 方法：该方法用来返回列表中的成员数量。

常见的用法是添加一个实现了 RecyclerView 的自定义 ViewHolder。ViewHolder 是该适配器的内部类。ViewHolder 类使用单个列表项的方式持有所有的 view（TextView 和 CheckBox），并且知道如何将这些 view 与 TodoItem 绑定。代码清单 7-11 实现了此 App 中的 ViewHolder。

代码清单7-11 自定义ViewHolder

```
import android.support.v7.widget.RecyclerView
import android.view.View
import android.widget.*
import com.example.kudoo.R
import com.example.kudoo.model.TodoItem

class RecyclerListAdapter(…) : … {
  // …
  class ViewHolder(listItemView: View) : RecyclerView.ViewHolder(listItemView) {
    // ViewHolder stores all views it needs (only calls 'findViewById' once)
    val tvTodoTitle: TextView = listItemView.findViewById(R.id.tvTodoTitle)
```

```
      fun bindItem(todoItem: TodoItem) {   // Binds a to-do item to the views
        tvTodoTitle.text = todoItem.title  // Populates the text view with the to-do
        cbTodoDone.isChecked = false  // To-do items are always 'not done' (or deleted)
      }
    }
  }
```

ViewHolder 仅在初始化的时候调用了一次 findViewById 方法，之后会缓存所有的 view。这也是 RecyclerView 相较于旧的 ListView 在提高性能上所做的部分改进。ViewHolder 使用 bindItem 方法将所需的数据填充到不断复用的 view 对象中，从而避免执行那些开销较大的操作。

因 ViewHolder 类不是 LayoutContainer 的子类，所以必须使用 findViewById 方法来获取布局文件中的 view。可以使用 Kotlin Android 扩展通过启用实验性功能（实验并不意味着不稳定）来更改此设置。将代码清单 7-12 中的代码添加到模块的 build.gradle 文件中并同步项目即可。可以将代码放在 dependencies {…} 部分的下面。

代码清单7-12　启用实验性的Kotlin Android扩展

```
androidExtensions {
    experimental = true
}
```

设置完成后，就可以通过让 ViewHolder 类实现 LayoutContainer 接口来免于使用 findViewById 方法，如代码清单 7-13 所示。实现此接口需要重写 containerView 属性，这个属性也就是代码清单 7-11 中的 listItemView。因此，可以直接在构造函数的参数中重写。然后就可以通过使用在 XML 布局文件中设置的 ID 来直接访问 UI 元素，此例中为 tvTodoTitle 和 dbTodoDone。无须调用 findViewById 方法就能访问 UI 元素的特性是由 Kotlin Android 扩展实现的，这也是为什么很多人喜欢使用 Kotlin 来开发 Android 应用的原因。

代码清单7-13　在ViewHolder中无须使用findViewById方法

```
// … (imports from before here)
import kotlinx.android.extensions.LayoutContainer
import kotlinx.android.synthetic.main.todo_item.*  // Note synthetic import

class RecyclerListAdapter(…) : … {
  // …
  class ViewHolder(
      override val containerView: View  // Overrides property from LayoutContainer
  ) : RecyclerView.ViewHolder(containerView), LayoutContainer {

    fun bindItem(todoItem: TodoItem) {
      tvTodoTitle.text = todoItem.title  // Still calls findViewById only once
```

```
      cbTodoDone.isChecked = false
    }
  }
}
```

LayoutContainer类同样也会缓存所有的view，只是不太直观。可以通过查看反编译后的Java代码来了解这种现象。要想反编译代码可以使用组合快捷键Ctrl+Shift+A（Cmd+Shift+A），输入“Show Kotlin Bytecode”或使用缩写“skb”，然后点击Decompile按钮。或者使用“Tools”菜单中“Kotlin”子菜单下的“Show Kotlin Bytecode”选项。

接下来需要重写上述提到的适配器中的三个方法。首先，onCreateViewHolder方法必须创建一个ViewHolder对象，然后使用之前创建的列表项布局（todo_item.xml）来填充view对象的布局。通常使用LayoutInflater类来完成，如代码清单7-14所示。

代码清单7-14 RecyclerListAdapter.onCreateViewHolder()

```
// … (imports from before)
import android.view.LayoutInflater
import android.view.ViewGroup

class RecyclerListAdapter(…) : … {
  // …
  override fun onCreateViewHolder(parent: ViewGroup, layoutId: Int): ViewHolder {
    val itemView: View = LayoutInflater.from(parent.context)
        .inflate(R.layout.todo_item, parent, false) // Creates a list item view
    return ViewHolder(itemView)                     // Creates a view holder for it
  }
}
```

上述代码中首先通过填充列表项布局创建了一个新的（列表项的）view。因inflate方法中的第三个参数为**false**，所以不会将该view添加到父view中。然后将该view传给ViewHolder，使ViewHolder可以开始对这个view进行管理并对该view进行复用。

接下来是onBindViewHolder方法，它用来将给定的TodoItem与ViewHolder进行绑定。该绑定逻辑已经在ViewHolder.bindItem方法中实现，只需简单地调用一下该方法即可，如代码清单7-15所示。将onBindViewHolder方法与onCreateViewHolder方法一同放入RecyclerListAdapter类中。

代码清单7-15 RecyclerListAdapter.onBindViewHolder()

```
override fun onBindViewHolder(holder: ViewHolder, position: Int) {
  holder.bindItem(items[position])  // Populates the list item with to-do data
}
```

最后，getItemCount方法是最容易实现的，因为在RecyclerView中需要呈现的待办事项的数量应该与传到该适配器中的数量相同。如代码清单 7-16 所示。该方法也需要放入 RecyclerListAdapter 类中。

代码清单7-16　RecyclerListAdapter.getItemCount()

```
override fun getItemCount() = items.size
```

将上述完成的内容放在一起后，RecyclerListAdapter 类现在看起来应该如代码清单 7-17 所示。

代码清单7-17　完成RecyclerListAdapter类

```
import android.support.v7.widget.RecyclerView
import android.view.*
import com.example.kudoo.R
import com.example.kudoo.model.TodoItem
import kotlinx.android.extensions.LayoutContainer
import kotlinx.android.synthetic.main.todo_item.*

class RecyclerListAdapter(
    private val items: MutableList<TodoItem>
) : RecyclerView.Adapter<RecyclerListAdapter.ViewHolder>() {

  override fun onCreateViewHolder(parent: ViewGroup, layoutId: Int): ViewHolder {
    val itemView: View = LayoutInflater.from(parent.context)
        .inflate(R.layout.todo_item, parent, false)
    return ViewHolder(itemView)
  }

  override fun getItemCount() = items.size

  override fun onBindViewHolder(holder: ViewHolder, position: Int) {
    holder.bindItem(items[position])
  }

  class ViewHolder(
      override val containerView: View
  ) : RecyclerView.ViewHolder(containerView), LayoutContainer {

    fun bindItem(todoItem: TodoItem) {
      tvTodoTitle.text = todoItem.title
      cbTodoDone.isChecked = false
    }
  }
}
```

MainActivity

RecyclerView 准备好后，现在需要在 MainActivity 类中对它进行设置并使用示例数据来填充它。感谢 Kotlin Android 扩展，它使得访问 RecyclerView 只需直接使用布局 ID，而无须使用 findViewById 方法。如代码清单 7-18 所示。

代码清单7-18 为RecyclerView设置Adapter

```
// … (imports from before)
import android.support.v7.widget.*
import com.example.kudoo.model.TodoItem
import com.example.kudoo.view.main.RecyclerListAdapter
import kotlinx.android.synthetic.main.activity_main.*  // From Kotlin Android Ext.
import kotlinx.android.synthetic.main.content_main.*   // From Kotlin Android Ext.

class MainActivity : AppCompatActivity() {
  // …
  private fun setUpRecyclerView() = with(recyclerViewTodos) {
    adapter = RecyclerListAdapter(sampleData())  // Populates adapter/list with data
    layoutManager = LinearLayoutManager(this@MainActivity)  // Uses linear layout
    itemAnimator = DefaultItemAnimator()         // Optional layout niceties
    addItemDecoration(
        DividerItemDecoration(this@MainActivity, DividerItemDecoration.VERTICAL))
  }

  private fun sampleData() = mutableListOf(
      TodoItem("Implement RecyclerView"),
      TodoItem("Store to-dos in database"),
      TodoItem("Delete to-dos on click")
  )
}
```

在 setUpRecyclerView 方法中，将 RecyclerListAdapter 实例赋给 adapter，并将要显示的待办事项列表传到 RecyclerListAdapter 中。接下来使用 LinearLayoutManager 将列表设置为垂直布局。可选的内容为：使用 itemAnimator 来添加删除事项时的动画，以及使用 DividerItemDecoration 来为每个事项添加分割线。需要留意此代码是如何使用 with 函数和简写函数语法来实现的。

注意

即使无法找到合成属性也不要使用导入 R.id.recyclerViewTodos 的方式来进行替代。如果 Android Studio 将这些引用标记为红色，可使用 Ctrl+F9（在 Mac 上使用 Cmd+F9）或运行应用程序来重新构建项目。

> Android Studio 在自动补全时会使用（Android 扩展）后缀来导入正确的内容。如导入 kotlinx.android.synthetic.main.content_main.*。

此时，只需在 onCreate 方法中调用 setUpRecyclerView 方法就能在 App 中显示三条待办事项示例。如代码清单 7-19 所示。

代码清单7-19 调整onCreate方法

```
override fun onCreate(savedInstanceState: Bundle?) {
  // …
  setUpRecyclerView()
}
```

到目前为止最核心的组件已经准备就绪，但是数据还是以硬编码的方式写在 MainActivity 中。下一步将通过使用 Room 从 SQLite 数据库中检索数据的方式来替换硬编码的内容。

7.2.3 添加 Room 数据库

在本节中，你将会在该 App 中集成 Android 架构组件。自从该架构组件库在 2017 年的 Google I/O 大会上提出后，迅速得到了广泛的应用。Room 是一个处理数据库访问的组件，极大简化了 SQLite 的使用。之后还将集成 ViewModel 和 LiveData 这两个架构组件。

为了能够使用 Room，你需要将代码清单 7-20 中的依赖项添加到模块的 build.gradle 文件中（还可以将依赖项的版本号提取到工程的 build.gradle 文件中）。

代码清单7-20 添加Room依赖

```
dependencies {
    // …
    def room_version = "1.1.1"  // Use latest version 1.x if you want
    implementation "android.arch.persistence.room:runtime:$room_version"
    kapt "android.arch.persistence.room:compiler:$room_version"
}
```

在使用 Kotlin 时应使用 kapt 而非 annotationProcessor，并且在 build.gradle 文件的顶部添加相应的插件，如代码清单 7-21 所示。

代码清单7-21 启用Kotlin Annotation Processor插件

```
apply plugin: 'kotlin-android-extensions'  // Should already exist
apply plugin: 'kotlin-kapt'                // Added now for annotation processing
```

Room 可以很容易地将模型存储到数据库中，但必须先告诉 Room 需要存储哪些模型。

对于此 App，只需将 TodoItem 类映射到数据库中。需要给 TodoItem 类添加 @Entity 注解来告知 Room 需要对该类进行映射。此外，要想唯一标识数据库中的每个待办事项，需要使用 @PrimaryKey 注解。代码清单 7-22 展示了调整后的模型。

代码清单7-22 TodoItem作为实体

```
import android.arch.persistence.room.Entity
import android.arch.persistence.room.PrimaryKey

@Entity(tableName = "todos")        // Indicates that this is a database entity
data class TodoItem(val title: String) {
  @PrimaryKey(autoGenerate = true)  // Unique primary key must identify an object
  var id: Long = 0                  // 0 is considered 'not set' by Room
}
```

在 @Entity 中，可以为关联的数据库表指定名称，这里指定表名为 todos。使用 id 属性作为主键。当设置 autoGenerate = **true** 时，Room 会自动生成这些 ID。以自增加 1 的方式来为每个记录设置 ID。请注意，在初始化时将 ID 设置为零，因为 Room 会将零视为未设置的情况，所以允许其将自身设置为自动生成该值。

仅通过这几行代码，Room 获得了将 TodoItem 对象映射到数据库表所需的所有信息。接下来是使用数据访问对象（Data Access Object，DAO）来访问该表。DAO 是所有数据库操作的访问点，也将由 Room 来生成。你应该定义一个接口，该接口包含需要执行的操作和查询。如代码清单 7-23 所示。将 TodoItemDao 类放入新的 db 包，并将该包直接置于 kuddo 包下。

代码清单7-23 用来访问数据库的TodoItemDao类

```
import android.arch.persistence.room.*
import android.arch.persistence.room.OnConflictStrategy.IGNORE
import com.example.kudoo.model.TodoItem

@Dao
interface TodoItemDao {
  @Query("SELECT * FROM todos")
  fun loadAllTodos(): List<TodoItem>  // Allows retrieving all to-do items

  @Insert(onConflict = IGNORE)        // Does nothing if entry with ID already exists
  fun insertTodo(todo: TodoItem)      // Allows inserting a new to-do item

  @Delete
  fun deleteTodo(todo: TodoItem)      // Allows deleting an existing to-do item
}
```

通过使用注解 @Dao 来标记接口，使得 Room 能够为标记的接口生成实现。在 DAO 内部可以使用 @Query、@Insert、@Update 以及 @Delete 注解。其中，无须对后三者做进一步的设置。可以为 @Insert 和 @Update 注解设置冲突时的解决策略，该策略定义了当存在具有相同 ID 元素时 Room 的处理方式。@Query 注解可用于查询数据库。在这个项目中只需要查询并加载所有的待办事项。Room 会在编译时对查询进行验证，同时 Android Studio 也会立即对查询进行分析并提供快速的反馈环。

实现数据库内容的最后一步是实现 RoomDatabase。这需要使用继承了 RoomDatabase 类的抽象类来完成，并使用 @Database 注解进行标记，并对外提供它的实例。在代码清单 7-24 中，AppDatabase 类就扮演了这样的角色。这个类也同样被放在 db 包中。

代码清单7-24　AppDatabase类

```
import android.arch.persistence.room.*
import android.content.Context  // Needs access to Android context to build DB object
import com.example.kudoo.model.TodoItem

@Database(entities = [TodoItem::class], version = 1)  // TodoItem is only DB entity
abstract class AppDatabase : RoomDatabase() {

  companion object {
    private var INSTANCE: AppDatabase? = null

    fun getDatabase(ctx: Context): AppDatabase {      // Builds and caches DB object
      if (INSTANCE == null) {
        INSTANCE = Room.databaseBuilder(ctx, AppDatabase::class.java, "AppDatabase")
            .build()
      }
      return INSTANCE!!
    }
  }

  abstract fun todoItemDao(): TodoItemDao  // Triggers Room to provide an impl.
}
```

被 @Database 注解标记的类需要包含数据库中所有的实体和数据库版本号。每当数据库改变时，都需要同时增加该版本号。

让我们回想一下与像 Java 这样的编程语言中的静态成员工作方式相似的伴生对象成员。AppDatabase 类将自身的实例缓存在私有的 INSTANCE 属性中，该属性在首次访问时会被懒惰地初始化。此初始化通过使用 Room 的数据库构建器来构建抽象 AppDatabase 类。最后为要访问此数据库的所有 DAO 添加抽象方法。这里只需 TodoItemDao 即可。

通过以上内容，数据已经被正确配置并可以在 MainActivity 中使用。不过目前在数据库中没有任何数据。填充数据库而不会产生脏数据的方法就是在数据库实例化时添加回调方法。回调方法允许重写其中的 onCreate 方法并在创建数据库时执行该方法，因此可以在该方法中为数据库添加数据。代码清单 7-25 展示了调整后的伴生对象代码。这些代码只是临时使用，直到用户可以自行创建待办事项为止。

代码清单7-25 为AppDatabase添加数据

```
// … (imports from before)
import android.arch.persistence.db.SupportSQLiteDatabase
import kotlinx.coroutines.experimental.*

val DB = newSingleThreadContext("DB")  // CoroutineContext for DB operations

@Database(entities = [TodoItem::class], version = 1)
abstract class AppDatabase : RoomDatabase() {

  companion object {
    private var INSTANCE: AppDatabase? = null

    fun getDatabase(ctx: Context): AppDatabase {
      if (INSTANCE == null) {
        INSTANCE = Room.databaseBuilder(ctx, AppDatabase::class.java, "AppDatabase")
            .addCallback(prepopulateCallback(ctx))  // Adds callback to database
            .build()
      }

      return INSTANCE!!
    }

    private fun prepopulateCallback(ctx: Context): Callback {
      return object : Callback() {
        override fun onCreate(db: SupportSQLiteDatabase) {  // Uses onCreate callback
          super.onCreate(db)
          populateWithSampleData(ctx)
        }
      }
    }

    private fun populateWithSampleData(ctx: Context) {  // Adds sample data to DB
      launch(DB) {  // DB operations must be done on a background thread
        with(getDatabase(ctx).todoItemDao()) {  // Uses DAO to insert items into DB
          insertTodo(TodoItem("Create entity"))
          insertTodo(TodoItem("Add a DAO for data access"))
```

```
          insertTodo(TodoItem("Inherit from RoomDatabase"))
        }
      }
    }
  }

  abstract fun todoItemDao(): TodoItemDao
}
```

上述代码继承了 Room 的 Callback 接口并重写了其中的 onCreate 方法来为数据库添加数据。添加数据是一种数据库操作，所以必须在后台线程中执行。如你所见，上述代码使用 launch {…} 代码块在后台执行数据库操作。由于 CommonPool 用于 CPU 绑定操作，所以需要使用专门的单线程上下文进行数据库操作。要想让上述代码生效，需要在模块的 build.gradle 文件中添加 coroutine 依赖，如代码清单 7-26 所示。

代码清单7-26　添加Kotlin coroutine的gradle依赖

```
def coroutines_version = "0.24.0"  // Use latest version if you want
implementation "org.jetbrains.kotlinx:kotlinx-coroutines-core:$coroutines_version"
implementation "org.jetbrains.kotlinx:kotlinx-coroutines-android:$coroutines_version"
```

至此数据库设置完成并会在首次创建时自动添加数据。接下来需要在 MainActivity 中使用数据库，如代码清单 7-27 所示。

代码清单7-27　在MainActivity中使用数据库

```
// … (imports from before)
import kotlinx.coroutines.experimental.android.UI
import kotlinx.coroutines.experimental.*
import com.example.kudoo.db.*

class MainActivity : AppCompatActivity() {

  private lateinit var db: AppDatabase  // Stores an AppDatabase object

  override fun onCreate(savedInstanceState: Bundle?) {
    // …
    db = AppDatabase.getDatabase(applicationContext)
    setUpRecyclerView()  // Sets up recycler view *after* db reference is initialized
    // …
  }

  private fun setUpRecyclerView() = with(recyclerViewTodos) {
    launch {
```

```
        val todos = sampleData().toMutableList()
        withContext(UI) { adapter = RecyclerListAdapter(todos) }  // Uses UI context
      }
      layoutManager = LinearLayoutManager(this@MainActivity)
      itemAnimator = DefaultItemAnimator()
      addItemDecoration(
          DividerItemDecoration(this@MainActivity, DividerItemDecoration.VERTICAL))
    }

  private suspend fun sampleData() =
      withContext(DB) { db.todoItemDao().loadAllTodos() }      // Uses DB context
}
```

现在，MainActivity 已经持有了 AppDatabase 的引用，并能够通过 DAO 来访问数据库。该引用只有在应用程序上下文可用时才能在 onCreate 方法中进行初始化，所以把该引用设置成了延迟初始化的属性。

调用 loadAllTodos 这类数据库操作方法必须在后台执行。为此需要将 withContext(DB) {…} 代码运行在数据库专用调度器上并检索结果。由于在 withContent 中被调用，所以 sampleData 必须是 **suspend** 函数并将其封装在 setUpRecyclerView 方法中的 launch {…} 代码块内。

至此，你已经使用 Kotlin 配置了一个简单的 Room 数据库，并且能将示例数据写入数据库，还能将这些数据检索并在 UI 中显示。现在你可以运行此应用程序来查看数据库中的示例数据了。

故障排除

如果首次向数据库中导入数据时出现问题的话，可以将该数据库删除，以便能够再次在 onCreate 方法中触发该导入操作。你可以使用 Android Studio 的**设备文件管理器**来删除数据库目录 data/data/com.example.kudoo/databases。

在编写代码时，Apply Changes 在与 coroutines 一起工作时可能会出现问题。如果出现 CoroutineImpl.label is inaccessible 的错误信息，请尝试在不使用 Apply Changes 的情况下重新运行应用程序。

下一步中将引入 ViewModel 以避免在 MainActivity 中直接依赖 AppDatabase。

7.2.4 使用 ViewModel

视图模型是 Android 架构组件之一，用于保存那些与 Activity 相关联的数据。使用视图模型有以下几个好处：

- Activity 只需从与之关联的一个或多个视图模型中获取想要的数据，而无须关心数据是来自缓存、数据库、网络请求还是其他的数据源。换句话说，它将 Activity 与数据源分离。
- Android 的 ViewModel 类能够感知生命周期，这意味着在诸如屏幕旋转等配置更改的时候它能够自动保存数据。这样在每次更改配置后就可以避免重新加载数据。
- Activity 自身不应该执行异步调用，因为异步调用往往需要花费很长时间，并且 Activity 必须对自身进行管理从而避免内存泄漏。将异步操作分离到各自的类中将使代码更加清晰，也能避免试图处理所有应用程序逻辑的巨型 Activity。

让我们通过在 Kudoo app 中使用 Android 的 ViewModel 类来感受这些好处吧。第一步，添加所需要的依赖，如代码清单 7-28 所示。这些依赖已经包含了 LiveData 类，该内容将在后面引入。

代码清单7-28　添加ViewModel类（和LiveData类）的gradle依赖

```
dependencies {
  // …
  def lifecycle_version = "1.1.1"  // Replace with latest version if you want
  implementation "android.arch.lifecycle:extensions:$lifecycle_version"
  kapt "android.arch.lifecycle:compiler:$lifecycle_version"
}
```

接下来（在 kudoo 下）添加一个名为 viewmodel 的新包，并在包内添加一个新的 TodoViewModel 类，这个类将作为 MainActivity 的视图模型。视图模型需继承 ViewModel 类或 AndroidViewModel 类。当 **ViewModel** 需要使用 application context 时则需要继承 AndroidViewModel 类。由于数据库需要使用 application context，所以这里 **TodoViewModel** 类需要继承 AndroidViewModel 类才能构建 **AppDatabase** 对象。因此，该类的类头如代码清单 7-29 所示。

代码清单7-29　TodoViewModel类的类头

```
import android.app.Application
import android.arch.lifecycle.AndroidViewModel

class TodoViewModel(app: Application) : AndroidViewModel(app) { … }
```

AndroidViewModel 类的子类都必须在其构造函数中接收一个 Application 对象，并将该对象传入父类。通过这样的方式，视图模型就可以感知 application context 了。该试图模型对数据库进行了包装并提供了整洁的 API 供 MainActivity 使用。代码清单 7-30 展示了类中所必须拥有的成员。

代码清单7-30 完成TodoViewModel类

```
// … (imports from before)
import com.example.kudoo.db.*
import com.example.kudoo.model.TodoItem
import kotlinx.coroutines.experimental.*

class TodoViewModel(app: Application) : AndroidViewModel(app) {
  private val dao by lazy { AppDatabase.getDatabase(getApplication()).todoItemDao() }

  suspend fun getTodos(): MutableList<TodoItem> = withContext(DB) {
    dao.loadAllTodos().toMutableList()
  }
  fun add(todo: TodoItem) = launch(DB) { dao.insertTodo(todo) }
  fun delete(todo: TodoItem) = launch(DB) { dao.deleteTodo(todo) }
}
```

第一次访问该视图模型时，该视图模型会惰性地请求数据库实例，并提供一个挂起函数来检索数据库中所有的待办清单。此外，该视图模型还对外提供了添加和删除待办事项的方法，这些方法在后台分别对应着数据库中的操作。

有了视图模型后就可以在 MainActivity 中使用新的 TodoViewModel 来替换 AppDatabase。为此，需要删除 AppDatabase 属性并添加 TodoViewModel 属性，如代码清单 7-31 所示。

代码清单7-31 将TodoViewModel集成到MainActivity中

```
class MainActivity : AppCompatActivity() {

  private lateinit var viewModel: TodoViewModel  // Now references view model, not DB

  override fun onCreate(savedInstanceState: Bundle?) {
    // …
    viewModel = getViewModel(TodoViewModel::class)  // 'getViewModel' is impl. next
    setUpRecyclerView()
  }

  private fun setUpRecyclerView() = with(recyclerViewTodos) {
    launch(UI) { adapter = RecyclerListAdapter(viewModel.getTodos()) }
    // …
  }
}
```

由于视图模型必须等到 Activity 被应用程序加载后才能初始化，所以该视图模型同样被设置成了延迟进行初始化并在onCreate方法中初始化。sampleData方法也可以被删除，只需将viewModel.getTodos()的返回值作为参数传入RecyclerView的适配器即可。由于该操作属于对数据库进行的操作，所以需要将代码写在launch代码块中。目前，MainActivity并没有完全独立于ViewModel的实现细节，不过我们将会在下一节中通过使用LiveData来解决这个问题。

现在需要添加getViewModel扩展函数来让此代码能够被编译。当你在Android项目中解决API样板代码问题时，扩展函数是你最好的朋友，请牢记这一点。扩展函数可用来方便地检索视图模型。创建一个新的名为view.common的包并在里面添加一个新的文件ViewExtensions.kt。

代码清单7-32　使用扩展函数来检索视图模型

```
import android.arch.lifecycle.*
import android.support.v4.app.FragmentActivity
import kotlin.reflect.KClass

fun <T : ViewModel> FragmentActivity.getViewModel(modelClass: KClass<T>): T =
    ViewModelProviders.of(this).get(modelClass.java)
```

这是一个FragmentActivity类的扩展函数，它只接收KClass<T>（一个Kotlin类），其中T必须是ViewModel类型。通过这种方式，它提供了一个更为自然的API来检索视图模型。之后必须将该扩展函数导入MainActivity才能解决剩余的错误。

小贴士

Kotlin的扩展函数对于避免重复的Android API样板代码非常有用。谷歌还推出了Android KTX[①]扩展函数集来帮助开发者编写简洁且富有表现力的代码。

在撰写本书时，Android KTX还处于alpha版本状态，其API很可能会发生变化。为了确保你可以完全照搬本书的应用程序代码，所以这里不会使用Android KTX的内容。当你在阅读本书时如果Android KTX发布了稳定版本，建议你花点时间浏览一下有关这些扩展函数的内容。

到目前为止，你已经在App中集成了Android的ViewModel，它可以帮助你在配置变更时保存数据，还可以帮助你划分Activity代码和数据处理代码。其中，Activity应该只负责显示数据并对用户的行为提供响应。但是到目前为止，从视图模型中检索的待办事项没有自动反映数据的变化情况，即新添加的待办事项不会显示在UI上。这个问题可以通过在延迟一段时间后调用viewModel.add(…)方法来得到验证。解决这个问题的方式就是使

① https://developer.android.com/kotlin/ktx。

用 Android 架构组件，接下来让我们集成 LiveData。

7.2.5 集成 LiveData

LiveData 是能够感知生命周期的数据持有者。像 Activity 和 Fragment 这样的应用组件可以观察 LiveData 对象并将数据的变化自动反映在 UI 上。由于 LiveData 可以感知生命周期，所以它可以确保只通知那些处于活跃状态的观察者。例如，它不会更新那些处于后台或者那些为了回收内存而被 Android 销毁了的 Activity。与使用 ViewModel 一样，使用 LiveData 也会带来很多好处。

- Activity 不需要处理生命周期，它只需简单地观察 LiveData 即可，这样可以确保不向那些不处于活跃状态的消费者发送数据，一旦发送就会导致应用崩溃。
- 只要 Activity 处于活跃状态，数据就会自动更新以保证其内容为最新。例如，当配置发生改变后，Activity 就会立即接收到最新的数据。
- LiveData 会使其所有观察者在他们的生命周期被销毁时自动执行清理工作，从而防止内存泄漏。

由于 LiveData 可以很好地与 Room 和 ViewModel 一起使用，所以将 LiveData 集成到应用中的工作非常简单。第一步，使用 LiveData 代替 List<TodoItem> 来作为 DAO 的返回类型，这样就可以观察到数据的改变。幸运的是，Room 可以自动完成此操作，只需将返回值包装到 LiveData 中即可，Room 会执行所需的转换。如代码清单 7-33 所示。

代码清单7-33 从DAO返回LiveData

```
// … (imports from before)
import android.arch.lifecycle.LiveData

@Dao
interface TodoItemDao {
  // …
  @Query("SELECT * FROM todos")
  fun loadAllTodos(): LiveData<List<TodoItem>>  // Wraps return type in LiveData now
}
```

接下来，必须对 TodoViewModel.getTodos 进行相应的调整，如代码清单 7-34 所示。

代码清单7-34 从ViewModel返回LiveData

```
// … (imports from before)
import android.arch.lifecycle.LiveData

class TodoViewModel(app: Application) : AndroidViewModel(app) {
  // Now uses a LiveData of a read-only list
  suspend fun getTodos(): LiveData<List<TodoItem>> = withContext(DB) {
```

```
    dao.loadAllTodos()
  }
  // …
}
```

现在已经可以在 MainActivity 中观察 LiveData 了，如代码清单 7-35 所示。

代码清单7-35　在MainActivity中观察LiveData

```
// … (imports from before)
import android.arch.lifecycle.LiveData
import kotlinx.coroutines.experimental.android.UI

class MainActivity : AppCompatActivity() {
  // …
  private fun setUpRecyclerView() {  // No longer uses shorthand notation
    with(recyclerViewTodos) {
      adapter = RecyclerListAdapter(mutableListOf())  // Initializes with empty list
      // …
    }

    launch(UI) {  // Uses UI thread to access recycler view adapter
      val todosLiveData = viewModel.getTodos()  // Runs in DB context
      todosLiveData.observe(this@MainActivity, Observer { todos ->
        // Observes changes in the LiveData
        todos?.let {
          val adapter = (recyclerViewTodos.adapter as RecyclerListAdapter)
          adapter.setItems(it)  // Updates list items when data changes
        }
      })
    }
  }
}
```

在上述代码中，RecyclerView 的适配器使用空列表进行了第一次初始化。需要注意的是，这里不再需要向 launch 代码块中分配适配器了。由于 LiveData 的状态被其他组件所观察，所以当向列表中添加新的数据时，或者说只要视图模型中的 LiveData 发生任何改变，适配器就会显示最新的代办事项列表。实际上，当新记录插入数据库或者从数据库中删除数据时，Room 会自动在 LiveData 中体现这些变化，而 LiveData 会通知其观察者（MainActivity）数据被更改，最终导致 RecyclerView 被更新。

需要在 RecyclerListAdapter 中添加 setItems 方法才能使代码通过编译，如代码清单 7-36 所示。

代码清单7-36 在RecyclerListAdapter中添加setItems方法

```
class RecyclerListAdapter(
    private val items: MutableList<TodoItem>
) : RecyclerView.Adapter<RecyclerListAdapter.ViewHolder>() {
  // …
  fun setItems(items: List<TodoItem>) {
    this.items.clear()
    this.items.addAll(items)
    notifyDataSetChanged()  // Must notify recycler view of changes to the data
  }
}
```

更新完RecyclerView中显示的事项列表后，需要调用notifyDataSetChanged方法以触发重新绘制view。对于大型列表来说，可以通过使用DiffUtil[⊖]来提升性能，但对于这个简单的待办事项列表来说并不需要这样做。

以上内容就是使用LiveData对数据更改做出反应并立即更新UI以显示最新数据所需的全部内容。你可以通过调用MainActivity中的viewModel.add(...)方法添加新的待办事项来对此进行验证，也可以通过使用延迟更新来进行验证。或者等到完成允许用户自行添加新待办事项的内容后再进行验证。

7.2.6 添加新的待办事项

现在所有用来做数据持久化和将数据在UI中进行展示的基础结构都已设置完成。剩下的内容就是允许用户可以自行改变这些数据。在本小节中，你将会实现另一个Activity，该Activity用来让用户添加新的待办事项，之后你还将允许用户核对这些待办事项并删除他们。

创建一个名为view.add的新包，在该包名上点击鼠标右键添加一个新的Activity。选择New菜单，然后选择Empty Activity选项。将该Activity命名为AddTodoActivity并允许Android Studio生成布局文件activity_add_todo.xmL。首先让我们对布局进行设置。如代码清单7-37所示，该Activity中使用了LinearLayout。

代码清单7-37 AddTodoActivity的布局

```
<?xml version="1.0" encoding="utf-8"?>
<LinearLayout xmlns:android="http://schemas.android.com/apk/res/android"
    xmlns:tools="http://schemas.android.com/tools"
    android:layout_width="match_parent"
    android:layout_height="match_parent"
```

⊖ https://developer.android.com/reference/android/support/v7/util/DiffUtil。

```
    android:orientation="vertical"
    tools:context=".view.add.AddTodoActivity">

    <EditText
        android:id="@+id/etNewTodo"
        android:hint="@string/enter_new_todo"
        android:layout_width="match_parent"
        android:layout_height="wrap_content"
        android:layout_margin="@dimen/margin_medium"
        android:textAppearance="@android:style/TextAppearance.Medium"
        tools:text="@string/enter_new_todo"
        android:inputType="text" />

    <Button
        android:id="@+id/btnAddTodo"
        android:layout_width="wrap_content"
        android:layout_height="wrap_content"
        android:text="@string/add_to_do"
        android:textAppearance="@android:style/TextAppearance"
        android:layout_gravity="center_horizontal" />

</LinearLayout>
```

可以通过使用 Android Studio 的建议操作或者通过编辑 `res/ values/strings.xml` 文件来添加缺失的 string 资源。本例中使用 `"Add to-do"` 和 `"Enter new todo…"` 来作为 string 的值。在实现这个新 Activity 的内部逻辑之前，让我们先对 `MainActivity` 中的悬浮按钮进行调整。先调整它的布局，然后调整它的点击事件。

需要使用一个加号图标来代替悬浮按钮中原先的邮件图标。为此需要找到并右击 `res/drawable` 文件夹，选择 New 菜单，然后选择 Image Asset 选项。填入需要的信息：

- Icon Type: Action Bar and Tab Icons。
- Name: `ic_add`。
- Asset type: Clip Art。
- 点选 Clip Art 按钮，搜索 add 关键字，选择加号图标。
- Theme: HOLO_LIGHT。

点击 Next，然后点击 Finish。现在可以使用导入的图片资源来替换 `activity_main.xml` 文件中已有的 `app:srcCompat` 属性值，如代码清单 7-38 所示。

代码清单7-38　FloatingActionButton的布局

```
<android.support.design.widget.CoordinatorLayout …>
    <!-- … -->
    <android.support.design.widget.FloatingActionButton …
```

```
        app:srcCompat="@drawable/ic_add" />
</android.support.design.widget.CoordinatorLayout>
```

外观实现后，接下来需要对悬浮按钮的点击行为进行调整。在 MainActivity 中的 onCreate 方法内删除现有的默认点击监听器，并引入新的设置函数，如代码清单 7-39 所示。

代码清单7-39 设置FloatingActionButton

```
// … (imports from before)
import android.content.Intent
import com.example.kudoo.view.add.AddTodoActivity

class MainActivity : AppCompatActivity() {
  // …
  private fun setUpFloatingActionButton() {
    fab.setOnClickListener {
      val intent = Intent(this, AddTodoActivity::class.java)
      startActivity(intent)  // Switches to AddTodoActivity
    }
  }
}
```

通过该方法，点击悬浮按钮后可以跳转到新的 Activity。方法中使用 intent 来切换到新的 AddTodoActivity，用户可以在这个新的 Activity 中添加新的待办事项。现在你可以在 onCreate 方法中调用这个新的设置方法，如代码清单 7-40 所示。

代码清单7-40 调整onCreate()方法

```
class MainActivity : AppCompatActivity() {
  // …
  override fun onCreate(savedInstanceState: Bundle?) {
    // …
    setUpRecyclerView()
    setUpFloatingActionButton()
  }
}
```

至此，MainActivity 已经全部设置完成。接下来继续完成 AddTodoActivity 代码编写。AddTodoActivity 中允许用户输入文字，并且将新的待办事项储存到数据库中。代码清单 7-41 展示了该 Acticity 中所必需的全部代码。

代码清单7-41 实现AddTodoActivity

```
import android.os.Bundle
import android.support.v7.app.AppCompatActivity
```

```
import com.example.kudoo.R
import com.example.kudoo.db.DB
import com.example.kudoo.model.TodoItem
import com.example.kudoo.view.common.getViewModel
import com.example.kudoo.viewmodel.TodoViewModel
import kotlinx.android.synthetic.main.activity_add_todo.*
import kotlinx.coroutines.experimental.launch

class AddTodoActivity : AppCompatActivity() {

  private lateinit var viewModel: TodoViewModel  // Uses the view model as well

  override fun onCreate(savedInstanceState: Bundle?) {
    super.onCreate(savedInstanceState)
    setContentView(R.layout.activity_add_todo)

    viewModel = getViewModel(TodoViewModel::class)
    setUpListeners()
  }

  private fun setUpListeners() {  // Adds new to-do item to DB when clicking button
    btnAddTodo.setOnClickListener {
      val newTodo = etNewTodo.text.toString()
      launch(DB) { viewModel.add(TodoItem(newTodo)) }  // Initiates DB transaction
      finish()  // Switches back to MainActivity
    }
  }
}
```

“Add to-do”按钮的监听器会先从EditText中读取用户输入的文字，然后新起一个协程来将新建的待办事项存储到数据库中。当Activity结束时，当前Activity会淡出屏幕以便用户返回MainActivity。由于使用了LiveData，所以新的待办事项会自动显示出来。

小贴士

当使用模拟器调试程序时，你可能希望通过使用键盘在模拟器中直接输入的方式来提高模拟器中的文字输入速度。如果该方式没有被激活，可以在Android Studio中打开AVD Manager，点击正在使用的模拟器旁边的笔图标，点击“Show Advanced Settings”，然后向下滚动到底部并选中“Enable keyboard Input”。

这样就完成了让用户能够添加待办事项的需求。现在，你可以运行这个App，点击加号跳转到新建事项的 Activity，输入待办事项，然后就可以看到该事项会在 RecyclerView 中自动弹出。这展示了 Room 和绑定到 RecyclerView 上的 LiveData 一起工作的强大功效。

最后，你可能希望允许用户在不想输入待办事项的时候能够从 AddTodoActivity 返回到 MainActivity。可以通过在 AndroidManifest.xml 文件中将 AddTodoActivity 作为 MainActivity 的子 Activity 来实现。代码清单 7-42 显示了如何通过修改 application 下的 activity 标签来实现这一目的。

代码清单7-42 从AddTodoActivity返回到MainActivity

```
<activity android:name=".view.add.AddTodoActivity"
    android:parentActivityName=".MainActivity">

    <meta-data android:name="android.support.PARENT_ACTIVITY"
        android:value="com.example.kudoo.MainActivity" />
</activity>
```

完成这些代码后，在 AddTodoActivity 顶部将会看到一个箭头，该箭头允许用户返回而无须输入待办事项。

此时，你可能在 App 中创建了许多不再需要的待办事项。因此，下一步也是开发 App 的最后一步是允许用户检查他们的待办事项，将其从数据库中删除，从而从页面列表中消失。

7.2.7 启用检查待办事项

在本小节中，你将学会如何处理 RecyclerView 中的条目点击事件，使用户能够通过检查 RecyclerView 中的事项来删除已经完成的待办事项。首先，需要对适配器进行扩展以能够接收点击处理事件，并将点击处理事件赋予绑定在 ViewHolder 上的复选框。代码清单 7-43 展示了所需的修改。

代码清单7-43 在RecyclerView的Adapter中分配事件处理器

```
class RecyclerListAdapter(
    private val items: MutableList<TodoItem>,
    private val onItemCheckboxClicked: (TodoItem) -> Unit
) : RecyclerView.Adapter<RecyclerListAdapter.ViewHolder>() {
  // …
  inner class ViewHolder(…) : … {  // Note that this is now an 'inner' class

    fun bindItem(todoItem: TodoItem) {
      // …
      cbTodoDone.setOnCheckedChangeListener { _, _ ->  // Adds listener to check box
```

```
          onItemCheckboxClicked(todoItem)
        }
      }
    }
  }
```

该适配器在构造函数中接收一个点击处理器，这个处理器是接收已选 TodoItem 为参数的函数。这个函数用来在 bindItem 中将一个点击事件函数分配给与给定待办事项关联的复选框。想要从外部作用域轻松访问 onItemCheckbox-Clicked 属性的话，需要将 ViewHolder 设为内部类。

现在，可以为 MainActivity 传入所需的事件处理器了，如代码清单 7-44 所示。

代码清单7-44　将事件处理器传入Adapter对象

```
// … (imports from before)
import kotlinx.coroutines.experimental.android.UI

class MainActivity : AppCompatActivity() {
  // …
  private fun setUpRecyclerView() {
    with(recyclerViewTodos) {
      adapter = RecyclerListAdapter(mutableListOf(), onRecyclerItemClick())
      // …
    }
    // …
  }

  private fun onRecyclerItemClick(): (TodoItem) -> Unit = { todo ->
    launch(DB) { viewModel.delete(todo) }
  }
}
```

点击处理器所创建的内容被封装在自己的方法中，因此每个方法都具有单一的职责。点击处理器通过启动协程来从数据库中删除 TodoItem。所以在这个 App 中，待办事项一旦被选中后就会被立即删除。

以上就是该示例项目的所有内容。现在你可以通过点击任意一个待办事项旁边的复选框来将该待办事项从数据库中删除，从而使该待办事项从 RecyclerView 中消失。

7.3　本章小结

本章中创建的 App 涵盖了许多 Kotlin 和 Android 中的基本组件与概念。

- 首先，了解了 Android 的架构组件（Room、ViewModel 和 LiveData）是如何方便地在 Android 上设置数据库和处理生命周期的。
- 其次通过使用 Kotlin Android 扩展来使 ViewHolder 成为 LayoutContainer，并避免在其内部直接调用 findViewById 方法。
- 还了解了如何在 Kotlin 中实现 RecyclerView，以及如何将点击处理程序附加到其列表项中。
- 最后，在整个 App 中使用了诸如 data 类、伴生对象和顶级声明等 Kotlin 语言特性，以更简洁和惯用的方式实现了每个步骤的内容。

通过本章的学习，你已经通过使用 Kotlin 的相关工具和最佳编码实践掌握了 Android 基本应用程序的技巧。

第 8 章　Chapter 8

使用 Kotlin 进行 Android 应用程序开发：Nutrilicious

你吃的食物可以是最安全、最有效的药物，也可以是最慢性的毒药。

—— Ann Wigmore

本章将会实现一个名为 Nutrilicious 的 Android 应用程序。这是一个内容丰富的应用，用户可以通过它来查看美国农业部的食品和营养数据，从而做出更健康的饮食计划。图 8-1 所示为本章创建并完成后的应用程序。

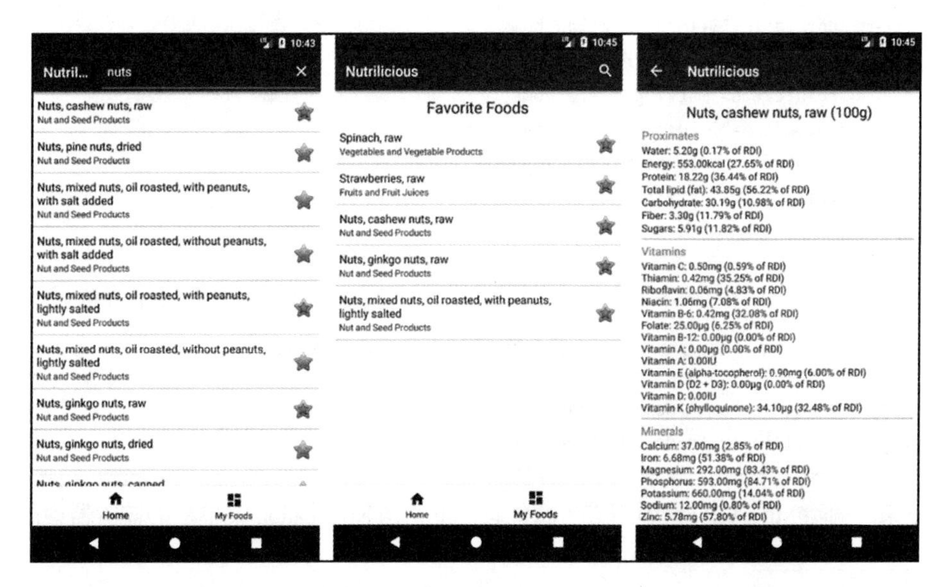

图 8-1　最终的应用程序能够为用户提供食物，进行收藏和浏览数据的功能

你可以通过开发这个示例应用程序来巩固前面所学的基本概念。你还将深入研究并实现网络访问、将 JSON 数据映射为领域类（domain class）、将领域类映射为 Room 数据库，并引入一个存储库（repository）作为应用程序中使用数据的唯一真实来源。

8.1 新建并配置项目

每一个 Android 应用程序都是通过新建一个项目诞生的。创建配置工作和之前的方式一样，但这里选择将 Bottom Navigation Activity 作为该项目的 `MainActivity`。

注意

如果 Android Studio 的项目向导发生了改变，可以从 GitHub 代码库[1]下载本章所使用的项目模板（其中的代码和每一步示例代码都一样）。

要调整该应用程序的模板代码，首先要调整 bottom navigation。在 `res/menu/navigation.xml` 文件中，删除标题为 Notifications 的最后一项——因为这个应用只需要两个菜单项。然后，更改名为 Dashboard 的菜单项的 ID 和 title，以展示用户最喜欢的食物。这里可以使用快捷键 Shift+F6 来重命名 ID，或者右键，选择“Refactor”，然后点击“Rename...”。代码清单 8-1 为 `res/menu/navigation.xml` 中底部菜单的最终结果。

代码清单8-1 底部导航栏

```
<?xml version="1.0" encoding="utf-8"?>
<menu xmlns:android="http://schemas.android.com/apk/res/android">
    <item android:id="@+id/navigation_home"
        android:icon="@drawable/ic_home_black_24dp"
        android:title="@string/title_home" />
    <item android:id="@+id/navigation_my_foods"
        android:icon="@drawable/ic_dashboard_black_24dp"
        android:title="@string/title_my_foods" />
</menu>
```

代码清单 8-2 所示为 `res/values/strings.xml` 文件所使用的字符串资源。

代码清单8-2 底部导航栏所使用的字符串资源

```
<string name="title_home">Home</string>
<string name="title_my_foods">My Foods</string>
```

接下来，删除 MainActivity 中不必要的代码，也就是 Notification 菜单栏的监听器中的 when

[1] https://github.com/petersommerhoff/nutrilicious-app。

语句相关代码。同时，将 **when** 语句中对 Dashboard 菜单项的操作改为对 My Foods 菜单项的操作。同时可以将监听器的名字重命名为更简洁的名字。最终代码应如代码清单 8-3 所示。

代码清单8-3　MainActivity中对底部导航栏的配置

```
class MainActivity : AppCompatActivity() {

  private val navListener = BottomNavigationView.OnNavigationItemSelectedListener {
    when(it.itemId) {
      R.id.navigation_home -> {  // Defines action for when 'Home' is clicked
        return@OnNavigationItemSelectedListener true
      }
      R.id.navigation_my_foods -> {  // Defines action for when 'My Foods' is clicked
        return@OnNavigationItemSelectedListener true
      }
    }
    false
  }
  // …
}
```

目前为止，点击菜单项不会有太大作用，但由于在这里监听器中返回了 **true**，所以菜单项是可点击的，且点击后会发生变化——这里可以根据所选菜单项的不同来为 TextView 设置不同的内容，但下一步将会替换掉这个 TextView。运行应用程序，这时会显示一个简单的文本视图和一个有两个菜单项的底部导航栏，且选择不同的菜单项时会有不同的正确响应。本章的其余内容将在这个基本模板的基础上进行构建。

8.2　为主页面添加 RecyclerView

和许多应用程序一样（尤其是那些显示数据的应用程序），RecyclerView 都是它们重要的组成部分。它将显示用户查询到的所有食物，RecyclerView 的创建步骤和之前一样。

- ❑ 在 Activity 的布局文件中定义 RecyclerView。
- ❑ 为 RecyclerView 列表中的每个项目创建布局。
- ❑ 实现为 RecyclerView 提供数据的适配器。
- ❑ 在 Activity 中配置要显示的 RecyclerView。

8.2.1　为 MainActivity 布局

MainActivity 布局包括覆盖整个屏幕的 RecyclerView 和底部导航栏。因此，将文件 activity_main.xml 中的 TextView 替换为 RecyclerView，如代码清单 8-4 所示。且为 ConstraintLayout 添加滚动行为（scrolling behavior），这样食物列表才可以滚动。

代码清单8-4 MainActivity布局

```
<?xml version="1.0" encoding="utf-8"?>
<android.support.constraint.ConstraintLayout
    app:layout_behavior="@string/appbar_scrolling_view_behavior" …>

    <android.support.v7.widget.RecyclerView
        android:id="@+id/rvFoods"
        android:layout_width="match_parent"
        android:layout_height="0dp"
        app:layout_constraintTop_toTopOf="parent"
        app:layout_constraintBottom_toTopOf="@id/navigation" />

    <android.support.design.widget.BottomNavigationView
        android:id="@+id/navigation"
        android:layout_width="match_parent"
        android:layout_height="wrap_content"
        app:layout_constraintBottom_toBottomOf="parent"
        android:background="?android:attr/windowBackground"
        app:menu="@menu/navigation" />

</android.support.constraint.ConstraintLayout>
```

上述代码中，ConstraintLayout 中添加了一个可以滚动的布局行为，当 RecyclerView 的内容超出屏幕时，就会添加可回收的视图。此外，这里还简化了 BottomNavigationView 的布局。

8.2.2 为 RecyclerView 的项目布局

在 res/layout 目录中，新建一个名为 rv_item.xml 的布局资源文件来表示列表项。它会显示一个带有简短描述的食品名称和一张包含星星的图片，且该星星用于表示喜欢的食品。代码清单 8-5 使用 ConstraintLayout 实现这个布局，该布局将下面的文本视图对齐，并将图片对齐到它们的右侧。

代码清单8-5 为RecyclerView的项目布局

```
<?xml version="1.0" encoding="utf-8"?>
<android.support.constraint.ConstraintLayout
xmlns:android="http://schemas.android.com/apk/res/android"
    xmlns:tools="http://schemas.android.com/tools"
    xmlns:app="http://schemas.android.com/apk/res-auto"
```

```
android:layout_width="match_parent"
android:layout_height="wrap_content"
android:padding="@dimen/medium_padding">

<TextView
    android:id="@+id/tvFoodName"
    android:layout_width="wrap_content"
    android:layout_height="wrap_content"
    android:textSize="@dimen/medium_font_size"
    app:layout_constraintRight_toLeftOf="@id/ivStar"
    app:layout_constraintStart_toStartOf="parent"
    app:layout_constraintTop_toTopOf="parent"
    tools:text="Gingerbread" />

<TextView
    android:id="@+id/tvFoodType"
    tools:text="Sweets and Candy"
    android:layout_width="wrap_content"
    android:layout_height="wrap_content"
    app:layout_constraintTop_toBottomOf="@+id/tvFoodName"
    app:layout_constraintStart_toStartOf="@id/tvFoodName"
    app:layout_constraintRight_toLeftOf="@id/ivStar"
    android:textColor="@color/lightGrey"
    android:textSize="@dimen/small_font_size" />

<ImageView
    android:id="@+id/ivStar"
    android:layout_width="32dp"
    android:layout_height="32dp"
    android:contentDescription="@string/content_description_star"
    app:layout_constraintBottom_toBottomOf="parent"
    app:layout_constraintEnd_toEndOf="parent"
    app:layout_constraintTop_toTopOf="parent" />

</android.support.constraint.ConstraintLayout>
```

注意，为了使预览的布局更加真实，可以在其布局文件中使用tools:text，从而在Android Studio的设计视图中显示给定的文本。所有tools命名空间中的属性都只是作为辅助工具，且通常用于在Android Studio的设计视图中预览，这些属性不会影响程序运行时的真正属性。上述布局文件也需要一些新的资源，如代码清单8-6所示。

代码清单8-6 RecyclerView的项目布局文件的资源

```
// In res/values/strings.xml
<string name="content_description_star">favorite</string>

// In res/values/dimens.xml
<dimen name="tiny_padding">4dp</dimen>
<dimen name="medium_padding">8dp</dimen>
<dimen name="medium_font_size">16sp</dimen>
<dimen name="small_font_size">13sp</dimen>

// In res/values/colors.xml
<color name="lightGrey">#888888</color>
```

到此为止，所有的布局文件都写好了，现在开始编写 Kotlin 逻辑代码！

8.2.3 实现 Food 模型

要实现适配器，需要有一个模型来封装每一个列表项显示的数据。这个应用的功能是显示食物列表，所以需要一个 Food 类。Kotlin 中有数据类，所以很容易实现。新建一个名为 model 的包，然后在该包下新建一个数据类 Food，如代码清单 8-7 所示。目前，这一行代码就是该数据类所需的全部代码。

代码清单8-7 Food数据类

```
data class Food(val name: String, val type: String, var isFavorite: Boolean = false)
```

8.2.4 实现 RecyclerView 的适配器

与之前一样，要实现 RecyclerView 的适配器需要重写 RecyclerView.Adapter <YourViewHolder> 类，并重写 onCreateViewHolder、onBindViewHolder 和 getItemCount 三个方法。注意，你可以把 ViewHolder 当作一个 LayoutContainer，以使用 Kotlin Android 扩展库。为此，可以在模块的 build.gradle 文件的底部启用 experimental 扩展，如代码清单 8-8 所示。

代码清单8-8 启用Kotlin的AndroidExperimental扩展

```
androidExtensions {
    experimental = true
}
```

按照以上配置后，可以参照 Kudoo 应用中的代码结构来实现适配器。新建一个名为 view.main 的包，并在其中新建一个 SearchListAdapter 类，也就是列表的适配器。另外，将 MainActivity 类移动到这个新包中，因为这个包会包含所有与 MainActivity 相关的内容。代码清单 8-9 所示为适配器的代码，和 Kudoo 应用中的适配器很相似。首先尝试自己来实现它，看会不会遇到什么问题。

代码清单8-9　RecyclerView的适配器

```
import android.support.v7.widget.RecyclerView
import android.view.*
import com.example.nutrilicious.R
import com.example.nutrilicious.model.Food
import kotlinx.android.extensions.LayoutContainer
import kotlinx.android.synthetic.main.rv_item.*  // Imports synthetic properties

class SearchListAdapter(
    private var items: List<Food>  // Uses a read-only list of items to display
) : RecyclerView.Adapter<ViewHolder>() {

  override fun onCreateViewHolder(parent: ViewGroup, viewType: Int): ViewHolder {
    val view = LayoutInflater.from(parent.context)  // Inflates layout to create view
        .inflate(R.layout.rv_item, parent, false)
    return ViewHolder(view)  // Creates view holder that manages the list item view
  }

  override fun getItemCount(): Int = items.size

  override fun onBindViewHolder(holder: ViewHolder, position: Int) {
    holder.bindTo(items[position])  // Binds data to a list item
  }

  // In this app, we'll usually replace all items so DiffUtil has little use
  fun setItems(newItems: List<Food>) {
    this.items = newItems   // Replaces whole list
    notifyDataSetChanged()  // Notifies recycler view of data changes to re-render
  }

  inner class ViewHolder(
      override val containerView: View
  ) : RecyclerView.ViewHolder(containerView), LayoutContainer {

    fun bindTo(food: Food) {  // Populates text views and star image to show a food
      tvFoodName.text = food.name
      tvFoodType.text = food.type

      val image = if (food.isFavorite) {
```

```
      android.R.drawable.btn_star_big_on
    } else {
      android.R.drawable.btn_star_big_off
    }
    ivStar.setImageResource(image)
  }
 }
}
```

在上述代码中，除了要重写每个适配器都需要的基本方法和自定义 ViewHolder 类之外，还提供了一个 setItems 方法来更新 RecyclerView 的列表项——稍后会用到这个方法。此外，ViewHolder 还能根据当前食物是否已收藏来显示正确的 ImageView。如你所见，适配器的实现遵循相同的基本结构。

8.2.5 在 MainActivity 中添加 RecyclerView

在 Activity 中设置 RecyclerView 的方式几乎每次都一样。目前，先将硬编码的示例数据传给适配器，以查看布局和适配器是否能够正常运行。如代码清单 8-10 所示，将设置 RecyclerView 的代码封装到一个方法中。

代码清单8-10 在MainActivity中设置RecyclerView

```
import android.support.v7.widget.*

class MainActivity : AppCompatActivity() {
  // …
  private fun setUpSearchRecyclerView() = with(rvFoods) {
    adapter = SearchListAdapter(sampleData())
    layoutManager = LinearLayoutManager(this@MainActivity)
    addItemDecoration(DividerItemDecoration(
        this@MainActivity, LinearLayoutManager.VERTICAL
    ))
    setHasFixedSize(true)
  }
}
```

代码清单 8-11 所示为示例食品清单。注意，这里的示例代码只是临时使用，通常在 Android 应用中不应该使用硬编码字符串，而应使用字符串资源。这里为了简便，我们跳过了这一步。

代码清单8-11 硬编码的示例数据

```
import com.example.nutrilicious.model.Food
```

```
class MainActivity : AppCompatActivity() {
  // …
  private fun sampleData() = listOf(  // Only temporary sample data, thus hard-coded
      Food("Gingerbread", "Candy and Sweets", false),
      Food("Nougat", "Candy and Sweets", true),
      Food("Apple", "Fruits and Vegetables", false),
      Food("Banana", "Fruits and Vegetables", true)
  )
}
```

最后，在 onCreate 方法中调用 setup 方法，如代码清单 8-12 所示。

代码清单8-12　在onCreate方法中调用setup方法

```
override fun onCreate(savedInstanceState: Bundle?) {
  super.onCreate(savedInstanceState)
  setContentView(R.layout.activity_main)
  setUpSearchRecyclerView()
  navigation.setOnNavigationItemSelectedListener(navListener)
}
```

到目前为止，MainActivity 应该能够像最终应用一样显示示例食物了，且其中两样食物已通过星号表明了已收藏。如图 8-2 所示。

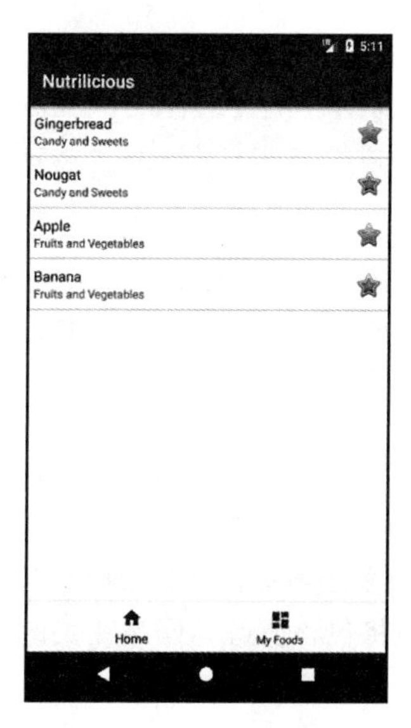

图 8-2　Nutrilicious 应用，包含一个可运行的 RecyclerView 和硬编码的示例数据

因为 RecyclerView 的实现过程是相似的，所以只要亲手实现过几次，之后的代码的实现就很简单了。即使你之前不熟悉，希望通过这两个例子你能够更加熟练地实现 RecyclerView。

8.3 调用 Nutrition 的 API 从 USDA 中拉取数据

接下来，应用程序需要获取真实的食物数据。美国农业部（USDA）提供了一个开放的 API[一]，通过该 API 能够从 USDA 的数据库中访问食物和营养详情等数据。在这个应用中，需要用到两个端点（endpoint）。

- Search API：搜索和用户输入相匹配的食物。
  - 文档：https://ndb.nal.usda.gov/ndb/doc/apilist/API-SEARCH.md。
  - 端点：https://api.nal.usda.gov/ndb/search/。
- Details API：检索食物的营养含量。
  - 文档：https://ndb.nal.usda.gov/ndb/doc/apilist/API-FOOD-REPORTV2.md。
  - 端点：https://api.nal.usda.gov/ndb/V2/reports/。

要使用这个 API，需要在 https://ndb.nal.usda.gov/ndb/doc/index 页面中点击 Sign up now 链接并输入你的信息，从而获得一个免费的 API 密钥。

在这个应用中，你可以使用 `OkHttp`[二]访问网络，使用 `Retrofit`[三]访问 API 端点，使用 Moshi[四]将 JSON 数据映射到 Kotlin 对象中。与使用其他第三方库的通常步骤一样，第一步是将相关的依赖添加到当前模块的 `build.gradle` 文件中，如代码清单 8-13 所示。

代码清单8-13 在Gradle中添加网络访问和API的依赖

```
dependencies {
    // …
    def retrofit_version = "2.4.0"
    implementation "com.squareup.retrofit2:retrofit:$retrofit_version"
    implementation "com.squareup.retrofit2:converter-moshi:$retrofit_version"

    def okhttp_version = "3.6.0"
    implementation "com.squareup.okhttp3:logging-interceptor:$okhttp_version"
    implementation "com.squareup.okhttp3:okhttp:$okhttp_version"
}
```

8.3.1 使用 Retrofit

有了这些依赖之后，下一步就是初始化 `Retrofit` 以进行 API 调用。第一步，添加一个新的包 `data.network`，该包将包含所有和网络相关的代码。然后，在该包中新建一个 `HttpClient.kt` 文件，作为这个应用的 HTTP 客户端，且使用 OkHttp 和 Retrofit 来配置

[一] https://ndb.nal.usda.gov/ndb/doc/index。

[二] https://github.com/square/okhttp。

[三] https://github.com/square/retrofit。

[四] https://github.com/square/moshi。

Retrofit 对象。

在该文件的顶部添加你将使用的常量，如代码清单 8-14 所示。这里需要添加基本的 URL 和从 USDA 网站获取的 API 密钥。

代码清单8-14　Retrofit使用的常量

```
import com.example.nutrilicious.BuildConfig

private const val API_KEY = BuildConfig.API_KEY
private const val BASE_URL = "https://api.nal.usda.gov/ndb/"
```

正如上述代码所示，API 密钥从 Gradle 的配置文件 BuildConfig 中获得。为了能够使用该配置，首先需要将密钥添加到个人的 Gradle 属性中，该文件在用户目录的 .gradle 文件夹中。通常的位置在：

- Windows 中：C:\Users\<USERNAME>\.gradle\gradle.properties。
- Mac 中：/Users/<USERNAME>/.gradle/gradle.properties。
- Linux 中：/home/<USERNAME>/.gradle/gradle.properties

如果不存在 gradle.properties 文件，则可以手动创建，然后在该文件中添加密钥，如代码清单 8-15 所示。

代码清单8-15　在Gradle属性中添加API密钥

```
Nutrilicious_UsdaApiKey = "<YOUR_API_KEY_HERE>"
```

你可以随意命名这里的属性。上述代码用项目名作为前缀，以便根据项目将属性进行分组。然后，将此属性添加到项目的构建配置中。具体的做法是，在模块的 build.gradle 文件的 buildTypes 下，添加一个 debug 的构建类型，并在其中进行配置，这样该密钥只能在调试模式下使用。如代码清单 8-16 所示。

代码清单8-16　添加构建配置字段

```
buildTypes {
  debug {
    buildConfigField 'String', "API_KEY", Nutrilicious_UsdaApiKey  // From properties
  }
  release { … }
}
```

配置完成后，调试模式下在项目的任何地方都可以通过 BuildConfig.API_KEY 访问 API 密钥（在 Android Studio 中运行的应用通常都运行在调试模式下）。如果希望在发布模式下也使用相同的 API 密钥，则可以添加 release 构建类型字段并进行相同的配置。在 Gradle 同步项目之后，就能够访问到 API 密钥了，且能够如代码清单 8-14 所示那样通过

BuildConfig.API_KEY 来访问其值。

接下来，在 HttpClient.kt 文件中通过 builder 来构建 Retrofit 对象。这里，我们可以使用多种配置来构建 Retrofit 对象。代码清单 8-17 通过方法来构造实际对象，与 HttpClient.kt 中的方法相似，声明为文件级别。

代码清单8-17 构建Retrofit对象

```
import retrofit2.Retrofit
import retrofit2.converter.moshi.MoshiConverterFactory
// …
private fun buildClient(): Retrofit = Retrofit.Builder()  // Builds Retrofit object
    .baseUrl(BASE_URL)
    .client(buildHttpClient())
    .addConverterFactory(MoshiConverterFactory.create())  // Uses Moshi for JSON
    .build()
```

上述代码中的 BASE_URL 已经声明过了，且 MoshiConverterFactory 对象来自依赖库 retrofit2:converter-moshi。但是构建 HTTP 客户端仍然需要使用 OkHttp。通过这种方式，Retrofit 依赖于 OkHttp 来处理真实的 HTTP 请求，而 OkHttp 允许添加拦截器来执行日志记录，为查询操作添加 API 等。代码清单 8-18 添加了上述功能。

代码清单8-18 构建HTTP Client

```
import okhttp3.OkHttpClient
import java.util.concurrent.TimeUnit
// …
private fun buildHttpClient(): OkHttpClient = OkHttpClient.Builder()
    .connectTimeout(30, TimeUnit.SECONDS)
    .readTimeout(30, TimeUnit.SECONDS)
    .addInterceptor(loggingInterceptor())  // Logs API responses to Logcat
    .addInterceptor(apiKeyInterceptor())   // Adds API key to request URLs
    .build()
```

如上述代码所示，OkHttp 能够很轻易地设置超时时间和附加拦截器。在本应用中，这里会添加一个日志拦截器，将所有的请求结果记录到 Logcat 中，另外还会添加另一个拦截器，将 API 密钥注入到请求的 URL 中。

构建 Retrofit 对象的最后一步是创建拦截器。代码清单 8-19 所示为日志拦截器的实现。

代码清单8-19 构建HTTP Client

```
import okhttp3.logging.HttpLoggingInterceptor
// …
private fun loggingInterceptor() = HttpLoggingInterceptor().apply {
  level = if (BuildConfig.DEBUG) {
    HttpLoggingInterceptor.Level.BODY  // Only does logging in debug mode
```

```
    } else {
      HttpLoggingInterceptor.Level.NONE  // Otherwise no logging
    }
  }
```

HTTPLoggingInterceptor 来自 OkHttp，且已经有一些基本的逻辑了。剩下需要完成的就是为开发环境和产品环境设置不同的日志级别。这里通过判断 BuildConfig.DEBUG 标志就能保证只在开发环境时执行。注意，apply 函数允许将此函数声明为单个表达式。

而另一个拦截器将 API 密钥作为查询参数添加到 URL 中。代码清单 8-20 展示了在一个独立函数中封装这类拦截器的设置代码。

代码清单8-20　封装拦截器的创建

```
import okhttp3.Interceptor
// …
private fun injectQueryParams(
    vararg params: Pair<String, String>
): Interceptor = Interceptor { chain ->

  val originalRequest = chain.request()
  val urlWithParams = originalRequest.url().newBuilder()
      .apply { params.forEach { addQueryParameter(it.first, it.second) } }
      .build()
  val newRequest = originalRequest.newBuilder().url(urlWithParams).build()

  chain.proceed(newRequest)
}
```

开发者可以通过使用 Kotlin 的单一抽象方法转换特性，用 Lambda 句法创建一个拦截器，这是因为 Interceptor 是来自 Java 的单一抽象方法。这将隐式地重写 Interceptor.intercept 方法，以便拦截请求链，并在请求中添加查询参数。这个方法的细节专门为 OkHttp 而设计，但是希望你还能注意到 apply 函数式是如何与建造模式方法结合使用的。

使用 helper 函数，拦截器的设置则只需将 API 密钥作为查询参数传入，如代码清单 8-21 所示。

代码清单8-21　创建将API密钥添加到查询参数的拦截器

```
private fun apiKeyInterceptor() = injectQueryParams(
    "api_key" to API_KEY
)
```

在使用 Kotlin 中的 helper 函数时，由于其中 Pair 的使用（"api_key" to API_KEY）

将查询参数的定义变得更加清晰可读。并且在这种情况下，添加或删除额外的查询参数，或者在不复制代码的情况下创建另外一个拦截器都会变得很容易。

到这里，开发者就又回到了熟悉的场景，使用 `buildClient` 函数就可以创建一个 Retrofit 对象。那么下一步就是调用该函数创建一个访问 Search API 的客户端对象。使用 Retrofit，开发者首先需要通过指定的 URL 创建访问端点（Endpoint），然后需要一个接口定义，通过该接口可以向上述访问端点发送任何请求。代码清单 8-22 定义了访问 Search API 所需的接口。并将该接口定义文件放在了包名为 `data.network package` 的目录下的一个名为 `UsdaApi` 的新文件中。

代码清单8-22 访问Search API的Retrofit接口定义

```
import okhttp3.ResponseBody
import retrofit2.Call
import retrofit2.http.*

interface UsdaApi {

  @GET("search?format=json")            // Is appended to the base URL
  fun getFoods(
      @Query("q") searchTerm: String,     // Only non-optional parameter
      @Query("sort") sortBy: Char = 'r',  // Sorts by relevance by default
      @Query("ds") dataSource: String = "Standard Reference",
      @Query("offset") offset: Int = 0
  ): Call<ResponseBody>                   // Allows to retrieve raw JSON for now
}
```

`@GET` 注解说明当前方法正在处理一个 Http GET 请求，并且请求相关的参数会被附加在基本 URL 之后，以拼接成完整的 Search API 端点。`@Query` 注解说明参数在 URL 之后的拼接方式是以查询参数的类型完成，例如 `q` 或 `sort`。因此，最终请求的 URL 是由基于基础 URL、`@GET` 前缀、`@Query` 所标注的请求参数，以及拦截器所添加的所有请求参数构成的。最终生成的 URL 应该是如下结构：

```
https://api.nal.usda.gov/ndb/search?format=json&q=raw&api_key=<YOUR_API_KEY>&sort=r
&ds=Standard%20Reference&offset=0.
```

Call<T> 方法的返回值在 Retrofit 接口真正调用时才需要实现。与所有待调用的方法一样，这个方法也封装了异步调用结果，异步调用在主线程之外执行。在这里，你可以将结果解析为 OkHttp 的 `ResponseBody`，从而获取原始 JSON 数据，并且在下一节中，还可以将 JSON 结果映射为领域类，以查看请求是否工作。

为了完成 API 请求的基础设施，你只需要构建 Retrofit 对象，然后使用该对象创建这个接口的实现。代码清单 8-23 所示的代码在 `HttpClient.kt` 文件中，展示了上述过程如何完成。

代码清单8-23　构建Search API对象

```
private val usdaClient by lazy { buildClient() }
val usdaApi: UsdaApi by lazy { usdaClient.create(UsdaApi::class.java) }  // Public
```

注意，usdaApi 是 HttpClient.kt 文件中唯一声明的公开对象，其他对象的声明都是私有的，且该文件还定义了如何创建那些私有对象的内部细节。由于创建这个对象的开销很大，所以初始化时使用了 lazy 来延迟，这也确保了该对象只能实例化一次，且之后会进行缓存。

8.3.2　执行 API 请求

你可以通过 usdaApi 对象来执行 API 请求。为了测试前面的配置是否成功，可以在 MainActivity 中执行一个临时测试。但首先，需要将网络权限添加到应用中，并用 Kotlin 协程在后台线程中执行网络请求。如代码清单 8-24 所示，在 AndroidManifest.xml 文件中添加权限。

代码清单8-24　添加网络权限

```
<manifest …>
    <uses-permission android:name="android.permission.INTERNET" />
    <application …>…</application>
</manifest>
```

为了能够执行异步网络请求，需要在模块 Gradle 构建文件中添加协程依赖，如代码 8-25 所示。

代码清单8-25　在Gradle构建文件中添加Kotlin协程依赖

```
def coroutines_version = "0.24.0"  // Latest version may differ slightly in use
implementation "org.jetbrains.kotlinx:kotlinx-coroutines-core:$coroutines_version"
implementation "org.jetbrains.kotlinx:kotlinx-coroutines-android:$coroutines_version"
```

最后，需要为网络调用创建一个协程调度器。因此，在 data.network 包下新建一个文件 NetworkDispatcher。在该文件中，使用两个线程声明一个线程池来进行网络访问，如代码清单 8-26。

代码清单8-26　网络调用的协程调度器

```
import kotlinx.coroutines.newFixedThreadPoolContext

val NETWORK = newFixedThreadPoolContext(2, "NETWORK")  // Dedicated network context
```

现在，你可以在 MainActivity 的 onCreate 方法中执行一个测试请求，来检查前面的配置是否有问题。由于我们有日志拦截器，你可以在 Android Studio 的 Logcat 中查看发出的请求和请求的结果。代码清单 8-27 所示为如何使用 usdaApi，这里只是暂时这样调用，在生产代码中不建议你这样使用。之后，会将异步请求挪到 view modles 中。

代码清单8-27 执行API请求

```kotlin
import com.example.nutrilicious.data.network.*
import com.example.nutrilicious.model.Food
import kotlinx.android.synthetic.main.activity_main.*
import kotlinx.coroutines.launch
// …
class MainActivity : AppCompatActivity() { // …
  override fun onCreate(savedInstanceState: Bundle?) {
    // …
    launch(NETWORK) {
      usdaApi.getFoods("raw").execute()  // Logs results to Logcat due to interceptor
    }
  }
}
```

这里会从 UsdaApi 接口中调用 getFoods 方法，并在后台异步调用 Call<T> 来执行请求。运行应用程序时，现在你应该能看到 OkHttp 的日志记录和检索到的 JSON 数据。使用快捷键 Alt+6 能够打开 Logcat 窗口，或者也可以从底部工具栏中搜索 OkHttp，过滤得到其相关信息。

注意

在编写本书时，Android Studio 还存在一个问题，Apply Changes 在协程中有时候不起作用。如果看到错误信息 “CoroutineImpl.label is inaccessible...,”，尝试在不使用 Apply Changes 的情况下重新正常运行应用程序。(使用 Shift+F10 或者 Mac 下的 Ctrl+R。)

现在，你可以使用 Retrofit 执行网络请求，以从 USDA 中获取 JSON 格式的数据。当然，用户并不希望看到原始的 JSON 数据，所以接下来的部分，会将该数据映射为领域类。

8.4 映射 JSON 数据和领域类

目前为止，我们能够得到原始的 JSON 数据且有一个 Food 类。为了能够在应用中使用这些数据，需要将 JSON 数据映射到 Food 类中。这里使用 Moshi 将 JSON 数据解析为数据传输对象（DTO），然后将它们映射到模型类。

Moshi 官方支持 Kotlin，这意味着它知道在映射到类时如何处理诸如主构造函数和属性等之类的问题。如代码清单 8-28 所示，在模块构建脚本中添加 Moshi 的依赖。

代码清单8-28　在Gradle中添加Moshi的依赖

```
def moshi_version = "1.6.0"
implementation "com.squareup.moshi:moshi:$moshi_version"
kapt "com.squareup.moshi:moshi-kotlin-codegen:$moshi_version"
```

要将 JSON 数据映射到 DTO，Moshi 可以使用反射或者代码生成这两种方式。在本应用中，我们使用代码生成——因此你需要依赖 `moshi-kotlin-codegen`。而如果要使用反射，则需要依赖 `kotlin-reflect`，该依赖会导致在 Android PacKage（APK）[1]中增加超过 2 MB 和大约 16 K 的方法（没有 ProGuard 的情况下），所以这里建议避免使用反射。

代码生成的方式依赖于使用注解（和 Room 类似）。所以为了使用注解来处理该过程，需要在 `build.gradle` 文件的顶部添加 `kotlin-kapt` 插件，如代码清单 8-29 所示。

代码清单8-29　启用Kotlin注解处理器

```
apply plugin: 'kotlin-kapt'
```

8.4.1　将 JSON 数据映射到数据传输对象

Moshi 为了能够将 JSON 数据映射到数据传输对象（DTO）对象上，DTO 对象需要复制 JSON 数据的结构。确切地说，它们需要使用相同的属性名，这样才能将相应的 JSON 字段映射并生成代码。

小贴士

在完成 DTO 时，我建议你在项目中创建一个 `.json` 文件，其中包含 API 的示例数据。你可以用它来探索结构并且编写 DTO。在 Android Studio 中，你可以新建一个**示例数据目录**，并将该文件放在这里。

如果需要，你可以在浏览器中直接复制数据，并在 Android Studio 的菜单中选择 *Code, Reformat Code* 来格式化代码。

有了文件之后，可以在菜单中选择 *Window, Editor Tab, Split Vertically*，以打开另一个编辑器窗口。这样，就可以在打开其中一个 `.json` 文件的同时，在旁边写下对应的 DTO 对象。这样能够更容易的写出正确的结构。

[1] Android PacKage 是 Android 应用程序的分发格式。

对于 Search API，返回的 JSON 数据的格式如代码清单 8-30 所示。

代码清单8-30 Search API的JSON格式

```
{
  "list": {
    "q": "raw",
    "ds": "Standard Reference",
    "sort": "r",
    …
    "item": [
      {
        "offset": 0,
        "group": "Vegetables and Vegetable Products",  // Type of the food
        "name": "Coriander (cilantro) leaves, raw",    // Food title
        "ndbno": "11165",                              // Unique identifier
        "ds": "SR",
        "manu": "none"
      },
      // More items here…
]
  }
}
```

你需要的实际数据嵌套在对象的 `List` 属性中，即再次封装在 `item` 对象中。因此，需要创建一个 DTO 包装器，使其能够与该层次结构相对应。为此，新建一个名为 `data.network.dto` 的包，并在其中新建一个文件 `SearchDtos.kt`。代码清单 8-31 展示了包装器类型以及与层次对应的 `item` 属性。

代码清单8-31 给Search API使用的包装器类DTO

```kotlin
import com.squareup.moshi.JsonClass

@JsonClass(generateAdapter = true)
class ListWrapper<T> {
  var list: T? = null  // Navigates down the 'list' object
}

@JsonClass(generateAdapter = true)
class ItemWrapper<T> {
  var item: T? = null  // Navigates down the 'item' array
}

typealias SearchWrapper<T> = ListWrapper<ItemWrapper<T>>
```

Moshi 将 JSON list 属性映射到了 ListWrapper 类的对应字段中，由于这里使用 ListWrapper<ItemWrapper<T>> 类型，JSON 的 item 属性会映射到 ItemWrapper 中的属性。而 typealias 允许在使用 DTO 时使用更简洁的语法。且由于这两个包装类从来不会单独使用，所以在该文件外可以只使用 SearchWrapper<T>。注解 @JsonClass 会告诉 Moshi 在进行 JSON 映射时使用该类。

现在，包装器能够和实际数据相对应，你可以添加包含数据的 DTO，即 FoodDto。代码清单 8-32 展示了其声明，该代码也在 SearchDtos.kt 文件中。

代码清单8-32　搜索API中的FoodDTO

```
@JsonClass(generateAdapter = true)
class FoodDto {  // Uses lateinit for properties that must be populated by Moshi
  lateinit var ndbno: String
  lateinit var name: String
  lateinit var group: String
}
```

JSON 数据有很多可以使用的属性，但是本应用只需要 NDBNO，它能够唯一表示一种食物，还需要名字、分组（类型）。使用延迟初始化属性，能够避免创建空值。这是 **lateinit** 一个很好的使用场景，即当有第三方库或者工具负责初始化时。注意，NDBNO 字段被声明为 String 类型，因为它左边也可能会填充零，而当 API 需要查询一种 NDBNO 为“09070”的食物时，它不会搜索到“9070”。之后，NDBNO 会被用于拉取一种指定食物的细节信息。

既然已经将 JSON 数据映射到了 DTO，现在可以让 Retrofit 通过异步方法来返回 DTO。然后可以使用 Moshi 来进行映射。如代码清单 8-33 所示，所以现在要将 UsdaApi.kt 文件中的返回值进行更新。

代码清单8-33　从Retrofit调用中返回DTO

```
import com.example.nutrilicious.data.network.dto.*

fun getFoods(@Query("q") searchTerm: String, …): Call<SearchWrapper<List<FoodDto>>>
```

8.4.2　将数据传输对象映射为 model 类

将数据传输对象（DTO）映射到领域类非常简单，可以通过 model 类中的辅助构造函数来完成。代码清单 8-34 展示了如何在 Food 类中完成上述映射。

代码清单8-34　辅助构造函数将DTO映射为Model类

```
data class Food(
    val id: String,  // New property
```

```
    val name: String,
    val type: String,
    var isFavorite: Boolean = false
) {
  constructor(dto: FoodDto) : this(dto.ndbno, dto.name, dto.group)  // Maps from DTO
}
```

上述代码中，原来的 Model 类被 id 属性和辅助构造函数扩展，且该构造函数的主要作用是从 DTO 对象中映射。在本例中，映射也只是改变了属性名字。这也是进行映射的典型用法之一，因为 DTO 对象一般都使用 JSON 数据中给定的属性名。

对于像本例中这样较为简单的映射，你可以不必将 DTO 对象和 model 分开。相反，可以使用 @SerializeName 注解将 JSON 中使用的名字和 model 中属性使用的不同名字相对应。这里，我们统一使用分开的 DTO 对象来说明这个映射过程。通常情况下，可能需要对数据进行更复杂的转换，这时，就需要将 DTO 和 model 分开了。

现在已经能够实现将原始的 JSON 数据映射到应用中真正使用的类了，因此可以在 MainActivity 中再次调用接口来进行检查。由于这里的数据最终会表示为一个列表 List<Food>，我们可以很容易地将其传给 RecyclerView 来使用，以便其能够在应用程序中显示 API 数据。如代码 8.35 所示，MainActivity.onCreate() 被相应地调整。当然，这里只是暂时这样使用，由于可能会发生内存泄漏，因此在生产环境中不能像这里一样在 onCreate 方法中执行异步请求。

代码清单8-35　在RecyclerView中显示映射的数据

```
import kotlinx.coroutines.android.UI
import kotlinx.coroutines.withContext
// …
class MainActivity : AppCompatActivity() {
  override fun onCreate(savedInstanceState: Bundle?) {
    // …
    launch(NETWORK) {
      val dtos = usdaApi.getFoods("raw").execute()?.body()?.list?.item!!
      val foods: List<Food> = dtos.map(::Food)  // Maps all DTOs to Food models

      withContext(UI) {  // Must use main thread to access UI elements
        (rvFoods.adapter as SearchListAdapter).setItems(foods)
      }
    }
  }
}
```

这里将执行请求并访问包装器中存储的数据。然后，通过对每个 DTO 调用 Food 类的构造函数，将 DTO 列表映射到 model 列表。最后，在 UI 线程中，将得到的 food 列表传给适配器，并最终显示在 RecyclerView 中。

此时，你可以删除 sampleData 并用一个空列表来初始化适配器。而真正的列表会在请求数据成功后生成。代码清单 8-36 显示了配置 RecyclerView 时要做的必要调整。

代码清单8-36　删除示例数据

```
adapter = SearchListAdapter(emptyList())
```

现在，当你运行应用程序时，它会首先从 USDA API 中获取 JSON 数据，并将其映射到领域类中，然后显示在 RecyclerView 中。目前为止，该应用的基本功能已经实现了。但是，在 onCreate 方法中执行异步请求是不安全的，如果 activity 已经被销毁了，但是由于该方法对生命周期没有感知，因此可能还会继续运行，这时就可能会导致内存泄漏。所以在扩展已有功能之前，我们首先对代码结构进行重构，以避免直接在 MainActivity 中进行异步调用——通过前面的学习，你已经知道了这是如何完成的。

8.5　在搜索逻辑中使用 ViewModel

MainActivity 应该从 ViewModel 中获取数据。ViewModel 除了能够使项目结构更加整洁之外，还能自动对生命周期进行感知，允许跨配置更改的异步请求。首先引入 Android Architecture Components 所需的所有依赖，因为之后它们都会用到。代码清单 8-37 展示了这些依赖。

代码清单8-37　Architecture Componnets所需的Gradle依赖

```
def room_version = "1.1.0"
implementation "android.arch.persistence.room:runtime:$room_version"
kapt "android.arch.persistence.room:compiler:$room_version"

def lifecycle_version = "1.1.1"
implementation "android.arch.lifecycle:extensions:$lifecycle_version"
```

现在可以新建一个名为 viewmodel 的包，然后新建一个文件 SearchViewModel.kt。这个类继承自 ViewModel 类，而非 AndroidViewModel 类，因为它不需要使用应用的 context。且该类为 Search API 提供了一个整洁的接口。为此，它使用 helper 函数来执行实际调用，如代码清单 8-38 所示。

代码清单8-38　第一步：实现SearchViewModel

```
import android.arch.lifecycle.ViewModel
import com.example.nutrilicious.data.network.dto.*
import retrofit2.Call
```

```
class SearchViewModel : ViewModel() {

  private fun doRequest(req: Call<SearchWrapper<List<FoodDto>>>): List<FoodDto> =
      req.execute().body()?.list?.item ?: emptyList()
}
```

上述代码将执行 API 请求，读取返回的结果，并向下分发 `SearchWrapper` 的 `list` 和 `item`。这里不仅会处理 `doRequest` 或任何属性返回 **`null`** 的情况，还会处理异常的情况。但不论哪种异常，如果发生异常都会返回一个空的列表。

如代码清单 8-39 所示，`ViewModel` 实现了一个挂起函数，该函数使用 `withContext` 方法（有返回结果）来执行异步调用。

代码清单8-39 第二步：实现SearchViewModel

```
import com.example.nutrilicious.data.network.*
import com.example.nutrilicious.model.Food
import kotlinx.coroutines.withContext

class SearchViewModel : ViewModel() {

  suspend fun getFoodsFor(searchTerm: String): List<Food> { // Fetches foods from API
    val request: Call<SearchWrapper<List<FoodDto>>> = usdaApi.getFoods(searchTerm)
    val foodDtos: List<FoodDto> = withContext(NETWORK) { doRequest(request) }
    return foodDtos.map(::Food)
  }
  // …
}
```

上述代码使用了网络调度器执行异步调用，并将搜索到的 DTO 对象映射为 `Food` 对象。ViewModel 就绪后，在 `MainActivity` 中使用 `onCreate` 中延迟初始化属性的方式来引用它，如代码清单 8-40 所示。

代码清单8-40 在MainActivity中引用SearchViewModel

```
import com.example.nutrilicious.view.common.getViewModel  // Created next

class MainActivity : AppCompatActivity() {

  private lateinit var searchViewModel: SearchViewModel
  // …
  override fun onCreate(savedInstanceState: Bundle?) {
    // …
    navigation.setOnNavigationItemSelectedListener(navListener)
    searchViewModel = getViewModel(SearchViewModel::class)
```

```
    // …
  }
  // …
}
```

像 Kudoo 应用一样，getViewModel 方法是在 ViewExtension.kt 文件中定义的。你可以直接将 view.common 包复制粘贴到本项目中（以及将来的项目）。代码清单 8-41 所示为这个扩展。

代码清单8-41　getViewModel扩展方法

```
import android.arch.lifecycle.*
import android.support.v4.app.FragmentActivity
import kotlin.reflect.KClass

fun <T : ViewModel> FragmentActivity.getViewModel(modelClass: KClass<T>): T {
  return ViewModelProviders.of(this).get(modelClass.java)
}
```

最后，删除 onCreate 中的异步调用，且删除 MainActivity 中对 usdaApi 的依赖。取而代之，在其中使用统一 ViewModel，如代码清单 8-42 所示。

代码清单8-42　在MainActivity中使用SearchViewModel

```
override fun onCreate(savedInstanceState: Bundle?) {
  // …
  searchViewModel = getViewModel(SearchViewModel::class)

  launch(NETWORK) {  // Uses network dispatcher for network call
    val foods = searchViewModel.getFoodsFor("raw")

    withContext(UI) {  // Populates recycler view with fetched foods (on main thread)
      (rvFoods.adapter as SearchListAdapter).setItems(foods)
    }
  }
}
```

这是在项目中设置 ViewModel 所需的全部内容。现在 MainActivity 只有一个对 ViewModel 的引用，且 ViewModel 以对生命周期感知的方式为它提供所需的所有数据。而当启动该应用时，它应该仍然显示“原始”数据。

8.6　增加搜索食品功能

接下来，应用程序应该能够在顶部显示用户使用搜索字段搜索的内容。也就是，应该在用户执行搜索操作时发出API请求。为此，首先可以将请求的逻辑封装到MainActivity中的方法中，如代码清单8-43所示。

代码清单8-43 封装请求逻辑

```
private fun updateListFor(searchTerm: String) {
  launch(NETWORK) {
    val foods = searchViewModel.getFoodsFor(searchTerm)

    withContext(UI) {
      (rvFoods.adapter as SearchListAdapter).setItems(foods)
    }
  }
}
```

该方法仍然包含在后台线程上执行API请求的launch调用，所以updateListFor不是一个挂起方法，因此可以从协程外部调用。接下来，删除onCreate中的测试请求。之后，我们会提供一个Android Search Interface[⊖]，并让用户搜索他们感兴趣的食物。

实现一个搜索接口

第一步是增加一个菜单资源，该菜单会显示在屏幕顶部的搜索栏中。因此，新建一个菜单资源res/menu/search_menu.xml，并如代码清单8-44所示进行设置，只使用一个SearchView类型的菜单项。

代码清单8-44 用于搜索界面的菜单资源

```
<?xml version="1.0" encoding="utf-8"?>
<menu xmlns:app="http://schemas.android.com/apk/res-auto"
    xmlns:android="http://schemas.android.com/apk/res/android">

    <item android:id="@+id/search"
        android:title="@string/search_title"
        android:icon="@android:drawable/ic_menu_search"
        app:showAsAction="always"
        app:actionViewClass="android.widget.SearchView" />
</menu>
```

这里使用了一个新的字符串资源，如代码清单8-45所示。

代码清单8-45 搜索菜单使用的字符串资源

```
<string name="search_title">Search food…</string>
```

⊖ https://developer.android.com/training/search/setup。

接下来，你需要一个所谓的可搜索配置，它定义了搜索视图的行为。在一个新的资源文件 res/xml/searchable.xml 中定义，如代码清单 8-46 所示。

代码清单8-46　可搜索配置

```
<?xml version="1.0" encoding="utf-8"?>
<searchable xmlns:android="http://schemas.android.com/apk/res/android"
    android:label="@string/app_name"
    android:hint="@string/search_title" />
```

上述代码中所使用的标签必须和 AndroidManifest.xml 文件中的应用标签相同，所以可以使用 @string/app_name。此外，hint 能够帮助用户知道在搜索字段中输入什么。这里，hint 中显示的内容重用了前面用过的 search title。

接下来，需要在 AndroidManifest 中做三件事情：第一，使用 metadata 告诉应用去哪里可以找到搜索界面；第二，哪个 activity 需要处理搜索意图；第三，MainActivity 需要使用 singleTop 启动模式来处理搜索意图本身。且所有对 MainActivity 的修改都需要在 AndroidMainifest.xml 文件中的 activity 标签下进行。如代码清单 8-47 所示。

代码清单8-47　在AndroidManifest中配置搜索

```
<activity
  android:launchMode="singleTop"                // Reuses existing instance
  android:name=".view.main.MainActivity"
  android:label="@string/app_name">
  <meta-data android:name="android.app.searchable"  // Where to find searchable conf.
    android:resource="@xml/searchable" />
  <intent-filter>
    <action android:name="android.intent.action.SEARCH" />  // Handles search intents
  </intent-filter>
  …
</activity>
```

singleTop 启动模式告诉 Android 任何要路由到 MainActivity 的 intent 都要到它已有的 acitivty 实例上。如果不使用 singleTop，则 Android 会为每个 intent 创建一个新的 MainActivity 实例，导致其状态丢失。因此，要处理搜索，activity 必须使用 singleTop 作为启动模式。

要将 menu 填充到 activity 中，必须覆盖 onCreateOptionsMenu 方法。所以，在 MainActivity 中，如代码清单 8-48 所示重写该方法来渲染搜索菜单。

代码清单8-48　渲染并设置搜索菜单

```
import android.app.SearchManager
import android.widget.SearchView
```

```
import android.content.Context
import android.view.Menu
// …
class MainActivity : AppCompatActivity() {
  // …
  override fun onCreateOptionsMenu(menu: Menu): Boolean {
    menuInflater.inflate(R.menu.search_menu, menu)

    // Associates searchable configuration with the SearchView
    val searchManager = getSystemService(Context.SEARCH_SERVICE) as SearchManager
    (menu.findItem(R.id.search).actionView as SearchView).apply {
      setSearchableInfo(searchManager.getSearchableInfo(componentName))
    }
  return true
  }
}
```

最后，当用户使用搜索功能时，覆盖 onNewIntent 方法并使用 ACTION_SEARCH 过滤 Intent，如代码清单 8-49 所示。

代码清单8-49　处理搜索意图

```
import android.content.Intent
// …
class MainActivity : AppCompatActivity() {
  // …
  override fun onNewIntent(intent: Intent) {
    if (intent.action == Intent.ACTION_SEARCH) {  // Filters for search intents
      val query = intent.getStringExtra(SearchManager.QUERY)
      updateListFor(query)
    }
  }
}
```

现在当你运行应用程序时，你应该能搜索到任何你想要的食物和相关的信息，并显示在 RecyclerView 上。如果没有显示任何内容，请确保输入一个能返回结果的查询，例如“raw”——当前应用程序还不能处理空响应。

8.7 介绍 Fragment I：实现搜索 Fragment

此时，除了 RecyclerView 的监听器，主屏幕几乎已经完成了。这些监听器将在稍后添加，并用于 My Foods Screen。为了防止 MainActivity 变成一个试图自己处理所有事情的万能 activity，接下来会将 MainAcitivity 模块化为不同的 fragment。

fragment 会封装一部分 UI，并且可重用。通常，一个 activity 由多个 fragment 组成。在本应用中，我们将为底部导航菜单的每个子项都创建一个 fragment，也就是 SearchFragment 和 FavoritesFragment。在本节中，我们会将 MainActivity 中已有的代码模块化到 SearchFragment 中，同时 MainActivity 也会变得更加精简。在下一节中，也会更容易地抽取 FavoritesFragment。

与之前一样，从创建必要的布局文件开始。在 res/layout 中，新建一个 fragment_search.xml 文件，该文件包含一个 SwipeRefreshLayout，其中只有一个原来在 activity_main.xml 中的 RecyclerView——你可以从 activity_main.xml 中复制粘贴过来。删除 acitivity_main.xml 中的 ConstraintLayout 布局会使用到和“约束”相关的属性，并将其改为 layout_weight。布局见代码清单 8-50。

代码清单8-50　SearchFragment的布局

```
<?xml version="1.0" encoding="utf-8"?>
<android.support.v4.widget.SwipeRefreshLayout
    xmlns:android="http://schemas.android.com/apk/res/android"
    android:id="@+id/swipeRefresh"
    android:layout_width="match_parent"
    android:layout_height="match_parent">

    <android.support.v7.widget.RecyclerView
        android:id="@+id/rvFoods"
        android:layout_width="match_parent"
        android:layout_height="0dp"
        android:layout_weight="1"/>

</android.support.v4.widget.SwipeRefreshLayout>
```

从 activity_main.xml 中删除这个元素后，下一步是为 fragment 增加一个占位符。占位符定义了在 activity 中的何处使用 fragment，代码清单 8-51 所示为使用了一个空的 FrameLayout 作为占位符。

代码清单8-51　MainActivity的布局

```
<android.support.constraint.ConstraintLayout …>

    <!-- Placeholder for fragments -->
    <FrameLayout
        android:id="@+id/mainView"
        android:layout_width="match_parent"
        android:layout_height="wrap_content"
```

```
        android:orientation="vertical" />

    <android.support.design.widget.BottomNavigationView … />

</android.support.constraint.ConstraintLayout>
```

到此就完成了布局部分，现在可以开始实现搜索 fragment 了。在 view.main 目录下，新建 SearchFragment.kt 文件（不要使用 Android Studio 向导创建 fragment）。这个 fragment 类需要继承类 android.support.v4.app.Fragment。

fragment 的生命周期和 activity 稍微有些不同，可以覆盖这些方法来初始化 UI、生成依赖项和执行其他设置逻辑。搜索 fragment 实现了三个生命周期方法，它们按照如下顺序被调用：

- onAttach：当 fragment 第一次附加到 context (activity) 上时调用；
- onCreateView：在 onAttach 和 onCreate 之后调用，用来初始化 UI；
- onViewCreated 当 onCreateView 返回后直接调用。

搜索 fragment 时，在 onAttach 方法中获取对 SearchViewModel 的引用，在 onCreateView 方法中进行布局的渲染，当 onViewCreated 方法调用时，所有的视图都已经初始化好了。代码清单 8-52 显示了目前为止的 SearchFragment 类。

代码清单8-52 在搜索fragment中覆盖生命周期方法

```kotlin
import android.content.Context
import android.os.Bundle
import android.support.v4.app.Fragment
import android.view.*
import com.example.nutrilicious.R
import com.example.nutrilicious.view.common.getViewModel
import com.example.nutrilicious.viewmodel.SearchViewModel

class SearchFragment : Fragment() {

  private lateinit var searchViewModel: SearchViewModel

  override fun onAttach(context: Context?) {
    super.onAttach(context)
    searchViewModel = getViewModel(SearchViewModel::class)
  }

  override fun onCreateView(inflater: LayoutInflater, container: ViewGroup?,
       savedInstanceState: Bundle?): View? {
    return inflater.inflate(R.layout.fragment_search, container, false)
  }
```

```
  override fun onViewCreated(view: View, savedInstanceState: Bundle?) {
    super.onViewCreated(view, savedInstanceState)
    setUpSearchRecyclerView()  // Will come from MainActivity
    setUpSwipeRefresh()        // Implemented later
  }
}
```

尽管（fragment）生命周期方法略有不同，但是和 activity 中的概念和结构是一样的。例如，为 ViewModel 使用晚初始化的属性，也可以使用 Ctrl+O（Mac 上也是）来复写方法。

onViewCreated 中调用的 setUpSearchRecyclerView 方法已经存在，但是该方法还没有编写。现在可以将它从 MainActivity 移动到 SearchFragment 中。同样，将 updateListFor 方法移动到搜索 fragment 中并将其公开。在此之后，MainActivity 除了导航监听器之外没有其他的私有成员了（它也不再需要对 ViewModel 的引用）。在 MainActivity 中，对已删除成员的所有引用（setUpSearchRecyclerView、updateListFor 和 searchViewModel）可以删除。

这段代码使用了一个不同的 getViewModel 方法，且已在 Fragment 类中定义，如代码清单 8-53 所示。

代码清单8-53　fragment的getViewModel方法

```
fun <T : ViewModel> Fragment.getViewModel(modelClass: KClass<T>): T {
  return ViewModelProviders.of(this).get(modelClass.java)
}
```

因为现在使用的是 fragment，所以你应该始终考虑这样一种可能性，即 fragment 没有附加到 activity 上，此时视图是不可访问的。在 Kotlin 中，可以使用 UI 元素上的安全调用操作符简单地处理这个问题。代码清单 8-54 所示为对 updateListFor 的相应调整。

代码清单8-54　安全访问UI元素

```
fun updateListFor(searchTerm: String) {  // Is now public
  launch(NETWORK) { // …
    withContext(UI) {
      (rvFoods?.adapter as? SearchListAdapter)?.setItems(foods)  // Uses safe ops.
    }
  }
}
```

接下来，通过 fragment 的 context 替换对 this@MainActivity 的引用来调整 setUp Search RecyclerView，如代码清单 8-55 所示。

代码清单8-55 调整RecyclerView配置

```
private fun setUpSearchRecyclerView() = with(rvFoods) {
  adapter = SearchListAdapter(emptyList())
  layoutManager = LinearLayoutManager(context)
  addItemDecoration(DividerItemDecoration(
      context, LinearLayoutManager.VERTICAL
  ))
  setHasFixedSize(true)
}
```

在 fragment 中需要使用一个新的布局组件，即 SwipeRefreshLayout。它需要在向下滑动刷新数据时重新发出上一次的搜索请求。代码清单 8-56 为其增加了一个简单的设置方法，以及一个 lastSearch 属性来记住最后一次搜索。

代码清单8-56 配置SwipeRefreshLayout

```
class SearchFragment : Fragment() {
  private var lastSearch = ""
  // …
  private fun setUpSwipeRefresh() {
    swipeRefresh.setOnRefreshListener {
      updateListFor(lastSearch)  // Re-issues last search on swipe refresh
    }
  }

  fun updateListFor(searchTerm: String) {
    lastSearch = searchTerm      // Remembers last search term
    // …
  }
}
```

此时，onViewCreated 方法中应该不会再有错误出现，因为所有需要的方法都存在。这就结束了对 SearchFragment 类的修改。主要的改动就是将 MainActivity 中的部分代码移到了新的 fragment 中，以起到职责划分的作用。

当然，现在还需要调整 MainActivity 以使用这个 fragment。首先，删除对已删除方法和 SearchViewModel 的引用——activity 现在不需要再从 ViewModel 中获取数据了。然后，添加一个 SearchFragment 类型的属性来保存搜索 fragment，如代码清单 8-57 所示。

代码清单8-57 增加fragment属性

```
class MainActivity : AppCompatActivity() {
  private lateinit var searchFragment: SearchFragment
  // …
}
```

向 activity 中添加 fragment 是通过 fragment transactions 完成的。首先，我们添加一个扩展方法，它封装了向 activity 添加 fragment 所需的代码。代码清单 8-58 展示了 ViewExtensions.kt 中的新扩展方法。

代码清单8-58 扩展方法以包含fragment

```
import android.support.v7.app.AppCompatActivity
// …
fun AppCompatActivity.replaceFragment(viewGroupId: Int, fragment: Fragment) {
  supportFragmentManager.beginTransaction()
      .replace(viewGroupId, fragment)  // Replaces given view group with fragment
      .commit()
}
```

任何 fragment 的事务都是通过 activity 的 supportFragmentManager 启动的。其中，给定的 viewGroupId 引用占位符视图，该视图将被 fragment 替换。现在，你可以将这个新的 fragment 添加到 activity 的 onCreate 方法中，如代码清单 8-59 所示。

代码清单8-59 在UI中使用fragment

```
import com.example.nutrilicious.view.common.replaceFragment

class MainActivity : AppCompatActivity() {
  // …
  override fun onCreate(savedInstanceState: Bundle?) {
    super.onCreate(savedInstanceState)
    setContentView(R.layout.activity_main)
    searchFragment = SearchFragment()
    replaceFragment(R.id.mainView, searchFragment)  // Replaces the placeholder
    navigation.setOnNavigationItemSelectedListener(navListener)
  }
}
```

然而，上述代码在 onCreate 方法每次被调用时都会创建一个全新的 SearchFragment。例如，当用户旋转屏幕或者切换到另一个应用并返回时。这样会导致每次操作之后都会清除 fragment 的任何状态，这会让用户产生一种不连续的感觉。相反，用户希望能够保持搜索 fragment 以及他的状态——只要 Android 不进行垃圾回收。存储 fragment 也可以使用 fragment 事务来完成。代码清单 8-60 所示为在 ViewExtension.kt 中增加一个方法，能够将 fragment 和它的状态存储到 activity 中。

代码清单8-60 在activity的状态中存储fragment

```
import android.support.annotation.IdRes
// …
```

```
fun AppCompatActivity.addFragmentToState(
    @IdRes containerViewId: Int,
    fragment: Fragment,
    tag: String
) {
  supportFragmentManager.beginTransaction()
      .add(containerViewId, fragment, tag)  // Stores fragment with given tag
      .commit()
}
```

现在，不需要每次都在 onCreate 中创建一个新的 fragment，你可以实现一个 helper 方法，该方法首先会尝试恢复一个已存在的 fragment，且只在需要时才创建 fragment。代码清单如 8-61 所示。

代码清单8-61　恢复一个已存在的fragment

```
import com.example.nutrilicious.view.common.*
// …
class MainActivity : AppCompatActivity() {
  // …
  private fun recoverOrBuildSearchFragment() {
    val fragment = supportFragmentManager  // Tries to load fragment from state
        .findFragmentByTag(SEARCH_FRAGMENT_TAG) as? SearchFragment
    if (fragment == null) setUpSearchFragment() else searchFragment = fragment
  }

  private fun setUpSearchFragment() {  // Sets up search fragment and stores to state
    searchFragment = SearchFragment()
    addFragmentToState(R.id.mainView, searchFragment, SEARCH_FRAGMENT_TAG)
  }
}
```

recoverOrBuildSearchFragment 方法首先尝试从 activity 的状态中读取一个现有的 fragment，否则将会返回来创建一个新的 fragment。当创建一个新的 fragment 时，会自动添加到 activity 的下一个状态中。且 tag 是 fragment 的唯一标识符，你可以在 MainActivity 中声明该标识符，如代码清单 8-62 所示。

代码清单8-62　添加一个Fragment Tag

```
private const val SEARCH_FRAGMENT_TAG = "SEARCH_FRAGMENT"

class MainActivity : AppCompatActivity() { … }
```

接下来，调用 onCreate 中的 helper 方法来恢复 fragment，而不是创建一个新的

fragment，如代码清单 8-63 所示。

代码清单8-63　调整onCreate

```
override fun onCreate(savedInstanceState: Bundle?) {
  // …
  recoverOrBuildSearchFragment()  // Replaces SearchFragment() constructor call
  replaceFragment(R.id.mainView, searchFragment)
}
```

现在可以委托 fragment 来处理搜索 intent，因为这已经不再是 activity 的职责了。代码清单 8-64 相应地调整了 intent 的处理代码。

代码清单8-64　将搜索委托给搜索fragment

```
override fun onNewIntent(intent: Intent) {
  if (intent.action == Intent.ACTION_SEARCH) {
    val query = intent.getStringExtra(SearchManager.QUERY)
    searchFragment.updateListFor(query)  // Uses the search fragment
  }
}
```

本节的最后一个增强功能是使用滑动刷新，并且能正确地显示指示器。现在，当通过菜单进行搜索时，滑动刷新指示器不会显示出来，而且一旦触发向下滑动，指示器会持续显示。你可以通过在 updateListFor 方法中适当地设置滑动刷新状态，来修复上述两个问题。如代码清单 8-65 所示。

代码清单8-65　处理滑动刷新问题

```
private fun updateListFor(searchTerm: String) {
  lastSearch = searchTerm
  swipeRefresh?.isRefreshing = true  // Indicates that app is loading

  launch(NETWORK) {
  val foods = searchViewModel.getFoodsFor(searchTerm)
    withContext(UI) {
      (rvFoods?.adapter as? SearchListAdapter)?.setItems(foods)
      swipeRefresh?.isRefreshing = false  // Indicates that app finished loading
    }
  }
}
```

注意，这里也使用了安全操作符，因为当网络请求返回时，fragment 可能已经不存在于 activity 中，并导致 swipeRefresh 不可访问。

现在，一切都像之前一样能够工作了（且还增加了滑动刷新功能）。用户不会在意应用程序是否使用了 fragment，但是它确实改善了内部结构。特别是，它还通过在更细粒度的级别上分离关注点，以防止 activity 职责过多。

8.8 介绍 Fragment II：实现收藏 Fragment

现在，应用程序使用了 fragment 且需要添加收藏 fragment，并通过显示适当的 fragment 使底部导航栏正常工作。与往常一样，第一步是创建所需的布局，在 `res/layout` 目录下添加一个新的文件 `fragment_favorites.xml`，它定义了新 fragment 的布局。这个 fragment 显示了用户收藏的食物列表，代码清单 8-66 展示了相应的布局。

代码清单8-66 收藏Fragment的布局

```
<?xml version="1.0" encoding="utf-8"?>
<android.support.constraint.ConstraintLayout
    xmlns:android="http://schemas.android.com/apk/res/android"
    xmlns:app="http://schemas.android.com/apk/res-auto"
    app:layout_behavior="@string/appbar_scrolling_view_behavior"
    android:layout_width="match_parent"
    android:layout_height="match_parent">

    <TextView
        android:id="@+id/tvHeadline"
        android:layout_width="wrap_content"
        android:layout_height="wrap_content"
        app:layout_constraintLeft_toLeftOf="parent"
        app:layout_constraintRight_toRightOf="parent"
        app:layout_constraintTop_toTopOf="parent"
        android:padding="@dimen/medium_padding"
        android:text="@string/favorites"
        android:textSize="@dimen/huge_font_size" />

    <android.support.v7.widget.RecyclerView
        android:id="@+id/rvFavorites"
        android:layout_width="match_parent"
        android:layout_height="wrap_content"
        app:layout_constraintTop_toBottomOf="@+id/tvHeadline" />

</android.support.constraint.ConstraintLayout>
```

这个简单的布局包括一个标题和一个 RecyclerView，以显示用户所收藏的食物列表。虽然这里使用了更先进的 `ConstraintLayout`，但你也可以很容易地使用 `LinearLayout` 来代替。当然，要完成布局，如代码清单 8-67 所示，需要添加以下缺少的资源。

代码清单8-67　布局要用到的资源

```
// In res/values/dimens.xml
<dimen name="huge_font_size">22sp</dimen>

// In res/values/strings.xml
<string name="favorites">Favorite Foods</string>
```

以上就是 fragment 所需的所有布局了。现在，在 view.main 目录下新建一个 FavoritesFragment.kt 文件，并重写必要的方法来加载和初始化布局组件。如代码清单 8-68 所示，代码结构和搜索 fragment 中的结构相同。目前，fragment 中使用的是硬编码的示例数据，因为用户现在还不能收藏食物。

代码清单8-68　实现收藏fragment

```
import android.os.Bundle
import android.support.v4.app.Fragment
import android.support.v7.widget.*
import android.view.*
import com.example.nutrilicious.R
import com.example.nutrilicious.model.Food
import kotlinx.android.synthetic.main.fragment_favorites.*

class FavoritesFragment : Fragment() {

  override fun onCreateView(inflater: LayoutInflater,
                            container: ViewGroup?,
                            savedInstanceState: Bundle?): View? {
    return inflater.inflate(R.layout.fragment_favorites, container, false)
  }

  override fun onViewCreated(view: View, savedInstanceState: Bundle?) {
    super.onViewCreated(view, savedInstanceState)
    setUpRecyclerView()
  }

  private fun setUpRecyclerView() = with(rvFavorites) {
    adapter = SearchListAdapter(sampleData())
    layoutManager = LinearLayoutManager(context)
    addItemDecoration(DividerItemDecoration(
        context, LinearLayoutManager.VERTICAL
    ))
    setHasFixedSize(true)
  }
```

```
  // Temporary! Should use string resources instead of hard-coded strings in general
  private fun sampleData(): List<Food> = listOf(
      Food("00001", "Marshmallow", "Candy and Sweets", true),
      Food("00002", "Nougat", "Candy and Sweets", true),
      Food("00003", "Oreo", "Candy and Sweets", true)
  )
}
```

同样，布局在 onCreateView 中被加载，且所有的视图都是在 onViewCreated 中初始化的，因为此时这些视图才初始化好且可被操作。这种初始化方式很好，但是，请注意初始化 RecyclerView 的代码重复了——因为搜索 fragment 中也是这样初始化的。这是因为二者使用了相同的适配器，且看起来完全相同。二者的唯一区别是显示的项目不同。为了避免代码重复，应该将该代码逻辑移动到两个 fragment 都可以访问到的地方。而由于该逻辑与 MainActivity 相关，所以可以将代码移动到这里，如代码清单 8-69 所示。

代码清单8-69 将公共逻辑移动到MainActivity

```
import android.support.v7.widget.*
import com.example.nutrilicious.model.Food
// …
class MainActivity : AppCompatActivity() {
  // …
  companion object {
    fun setUpRecyclerView(rv: RecyclerView, list: List<Food> = emptyList()) {
      with(rv) {
        adapter = SearchListAdapter(list)
        layoutManager = LinearLayoutManager(context)
        addItemDecoration(DividerItemDecoration(
            context, LinearLayoutManager.VERTICAL
        ))
        setHasFixedSize(true)
      }
    }
  }
}
```

上述代码将该方法放在了一个伴生对象中，可以更方便更直接地在 activity 类上调用。通过在这两个 fragment 中调用该方法，你的代码会再次变得 DRY（“Don’t Repeat Yourself”）。代码清单 8-70 展示了这些更改。

代码清单8-70 从fragment中删除重复代码

```
// In FavoritesFragment.kt
private fun setUpRecyclerView() {
```

```
  MainActivity.setUpRecyclerView(rvFavorites, sampleData())
}

// In SearchFragment.kt
private fun setUpSearchRecyclerView() {
  MainActivity.setUpRecyclerView(rvFoods)
}
```

通过这种方式，配置可回收布局的逻辑封装在一个地方，且fragment会代理使用它。现在可以使用这些fragment使底部导航栏正常工作了。且得益于之前对fragment事务的扩展和封装，使得导航栏的实现更加容易。代码清单8-71相应地调整了MainActivity中的导航监听器。

代码清单8-71　实现底部导航菜单

```
private val handler = BottomNavigationView.OnNavigationItemSelectedListener {
  when (it.itemId) {
    R.id.navigation_home -> {
      replaceFragment(R.id.mainView, searchFragment) // Uses existing search fragment
      return@OnNavigationItemSelectedListener true
    }
    R.id.navigation_my_foods -> {
      replaceFragment(R.id.mainView, FavoritesFragment())  // Creates new fragment
      return@OnNavigationItemSelectedListener true
    }
  }
  false
}
```

当按下Home Screen（主屏幕）时，activity切换到已有的搜索fragment，且该fragment还保存了searchFragment的属性。但对于收藏fragment就没必要这样做了，它的状态来自于数据库中哪些食物是已收藏的。因此，每当用户导航到My Foods Screen时，都会创建一个新的fragment。

目前，在切换到收藏fragment并返回后，搜索fragment将为空。因为，作为最后一步，搜索fragment应该记住最近的搜索结果，并在返回时使用它们填充列表。代码清单8-72展示了SearchFragment中所需的修改。

代码清单8-72　保留最后的搜索结果

```
import com.example.nutrilicious.model.Food

class SearchFragment : Fragment() {
  // …
```

```
  private var lastResults = emptyList<Food>()

  override fun onViewCreated(view: View, savedInstanceState: Bundle?) {
    // …
    (rvFoods?.adapter as? SearchListAdapter)?.setItems(lastResults) // Recovers state
  }
  // …
  fun updateListFor(searchTerm: String) {
    // …
    launch(NETWORK) {
      val foods = searchViewModel.getFoodsFor(searchTerm)
      lastResults = foods  // Remembers last search results
      withContext(UI) { … }
    }
  }
}
```

8.9 在 Room 数据库中存储用户收藏食品数据

下一步是将用户收藏的食物存储在数据库中，并显示在收藏 fragment 中。这是一个让你熟悉 Room 的好机会。设置 Room 的过程和第 7 章中的 Android 应用 Kudoo 一样，需要 3 个步骤：

- ❑ 定义应存储在数据库中的实体；
- ❑ 创建提供访问数据库所需的所有操作的 DAO；
- ❑ 实现提供 DAO 的 RoomDatabase 抽象子类。

因为 Android Architecture Components 的依赖都已经存在了，所以你可以立即开始创建实体。对于本应用程序来说，就是 Food 类，代码清单 8-73 显示了所需的修改。

代码清单8-73 将食物作为一个实体类

```
import android.arch.persistence.room.*
// …
@Entity(tableName = "favorites")  // Signals Room to map this entity to the DB
data class Food(
    @PrimaryKey val id: String,   // Unique identifier for a food (the NDBNO)
    val name: String,
    val type: String,
    var isFavorite: Boolean = false
) { … }
```

如上述代码所示，只需要两个注解就可以将类转换为 Room 可以使用的实体类。相较于默认的表名 food，表名为 favorites 更能突出显示该表存在的目的。然后把已存在的 NDBNO 作为主键使用。

下一步是添加 DAO 来对表 favorites 执行查询操作。为此，添加一个新的包 data.db，并向其添加 FavoritesDao 接口，如代码清单 8-74 所示。

代码清单8-74　添加DAO以访问Favorites

```
import android.arch.lifecycle.LiveData
import android.arch.persistence.room.*
import android.arch.persistence.room.OnConflictStrategy.IGNORE
import com.example.nutrilicious.model.Food

@Dao
interface FavoritesDao {

  @Query("SELECT * FROM favorites")
  fun loadAll(): LiveData<List<Food>>  // Note LiveData return type

  @Query("SELECT id FROM favorites")
  fun loadAllIds(): List<String>

  @Insert(onConflict = IGNORE)  // Do nothing if food with same NDBNO already exists
  fun insert(food: Food)

  @Delete
  fun delete(food: Food)
}
```

DAO 提供了 Nutrilicious 应用程序所需的数据库相关的所有功能：获取所有已收藏的食物，并在 fragment 中显示，只获取已收藏食物的 ID 并用星星图标标注它们，添加和删除已收藏食物（当用户点击星星图标时）。Room 使得使用基本 SQL 查询语句实现相应的查询操作变得简单。但这里还要注意，loadAll 方法的返回类型是 LiveData，所以对已收藏食物的更新可以立即反映在收藏 fragment 中。

最后一步，新建一个抽象类 RoomDatabase 的子类，这里命名为 AppDatabase。如代码清单 8-75 所示，该类始终遵循类似的结构，且定义较为简单。

代码清单8-75　新建AppDatabase

```
import android.arch.persistence.room.*
import android.content.Context
import com.example.nutrilicious.model.Food

@Database(entities = [Food::class], version = 1)
```

```
abstract class AppDatabase : RoomDatabase() {

  companion object {
    private var INSTANCE: AppDatabase? = null

    fun getInstance(ctx: Context): AppDatabase {
      if (INSTANCE == null) { INSTANCE = buildDatabase(ctx) }
      return INSTANCE!!
    }

    private fun buildDatabase(ctx: Context) = Room
        .databaseBuilder(ctx, AppDatabase::class.java, "AppDatabase")
        .build()
  }

  abstract fun favoritesDao(): FavoritesDao  // Provides access to the DAO
}
```

你可以将上述代码用作模板。其他数据库只需要调整在 @Database 注解中包含哪些实体，以及公开哪些 DAO。这里，只使用了一个 DAO，且通过 favoritesDao 方法公开，以便 Room 能够为其生成一个实现。

为了将 fragment 和从数据库中获取数据的 activity 解耦，可以在 viewmodel 包中添加一个 FavoritesViewModel。代码清单 8-76 显示了这个 ViewModel。

代码清单8-76 ViewModel访问数据库

```
import android.app.Application
import android.arch.lifecycle.*
import com.example.nutrilicious.data.db.*
import com.example.nutrilicious.model.Food
import kotlinx.coroutines.*

class FavoritesViewModel(app: Application) : AndroidViewModel(app) {

  private val dao by lazy { AppDatabase.getInstance(getApplication()).favoritesDao()}

  suspend fun getFavorites(): LiveData<List<Food>> = withContext(DB) {
    dao.loadAll()
  }
  suspend fun getAllIds(): List<String> = withContext(DB) { dao.loadAllIds() }
  fun add(favorite: Food) = launch(DB) { dao.insert(favorite) }
  fun delete(favorite: Food) = launch(DB) { dao.delete(favorite) }
}
```

ViewModel封装了DAO方法，且为其他调用类提供了更干净的接口。获取用户收藏的食物接口会返回一个LiveData类型，以便你观察其变化。且上述代码中，有两个方法的返回值都使用了withContext方法，以便使用更表意的返回类型，而非Deferred。但是添加和删除元素则使用了即用即弃的协程。注意，这个ViewModel是AndroidViewModel的子类，因为它需要使用应用程序的上下文来得到数据库对象。

这里为所有与数据库相关的操作使用专用的调度器。它在data.db包下的DatabaseDispatcher.kt文件中声明。如代码清单8-77所示。

代码清单8-77 用于数据库操作的协程调度程序

```
import kotlinx.coroutines.newSingleThreadContext

val DB = newSingleThreadContext("DB")  // Single dedicated thread for DB operations
```

至此就完成了数据库配置，下一步要做的是当用户单击星号将食物标记或取消标记为已收藏时，数据库能够进行更新。也就是说，ImageView需要一个单击事件处理程序来处理点击，它应该知道单击事件所指向的食物对象和列表位置。代码清单8-78相应地调整了SearchListAdapter。

代码清单8-78 调整适配器以处理星号图标单击事件

```
class SearchListAdapter( // …
    private val onStarClick: (Food, Int) -> Unit
) : … {
  // …
  inner class ViewHolder(…) : … {
    fun bindTo(food: Food) {
      // …
      ivStar.setOnClickListener { onStarClick(food, this.layoutPosition) }
    }
  }
}
```

传入并处理单击事件只需要另外的两行代码。现在，你需要在MainActivity中创建适配器时传入一个时间处理器，该处理器能够控制食物是否已被收藏。由于两个fragment都可以实现，因此上述逻辑应该放入MainActivity或者另一个文件中，以避免代码重复。

首先，如代码清单8-79所示，调整RecyclerView的配置代码，以构造适配器。另外，为了避免大量使用有效静态方法而导致伴生对象巨大，现在就应该删除对伴生对象的使用。且之后会在fragment调整对它们的调用。

代码清单8-79 使用点击监听器创建适配器

```
class MainActivity : AppCompatActivity() {
  // …
  fun setUpRecyclerView(rv: RecyclerView, list: List<Food> = emptyList()) {
    with(rv) {
      adapter = setUpSearchListAdapter(rv, list)
      // …
    }
  }

  private fun setUpSearchListAdapter(rv: RecyclerView, items: List<Food>) =
      SearchListAdapter(items,
          onStarClick = { food, layoutPosition ->  // Toggles favorite on click
            toggleFavorite(food)
            rv.adapter.notifyItemChanged(layoutPosition)
          })
}
```

由于适配器的创建变得比之前复杂了，因此其创建过程被封装到了自己的方法中。onStartClick 的操作可以根据是否已经收藏来改变对应食物的状态，同时通知适配器对该项进行改变。这会导致某一项被重新绘制，以便星星图标状态的正确改变——因此，需要单击处理程序获得布局位置。

现在，我们要一起实现切换收藏状态的方法了。为此，MainActivity 需要引用 FavoritesViewModel，以便添加或删除收藏。代码清单 8-80 展示了所需的修改。

代码清单8-80 通过点击星号图标改变收藏状态

```
import com.example.nutrilicious.viewmodel.FavoritesViewModel

class MainActivity : AppCompatActivity() {
  // …
  private lateinit var favoritesViewModel: FavoritesViewModel

  override fun onCreate(savedInstanceState: Bundle?) {
    // …
    favoritesViewModel = getViewModel(FavoritesViewModel::class)
  }
  // …
  private fun toggleFavorite(food: Food) {
    val wasFavoriteBefore = food.isFavorite
    food.isFavorite = food.isFavorite.not()  // Adjusts Food object's favorite status

    if (wasFavoriteBefore) {
```

```
        favoritesViewModel.delete(food)
        toast("Removed ${food.name} from your favorites.")
      } else {
        favoritesViewModel.add(food)
        toast("Added ${food.name} as a new favorite of yours!")
      }
    }
  }
```

更改食物是否已收藏的状态会改变 Food 对象中相应的属性，同时也会触发数据库的插入或删除操作。且由于使用了 LiveData，这些操作会自动使它们出现或消失在收藏 fragment 中。Toast 消息能够为用户的行为提供反馈。注意，它们可能在数据库操作完成之前就已经出现了（因为添加和删除使用了 launch internally），但这些对用户来说是不明显的。正如你所期望的那样，可以通过 ViewExtensions.kt 文件中的扩展方法来创建 Toast，如代码清单 8-81 所示。

代码清单8-81　创建Toast的扩展方法

```
import android.widget.Toast
// …
fun AppCompatActivity.toast(msg: String) {
  Toast.makeText(this, msg, Toast.LENGTH_SHORT).show()
}
```

到此为止就结束了对 activity 的修改。接下来就是对两个 fragment 的更改：收藏 fragment 应该能够显示所有已收藏的食物，而搜索 fragment 应该能够显示搜索出来的食物中哪些是已收藏的。

首先，调整收藏 Fragment。现在，可以使用 FavoritesViewModel 来查询所有的收藏，并通过 LiveData 的变化来更新 RecyclerView。此时，样本数据也可以移除了。所做的更改如代码清单 8-82 所示。

代码清单8-82　使用ViewModel的收藏Fragment

```
import android.content.Context
import com.example.nutrilicious.view.common.getViewModel
import com.example.nutrilicious.viewmodel.FavoritesViewModel
import kotlinx.coroutines.android.UI
import kotlinx.coroutines.launch
import android.arch.lifecycle.Observer
// …
class FavoritesFragment : Fragment() {

  private lateinit var favoritesViewModel: FavoritesViewModel
```

```
  override fun onAttach(context: Context?) {
    super.onAttach(context)
    favoritesViewModel = getViewModel(FavoritesViewModel::class)
  }
  // …
  override fun onViewCreated(view: View, savedInstanceState: Bundle?) {
    // …
    observeFavorites()
  }

  private fun observeFavorites() = launch {  // Updates list when favorites change
    val favorites = favoritesViewModel.getFavorites()
    favorites.observe(this@FavoritesFragment, Observer { foods ->
      foods?.let {
        launch(UI) { (rvFavorites.adapter as? SearchListAdapter)?.setItems(foods) }
      }
    })
  }

  private fun setUpRecyclerView() {
    (activity as? MainActivity)?.setUpRecyclerView(rvFavorites, emptyList())
  }
}
```

如上述代码所示，这个 fragment 使用一个新的属性来保存食物的 LiveData，因为它独立于任何视图，可以在 onAttach 中初始化。observeFavorites 方法反映了 LiveData 在 RecyclerView 中的变化。因为 MainActivity 中的 setUpRecyclerView 方法不再是一个伴生对象方法，所以要通过访问 fragment 的 activity 属性来得到 MainActivity 的引用。而且，这里暂时先传递一个空列表作为参数来初始化列表。

收藏 fragment 现在能够正确显示已收藏的食物列表，且用户可以选择这些食物。但是，这里还需要一个步骤：在搜索 fragment 中显示收藏的食物。这里从 API 中获取数据，所以需要使用 NDBNO 将其连接到数据库中相应的条目，如代码清单 8-83 所示。

代码清单8-83 搜索fragment

```
import com.example.nutrilicious.viewmodel.FavoritesViewModel
// …
class SearchFragment : Fragment() {
  // …
  private lateinit var favoritesViewModel: FavoritesViewModel

  override fun onAttach(context: Context?) {
    // …
```

```
    favoritesViewModel = getViewModel(FavoritesViewModel::class)
  }
  // …
  private fun updateListFor(searchTerm: String) {
    lastSearch = searchTerm
    swipeRefresh?.isRefreshing = true

    launch {
      val favoritesIds: List<String> = favoritesViewModel.getAllIds()
      val foods: List<Food> = searchViewModel.getFoodsFor(searchTerm)
          .onEach { if (favoritesIds.contains(it.id)) it.isFavorite = true }
      lastResults = foods

      withContext(UI) { … }
    }
  }

  private fun setUpSearchRecyclerView() {
    (activity as? MainActivity)?.setUpRecyclerView(rvFoods)
  }
}
```

ViewModel 只需关注所有收藏的食物的 ID，这可以在从 API 获取到数据时，通过 ID 来判断食物是否收藏。与 forEach 相同，onEach 也会对每个项执行给定的操作。但与 forEach 不同的是，onEach 会返回结果集合，上述代码中就使用 onEach 对 isFavorite 属性通过已收藏食物的 ID 进行了赋值。需要注意的是，这里调整 setup 方法以正确地调用成员方法。

如此一来，用户就可以选择收藏的食物，并在收藏页面进行查看，当然还可以看到哪些食物已经被选为收藏，同时也可以通过点击星星图标进行增添或删除。到此为止，当前的应用可以发现以前不存在的食物，但对于整个应用而言，并不算很有用。在下一节中，开发者将有机会更加深入地了解 USDA 的获取并展示营养成分信息的 API，从而帮助用户做出更加健康的饮食选择。

8.10　从 USDA 食品报告 API 中拉取营养详情数据

因为我们可以在现有代码的基础上进行构建，所以此时访问 USDA API 的另一个端点非常容易。要从 USDA Food Reports API[⊖]中获取营养详情，只需将相应的 GET 请求添加到

⊖ https://ndb.nal.usda.gov/ndb/doc/apilist/API-FOOD-REPORTV2.md。

UsdaApi 接口中，如代码清单 8-84 所示。

代码清单8-84 在API接口中增加新的端点

```
@GET("V2/reports?format=json")
fun getDetails(
    @Query("ndbno") id: String,            // Only non-optional parameter is food ID
    @Query("type") detailsType: Char = 'b' // b = basic, f = full, s = stats
): Call<DetailsWrapper<DetailsDto>>
```

这样，UsdaApi 接口现在包含两种不同的 GET 请求，第二个方法将“V2/reports”添加到基本 URL 上，且接收所请求食物的 NDBNO。但这次，我们可以直接将数据映射到 DTO，返回类型的结构类似于搜索 API，通过 DetailsWrapper 封装实际的 DetailsDto 类型，从而与 JSON 结构相对应。这些 wrapper 和 DTO 会在接下来进行创建。将返回类型设置为“b”会告诉 API 返回的基本信息，这对于该应用来说已经很详细了。

这里建议你将另一个 JSON 文件以结果格式[⊖]添加到项目中（例如，在 sampledata 目录中），以便更轻松地研究。你可以将其命名为 detailsFormat.json，如果需要，可以使用 Reformat Code 操作修复换行和缩进。代码清单 8-85 展示了 JSON 数据的相关代码块。

代码清单8-85 营养详情的JSON格式

```
{
  "foods": [
    {
      "food": {
        "sr": "Legacy",
        "type": "b",
        "desc": {                    // Basic food data
          "ndbno": "09070",
          "name": "Cherries, sweet, raw",
          "ds": "Standard Reference",
          "manu": "",
          "ru": "g"
        },
        "nutrients": [               // Nutrient data for food above
          {
            "nutrient_id": "255",    // Unique nutrient ID
            "name": "Water",         // Nutrient name
            "derivation": "NONE",
            "group": "Proximates",   // Nutrient category
            "unit": "g",             // Unit used by 'value' below
```

⊖ https://api.nal.usda.gov/ndb/V2/reports?ndbno=09070&type=b&format=json&apikey=DEMOKEY。

```
            "value": "82.25",       // Amount of this nutrient per 100g of food
            "measures": [ … ]
          }, …
        ]
      }
    }
  ]
}
```

这里，你所需的真实数据都被包装到了foods和food的属性中（就像前面的list和item一样），营养成分的清单很长，包含从水到宏到维生素、矿物质和脂肪等。这些数值都以每100克食物为单位。例如，根据代码清单8-85可知，100g樱桃包含82.25g的水。在本应用中，你不会使用与结果相关的其他度量单位（如oz、杯、块）。

接下来我们将这些数据映射到DTO中。在data.network.dto包下，新建一个DetailsDtos.kt文件，该文件用来存放DTO，代码清单8-86提供了一个DTO包装类，可以映射到需要的数据。

代码清单8-86　DTO包装类

```kotlin
import com.squareup.moshi.JsonClass

@JsonClass(generateAdapter = true)
class FoodsWrapper<T> {
  var foods: List<T> = listOf()  // Navigates down the 'foods' list from JSON
}

@JsonClass(generateAdapter = true)
class FoodWrapper<T> {
  var food: T? = null           // Navigates down the 'food' object
}

typealias DetailsWrapper<T> = FoodsWrapper<FoodWrapper<T>>
```

在编写这些DTO时，要注意哪些JSON属性是列表（用方括号表示），哪些JSON属性是对象（用大括号表示），并相应地映射它们。在本例中，foods是一个列表，food是一个对象；Food Reports API允许在一个请求中获取多种食物的详细信息，从而获得食物列表。

接下来，如代码清单8-87所示，展示了与JSON数据中属性名称匹配的DTO声明，以便Moshi知道如何映射它们。

代码清单8-87　详情DTO

```kotlin
@JsonClass(generateAdapter = true)
class DetailsDto(val desc: DescriptionDto, val nutrients: List<NutrientDto>) {
```

```
  init {
    nutrients.forEach { it.detailsId = desc.ndbno }  // Connects the two DTOs below
  }
}

@JsonClass(generateAdapter = true)
class DescriptionDto {  // Property names must match JSON names
  lateinit var ndbno: String
  lateinit var name: String
}

@JsonClass(generateAdapter = true)
class NutrientDto {  // Property names must match JSON names
  var nutrient_id: Int? = null   // Cannot use lateinit with Int
  var detailsId: String? = null  // Only field not coming from JSON
  lateinit var name: String
  lateinit var unit: String
  var value: Float = 0f
  lateinit var group: String
}
```

响应包含一个描述，其中包含所请求食物的 NDBNO 和名称，后面是营养详细信息列表。NutrientDto 包含一个不需要从 JSON 数据填充的属性，即 detailsId。它用来区分这些营养细节属于哪些食物（由国家食品药品监督管理局（NDBNO）确定）。当合并描述营养数据时，在 DetailsDto 中初始化，这和 SQL 中外键的工作原理类似。

现在，你已经准备好从 USDA API 中查询和映射详细的营养数据了。最后，你可以将这些数据映射到与 JSON 属性名称和格式解耦的领域类中。所以，在 model 包下，新建一个 FoodDetails.kt 文件，该文件包含食品详细信息的数据类。代码清单 8-88 展示了所需的数据类。

代码清单8-88 食品详情的领域类

```
import com.example.nutrilicious.data.network.dto.*

data class FoodDetails(
    val id: String,
    val name: String,
    val nutrients: List<Nutrient>
) {
  constructor(dto: DetailsDto) : this(
      dto.desc.ndbno,
      dto.desc.name,
      dto.nutrients.map(::Nutrient)
```

```
  )
}

data class Nutrient(
    val id: Int,
    val detailsId: String,
    val name: String,
    val amountPer100g: Float,
    val unit: String,
    val type: NutrientType
) {
  constructor(dto: NutrientDto) : this(
      dto.nutrient_id!!,
      dto.detailsId!!,
      dto.name,
      dto.value,
      dto.unit,
      NutrientType.valueOf(dto.group.toUpperCase())
  )
}

enum class NutrientType {
  PROXIMATES, MINERALS, VITAMINS, LIPIDS, OTHER
}
```

这里有三个领域类，入口点是包含营养成分列表的 FoodDetails 类，它包含一个营养成分列表，每种营养成分都有特定的营养类型。和上次一样，辅助构造函数将 DTO 类映射为领域类。如果一个延迟初始化的属性没有被 Moshi 生成，或者一个可以为空的属性仍然是 **null**，那么当试图在运行时进行映射时，代码会立即崩溃，并且你可以很容易地识别产生问题的属性。对于营养成分类型，API 只返回五个可能的值，因此可以将它们映射为枚举类。

至此就结束了对 Food Report，API 的访问，你可以在 MainActivity.onCreate 方法中临时测试一下，如代码清单 8-89 所示。

代码清单8-89　发出测试请求

```
import com.example.nutrilicious.data.network.*
import kotlinx.coroutines.launch

class MainActivity : AppCompatActivity() {
  override fun onCreate(savedInstanceState: Bundle?) {
    // …
    launch(NETWORK) { usdaApi.getDetails("09070").execute() }  // Temporary
  }
}
```

运行应用程序时，应该会在 Logcat 中看到一个 JSON 格式的响应，其中包含详细信息。现在，你可以实现一个详情 activity，该 activity 向用户提供应用中关于每种食物的可操作信息。

8.11 集成详情页

在本节中，我们会创建第二个 activity 来显示所选食物的营养信息。为此，创建新的包名 view.details，并在其中使用 Android Studio 的向导（右键单击、新建、activity、选择空白 activity）生成一个新的空白 activity，并为其创建布局文件。将其命名为 DetailsActivity，并使用布局的默认名称 activity_details.xml。

像往常一样，我们先来处理布局。这个布局文件较长，且包含四个部分：大量营养素（API 响应中的 proximates）、维生素、矿物质和脂肪。每一部分都包含一个标题和一个文本视图，且以代码形式填充数据，其中以水平分隔符进行分隔。这个分隔符是在 res/layout/horizontal_divider.xml 中定义的自定义视图，如代码清单 8-90 所示。

代码清单8-90 水平分隔线布局

```
<?xml version="1.0" encoding="utf-8"?>
<View xmlns:android="http://schemas.android.com/apk/res/android"
    android:layout_width="match_parent"
    android:layout_height="@dimen/divider_height"
    android:minHeight="@dimen/divider_minheight"
    android:layout_marginTop="@dimen/divider_margin"
    android:layout_marginBottom="@dimen/divider_margin"
    android:background="?android:attr/listDivider" />
```

这个分割线的高度为 2dp，但为了避免不可见，我们还需要把它的最小宽度设置成 1px。对于长度尺寸，将代码清单 8-91 中的资源添加到 res/values/dimens.xml 中。

代码清单8-91 分割线尺寸

```
<dimen name="divider_height">2dp</dimen>
<dimen name="divider_minheight">1px</dimen>
<dimen name="divider_margin">5dp</dimen>
```

这样，就可以实现详情页的布局了，如代码清单 8-92 所示。这段代码属于 res/layout/activity_details.xml。

代码清单8-92 详情页布局

```
<?xml version="1.0" encoding="utf-8"?>
<ScrollView xmlns:android="http://schemas.android.com/apk/res/android"
    xmlns:tools="http://schemas.android.com/tools"
```

```
android:layout_width="match_parent"
android:layout_height="match_parent">

<LinearLayout
    android:layout_width="match_parent"
    android:layout_height="wrap_content"
    android:orientation="vertical"
    android:padding="@dimen/medium_padding"
    tools:context=".view.detail.FoodDetailsActivity">

    <TextView
        android:id="@+id/tvFoodName"
        android:layout_width="match_parent"
        android:layout_height="wrap_content"
        android:layout_gravity="center"
        android:gravity="center"
        android:padding="@dimen/medium_padding"
        android:textSize="@dimen/huge_font_size" />

    <TextView
        android:layout_width="match_parent"
        android:layout_height="wrap_content"
        android:text="@string/proximates"
        android:textColor="@android:color/darker_gray"
        android:textSize="@dimen/medium_font_size" />

    <TextView
        android:id="@+id/tvProximates"
        android:layout_width="match_parent"
        android:layout_height="wrap_content"
        android:lineSpacingMultiplier="1.1" />

    <include layout="@layout/horizontal_divider" />

    <TextView
        android:layout_width="match_parent"
        android:layout_height="wrap_content"
        android:text="@string/vitamins"
        android:textColor="@android:color/darker_gray"
        android:textSize="@dimen/medium_font_size" />

    <TextView
        android:id="@+id/tvVitamins"
        android:layout_width="match_parent"
```

```
            android:layout_height="wrap_content" />

        <include layout="@layout/horizontal_divider" />

        <TextView
            android:layout_width="match_parent"
            android:layout_height="wrap_content"
            android:text="@string/minerals"
            android:textColor="@android:color/darker_gray"
            android:textSize="@dimen/medium_font_size" />

        <TextView
            android:id="@+id/tvMinerals"
            android:layout_width="match_parent"
            android:layout_height="wrap_content" />

        <include layout="@layout/horizontal_divider" />

        <TextView
            android:layout_width="match_parent"
            android:layout_height="wrap_content"
            android:text="@string/lipids"
            android:textColor="@android:color/darker_gray"
            android:textSize="@dimen/medium_font_size" />

        <TextView
            android:id="@+id/tvLipids"
            android:layout_width="match_parent"
            android:layout_height="wrap_content" />

    </LinearLayout>

</ScrollView>
```

上述布局是一个简单的滚动视图 ScrollView，包含一个垂直的线性布局 LinearLayout，其中所有的部分都堆叠在一起。关于这个布局没有什么需要特殊强调的地方。但是，要想正确地使用它，还需要为标题添加缺少的字符串资源，如代码清单 8-93 所示。

代码清单8-93 标题的字符串资源

```
<string name="proximates">Proximates</string>
<string name="minerals">Minerals</string>
<string name="vitamins">Vitamins</string>
<string name="lipids">Lipids</string>
```

此时，新的 activity 已经可以使用了，尽管此时它只能显示静态文本，还不能显示营养数据。而要想将其整合到应用中，在用户点击 RecyclerView 中的食品时，详情页需要能够显示出该食品的信息。如代码清单 8-94 所示，在适配器中进行修改以处理这些单击事件。

代码清单8-94　在适配器中添加列表项单击监听器

```
class SearchListAdapter(…,
    private val onItemClick: (Food) -> Unit,
    private val onStarClick: (Food, Int) -> Unit
) : RecyclerView.Adapter<ViewHolder>() {
  // …

  inner class ViewHolder(…) : … {

    fun bindTo(food: Food) {
      // …
      containerView.setOnClickListener { onItemClick(food) }
    }
  }
}
```

其中，containerView 属性对应于整个列表项，所以它是单击事件处理程序的目标。该处理程序接收单击项对应的食物，并将 NDBNO 传递给 DetailActivity 以显示正确的数据。如代码清单 8-95 所示，这些逻辑在 MainActivity 中定义。

代码清单8-95　为列表项定义单击处理程序

```
import com.example.nutrilicious.view.details.DetailsActivity
// …
class MainActivity : AppCompatActivity() {
  private fun setUpSearchListAdapter(rv: RecyclerView, items: List<Food>) =
      SearchListAdapter(items,
          onItemClick = { startDetailsActivity(it) },
          onStarClick = { … }
      )

  private fun startDetailsActivity(food: Food) {
    val intent = Intent(this, DetailsActivity::class.java).apply {
      putExtra(FOOD_ID_EXTRA, food.id)  // Stores the desired food's ID in the Intent
    }
  startActivity(intent)  // Switches to DetailsActivity
  }
}
```

注意，使用 apply 函数来初始化 Intent，并添加一个额外的值，其中包含要显示的食物的 NDBNO。FOOD_ID_EXTRA 标识符在 DetailsActivity.kt 中声明为文件级属性，如代码清单 8-96 所示。

代码清单8-96　Intent附加项的标识符

```
const val FOOD_ID_EXTRA = "NDBNO"

class DetailsActivity : AppCompatActivity() { … }
```

现在，你可以单击应用程序中的任何列表项，以进入详情页。但此时应该只能显示静态标题，因此，下一步是获得（详情页）所需的数据。同样，activity 应该从 ViewModel 中获得数据，为此，在 viewmodel 包下新建 DetailsViewModel.kt 文件，如代码清单 8-97 所示。

代码清单8-97　详情页的ViewModel

```
import android.arch.lifecycle.ViewModel
import com.example.nutrilicious.data.network.*
import com.example.nutrilicious.data.network.dto.*
import com.example.nutrilicious.model.FoodDetails
import kotlinx.coroutines.withContext
import retrofit2.Call

class DetailsViewModel : ViewModel() {

  suspend fun getDetails(foodId: String): FoodDetails? {
    val request: Call<DetailsWrapper<DetailsDto>> = usdaApi.getDetails(foodId)

    val detailsDto: DetailsDto = withContext(NETWORK) {
      request.execute().body()?.foods?.get(0)?.food // Runs request and extracts data
    } ?: return null

    return FoodDetails(detailsDto)
  }
}
```

这个 ViewModel 只定义了一个方法，该方法可以检索给定食物的详细信息，且通过包装 usdaApi 对象为网络调用提供一个更整洁的接口。Retrofit 的调用方式和 SearchViewModel 类似，这里只能访问到 foods 列表的第一项（一共只有一项，因为你只向 API 传了一个 NDBNO）及其食品属性。如果这里返回 **null** 或者抛出异常，则 withContext 将传递此消息。因此，由于 withContext 之后的 elvis 操作，整个方法会返回 **null**。而在成功的情况下，DTO 对象会映射到返回的 FoodDetails 对象上。

接下来，删除 MainActivity.onCreate 中的测试调用。该 API 现在在 ViewModel 中使用。在 DetailsActivity 中，为 ViewModel 添加一个属性，并在 onCreate 方法中初始化它，如代码清单 8-98 所示。

代码清单8-98　为DetailsActivity添加ViewModel

```
import android.support.v7.app.AppCompatActivity
import android.os.Bundle
import com.example.nutrilicious.R
import com.example.nutrilicious.view.common.getViewModel
import com.example.nutrilicious.viewmodel.DetailsViewModel

class DetailsActivity : AppCompatActivity() {

  private lateinit var detailsViewModel: DetailsViewModel

  override fun onCreate(savedInstanceState: Bundle?) {
    // …
    detailsViewModel = getViewModel(DetailsViewModel::class)
  }
}
```

最后，你可以从 intent 的 extra 中读取所需的 NDBNO（由列表项单击处理器附加）为其获取数据，并将其显示给用户。如代码清单 8-99 所示，读取 NDBNO 并作为执行请求的第一步。

代码清单8-99　在详情页activity中使用ViewModel

```
import kotlinx.coroutines.android.UI
import kotlinx.coroutines.*
// …
class DetailsActivity : AppCompatActivity() {
  // …
  override fun onCreate(savedInstanceState: Bundle?) {
    // …
    val foodId = intent.getStringExtra(FOOD_ID_EXTRA)  // Reads out desired food's ID
    updateUiWith(foodId)
  }

  private fun updateUiWith(foodId: String) {
    if (foodId.isBlank()) return

    launch {
      val details = detailsViewModel.getDetails(foodId)  // Retrieves details
```

```
        withContext(UI) { bindUi(details) }              // Populates UI
      }
    }
  }
```

读取到 intent 中的 extra 后，另一个 helper 方法负责处理网络请求并更新 UI。这里 `launch` 不需要显示的进行调度，因为 `getDetails` 方法会在内部对网络上下文进行调度。注意，`getDetails` 作为一个挂起函数，默认情况下是同步执行的，这样 `details` 变量在声明后就能使用了。代码清单 8-100 展示了将数据绑定到视图中的代码。

代码清单8-100 展示数据

```
import com.example.nutrilicious.model.*
import kotlinx.android.synthetic.main.activity_details.*
// …
class DetailsActivity : AppCompatActivity() {
  // …
  private fun bindUi(details: FoodDetails?) {
    if (details != null) {
      tvFoodName.text = "${details.name} (100g)"
      tvProximates.text = makeSection(details, NutrientType.PROXIMATES)
      tvMinerals.text = makeSection(details, NutrientType.MINERALS)
      tvVitamins.text = makeSection(details, NutrientType.VITAMINS)
      tvLipids.text = makeSection(details, NutrientType.LIPIDS)
    } else {
      tvFoodName.text = getString(R.string.no_data)
    }
  }

  private fun makeSection(details: FoodDetails, forType: NutrientType) =
      details.nutrients.filter { it.type == forType }
          .joinToString(separator = "\n", transform = ::renderNutrient)

  private fun renderNutrient(nutrient: Nutrient): String = with(nutrient) {
    val displayName = name.substringBefore(",")  // = whole name if it has no comma
   "$displayName: $amountPer100g$unit"
  }
}
```

显示数据主要是指读取食物中的每种营养物质，并显示在相应的文本视图中。为了避免代码重复，`makeSection` 方法会过滤特定类型的营养物质，并将每种营养物质显示在新的一行中，即每 100g 食物所包含的营养物质和数量。`renderNutrient` 方法负责显示每种单一的营养物质。如果你想，这里也可以自行扩展一下该应用，让其包含“其他”类型的营养物质。

在 res/values/strings.xml 中添加缺少的字符串资源，以便在出现错误或 API 调用返回 **null** 时显示“No data available”，如代码清单 8-101 所示。

代码清单8-101　表示No Data的字符串资源

```
<string name="no_data">No data available</string>
```

最后一步，可以将 DetailsActivity 设为 MainActivity 的子 activity，以允许用户进行导航。代码清单 8-102 所示为相应的对 AndroidManifest.xml 的调整。

代码清单8-102　提供导航

```
<application …>
    …
    <activity android:name=".view.details.DetailsActivity"
        android:parentActivityName=".view.main.MainActivity">
        <meta-data
            android:name="android.support.PARENT_ACTIVITY"
            android:value=".view.main.MainActivity" />
    </activity>
</application>
```

到此为止，Nutrilicious 应用程序更具可操作性了。用户可以浏览食物并查看其含有多少营养物质，例如，可以查看所收藏的食物是否有良好的营养成分。

8.12　在数据库中存储食品详情

接下来，我们将在第一次检索数据时在数据库中缓存食物的详细信息。这样，当用户频繁访问相同的食物，如自己收藏的食物时，可以避免频繁的网络请求。获取数据时，为了在数据库和 API 源之间进行选择，这里将引入一个存储库，该库在 Android 开发者网站[1]中的“Guide to App Architecture”中有介绍。

由于项目已经引用了 Room，所以可以直接开始创建实体。在本例中，需要将 FoodDetails 类转换为实体类。如代码清单 8-103 所示，在 FoodDetails.kt 数据类中添加所需的注解。

代码清单8-103　定义实体类

```
import android.arch.persistence.room.*
// …
@Entity(tableName = "details")
```

[1] https://developer.android.com/topic/libraries/architecture/guide.html。

```
@TypeConverters(NutrientListConverter::class)  // Is implemented next
data class FoodDetails(
    @PrimaryKey val id: String,
    // …
) { constructor(dto: DetailsDto) : this(…) }

@TypeConverters(NutrientTypeConverter::class)
data class Nutrient(…) { … }
```

由于营养物质本身不需要被自己查询，所以可以使用类型转换器将其内联到 details 表中，以保持模式简洁性。因此，只有 FoodDetails 有 @Entity 注解，且有一个主键。为了能够内联它所持有的 List<Nutrient>，使用 NutrientListConverter 定义如何将列表映射为一个字符串并返回。类似的，Nutrient 类使用了类型转换器，将它的 NutrientType 存储为字符串并返回。

这两个转换器需要手动实现，为此，在 data.db 下新建文件 Converters.kt。首先，NutrientListConverter 使用 Moshi 将营养列表编码为 JSON 字符串，并在从数据库中读取时解码。如代码清单 8-104 所示。

代码清单8-104 List<Nutrient>的类型转换器

```
import android.arch.persistence.room.TypeConverter
import com.example.nutrilicious.model.*
import com.squareup.moshi.*
class NutrientListConverter {
  private val moshi = Moshi.Builder().build()
  private val nutrientList = Types.newParameterizedType( // Represents List<Nutrient>
      List::class.java, Nutrient::class.java
  )
  private val adapter = moshi.adapter<List<Nutrient>>(nutrientList) // Builds adapter

  @TypeConverter
  fun toString(nutrient: List<Nutrient>): String = adapter.toJson(nutrient)

  @TypeConverter fun toListOfNutrient(json: String): List<Nutrient>
      = adapter.fromJson(json) ?: emptyList()
}
```

上述代码的主要工作是设置一个 Moshi 适配器，使其知道如何将 List<Nutrient> 转换为字符串。这种设置代码有点冗长，且可以进行封装，但由于本应用中只会使用一次，所以暂时先保持这样。为了告诉 Room 应该使用哪些方法，以完成数据类型和数据库之间的映射，这里需要使用注解 @TypeConverter 进行标注。这样，如果 Room 遇到 List<Nutrient>，它可以通过注解知道可以使用 NutrientListConverter.toString

进行映射。

第二个转换器相对较简单，因为它只需要使用Kotlin生成的枚举成员，如代码清单8-105所示。该代码也在Converters.kt中。

代码清单8-105 NutrientType的类型转换器

```
class NutrientTypeConverter {

  @TypeConverter
  fun toString(nutrientType: NutrientType) = nutrientType.name   // Type -> String

  @TypeConverter
  fun toNutrientType(name: String) = NutrientType.valueOf(name)  // String -> Type
}
```

这样，在本应用中，Room可以使用以上两种类型转换器。注意，在FoodDetails.kt文件中，该类使用注解@TypeConverters（结尾有一个“s”）来表示要使用哪些转换器，但转换器中使用的注解@TypeConverter告诉Room该方法是一个转换器方法。

下一步是添加DAO，在data.db目录下，新建一个DetailsDao.kt文件，如代码清单8-106所示。

代码清单8-106 食物详情的DAO

```
import android.arch.persistence.room.*
import com.example.nutrilicious.model.FoodDetails

@Dao
interface DetailsDao {

  @Query("SELECT * FROM details WHERE id = :ndbno")
  fun loadById(ndbno: String): FoodDetails?

  @Insert(onConflict = OnConflictStrategy.REPLACE)
  fun insert(food: FoodDetails)
}
```

对于这个DetailsDao实体，应用程序要能够插入新数据（将其缓存到数据库中），并根据特定食物进行检索，以便显示在DetailsActivity中。

最后一步与之前的不同，因为应用中已经有一个AppDatabase类，所以只需要在其中增加一个新的实体类（因为两个实体都应存储在同一个数据库中）。如代码清单8-107所示，包含了新的实体类，且公开了DetailsDao。

代码清单8-107 扩展AppDatabase

```
import com.example.nutrilicious.model.FoodDetails
// …
@Database(entities = [Food::class, FoodDetails::class], version = 2)  // Version 2
abstract class AppDatabase : RoomDatabase() {
  // …
  abstract fun favoritesDao(): FavoritesDao
  abstract fun detailsDao(): DetailsDao  // Now exposes a DetailsDao as well
}
```

前两处更改位于 @Database 注解中。首先，FoodDetails 类被添加到数据库的实体数组中。其次，由于模式发生了改变（存在一个新实体），所以版本号增加了一个。最后，新增了一个方法，用来获得新 DAO 对象的实现。

如果你现在运行该应用程序，它将与设备上现有的数据库发生冲突。在开发过程中，你可以暂时在数据库中破坏性迁移，所以这里 Room 只是简单地删除了旧数据库。这将导致数据库中所收藏的食物消失，但仅此而已。代码清单 8-108 对 buildDatabase 进行调整，以便在开发期间启用破坏性迁移。

代码清单8-108 在开发过程中支持破坏性的数据库迁移

```
import com.example.nutrilicious.BuildConfig
// …
private fun buildDatabase(ctx: Context) = Room
    .databaseBuilder(ctx, AppDatabase::class.java, "AppDatabase")
    .apply { if (BuildConfig.DEBUG) fallbackToDestructiveMigration() }
    .build()
```

代码中的 BuildConfig.DEBUG，当在 Android Studio 上调试或者使用未签名的 APK 在设备上测试时，它的值为 true，但如果是最后发布的已签名 APK，则为 false。或者，这里也可以通过使用设备文件资源管理器手动删除旧数据库，即删除 AVD 目录 data/data/<YOUR_PACKAGE_NAME>/database 下的数据库。

现在，数据库不仅能够存储收藏的食物，还能存储食物详情。关于食物详情，现在有两种可选的数据源：从 USDA 的 API 获取、从数据库中获取。如果可以，推荐从数据库中获取，因为这样可以避免网络请求、提高性能且实现脱机工作。为了进一步加强这种获取数据的方式，可以引入一个 repository，通过这个 repository 来访问详细信息数据——它是该数据的唯一真实来源。

首先我们在 data 包下新建一个类 DetailsRepository，这个类为所有与 FoodDetails 相关的操作提供一个整洁的接口，且它同时使用了网络和数据库作为数据源。具体实现如代码清单 8-109 所示。

代码清单8-109　DetailsRepository作为数据的唯一真实来源

```
import android.content.Context
import com.example.nutrilicious.data.db.*
import com.example.nutrilicious.data.network.*
import com.example.nutrilicious.data.network.dto.*
import com.example.nutrilicious.model.FoodDetails
import kotlinx.coroutines.*
import retrofit2.Call

class DetailsRepository(ctx: Context) {

  private val detailsDao by lazy { AppDatabase.getInstance(ctx).detailsDao() }

  fun add(details: FoodDetails) = launch(DB) { detailsDao.insert(details) }

  suspend fun getDetails(id: String): FoodDetails? {
    return withContext(DB) { detailsDao.loadById(id) }       // Prefers database
        ?: withContext(NETWORK) { fetchDetailsFromApi(id) }  // Falls back to network
            .also { if (it != null) this.add(it) } // Adds newly fetched foods to DB
  }

  private suspend fun fetchDetailsFromApi(id: String): FoodDetails? {
    val request: Call<DetailsWrapper<DetailsDto>> = usdaApi.getDetails(id)
    val detailsDto: DetailsDto = withContext(NETWORK) {
      request.execute().body()?.foods?.get(0)?.food  // Same as before
    } ?: return null

    return FoodDetails(detailsDto)
  }
}
```

首先，该存储库引用了 DetailsDao 来访问数据库，通过 **this.**add 向数据库中插入数据，通过 getDetails 查询数据。如果数据库中没有可用数据，该方法则使用 fetchDetailsFromApi 进行网络调用，并将查询到的数据缓存到数据库中，以便后续调用。注意，在一些更复杂的实现中，你可能希望在一段时间后使数据库中的数据无效，以便更新数据。

现在可以对 DetailsViewModel 中的网络调用进行修改，使用存储库作为数据的唯一真实来源，如代码清单 8-110 所示。

代码清单8-110　在ViewModel中调用存储库

```
import com.example.nutrilicious.data.DetailsRepository
// …
```

```
class DetailsViewModel(app: Application) : AndroidViewModel(app) {
  private val repo = DetailsRepository(app)
  suspend fun getDetails(foodId: String): FoodDetails? = repo.getDetails(foodId)
}
```

如上述代码所示，ViewModel 现在将网络请求的任务委托给了存储库。因为存储库需要用到 context，所以 ViewModel 扩展了 AndroidViewModel。

现在，当你第一次访问食物详情时，应用程序会缓存这些信息。在模拟器中，网络调用可能需要几秒钟才能完成，之后在访问相同食物时，则会很快地显示其数据。因此，第二次单击相同的食物时，在 Logcat 中不会输出网络调用的日志。

8.13　为可操作的数据添加 RDI

在本节中，我们将使数据对用户更具操作性，从而进一步改进这个应用程序。更具体地说，应用程序将能够显示每种营养成分每日推荐摄入量（RDI）。例如，用户应该能够看到 100g 生菠菜含有人体每日所需铁的 20.85%。

RDI 信息会静态地存储在应用的一个简单的 map 中。因此，在 model 包下新建一个文件 RDI.kt，为了能够存储 RDI，如代码清单 8-111 所示，引入一些类来表示数据。

代码清单8-111　表示RDI的类

```
data class Amount(val value: Double, val unit: WeightUnit)

enum class WeightUnit {
  GRAMS, MILLIGRAMS, MICROGRAMS, KCAL, IU
}
```

简单起见，该应用程序对成年女性和男性使用了大致平均的 RDI，而实际生活中，RDI 取决于年龄、性别、生活方式等其他因素。此外，为了更准确地表示，还应该包括每种营养素的最小和最大目标。对于本示例应用程序，我们将使用一个粗略的指标来比较食物。

有了上面的两个类之后，存储 RDI 变得非常简单，实现如代码清单 8-112 所示。与其他代码一样，你可以在 GitHub[⊖]上找到这些代码进行复制和粘贴。

代码清单8-112　静态存储RDI

```
import com.example.nutrilicious.model.WeightUnit.*

internal val RDI = mapOf(
```

⊖ https://github.com/petersommerhoff/nutrilicious-app/blob/master/12_AddingRdisForActionableData/app/src/main/java/com/petersommerhoff/nutrilicious/model/RDI.kt。

```
        255 to Amount(3000.0, GRAMS),       // water
        208 to Amount(2000.0, KCAL),        // energy
        203 to Amount(50.0, GRAMS),         // protein
        204 to Amount(78.0, GRAMS),         // total fat (lipids)
        205 to Amount(275.0, GRAMS),        // carbohydrates
        291 to Amount(28.0, GRAMS),         // fiber
        269 to Amount(50.0, GRAMS),         // sugars
        301 to Amount(1300.0, MILLIGRAMS),  // calcium
        303 to Amount(13.0, MILLIGRAMS),    // iron
        304 to Amount(350.0, MILLIGRAMS),   // magnesium
        305 to Amount(700.0, MILLIGRAMS),   // phosphorus
        306 to Amount(4700.0, MILLIGRAMS),  // potassium
        307 to Amount(1500.0, MILLIGRAMS),  // sodium
        309 to Amount(10.0, MILLIGRAMS),    // zinc
        401 to Amount(85.0, MILLIGRAMS),    // vitamin c
        404 to Amount(1200.0, MICROGRAMS),  // vitamin b1 (thiamin)
        405 to Amount(1200.0, MICROGRAMS),  // vitamin b2 (riboflavin)
        406 to Amount(15.0, MILLIGRAMS),    // vitamin b3 (niacin)
        415 to Amount(1300.0, MICROGRAMS),  // vitamin b6 (pyridoxine)
        435 to Amount(400.0, MICROGRAMS),   // folate
        418 to Amount(3.0, MICROGRAMS),     // vitamin b12 (cobalamine)
        320 to Amount(800.0, MICROGRAMS),   // vitamin a
        323 to Amount(15.0, MILLIGRAMS),    // vitamin e (tocopherol)
        328 to Amount(15.0, MICROGRAMS),    // vitamin d (d2 + d3)
        430 to Amount(105.0, MICROGRAMS),   // vitamin k
        606 to Amount(20.0, GRAMS),         // saturated fats
        605 to Amount(0.0, GRAMS),          // transfats
        601 to Amount(300.0, MILLIGRAMS)    // cholesterol
)
```

其中，新的数据类 Amount 也能够改进 Nutrient 类，如代码清单 8-113 所示，将 amountPer100g 和 unit 属性组合成一个带有 Amount 类型的新属性，并相应地调整 DTO 映射。

代码清单8-113　在Nutrient中使用Amount类

```
@TypeConverters(NutrientTypeConverter::class)
data class Nutrient(
    // …,
    val amountPer100g: Amount,  // Combines amount and unit into single property
    // …
) {
  constructor(dto: NutrientDto) : this(
      // …,
```

```
    Amount(dto.value.toDouble(), WeightUnit.fromString(dto.unit)),
    // …
  )
}
```

注意，类型转换器仍然像以前一样工作，且即使没有改变模式，Room仍然能够将该类映射到数据库中。

要使WeightUnit.fromString能够工作，WeightUnit枚举需要知道每个实例对应于哪个字符串，例如“g”映射为WeightUnit.GRAMS。注意，这和Kotlin使用valueOf表示每个枚举实例的默认字符串不同。因此，代码清单8-114增加了fromString方法，且还重写了toString方法，以便稍后在UI中正确显示单位。

代码清单8-114 WeightUnit和字符串之间的相互映射关系

```
enum class WeightUnit {
  GRAMS, MILLIGRAMS, MICROGRAMS, KCAL, IU;  // Mind the semicolon

  companion object {
    fun fromString(unit: String) = when(unit) {  // Transforms string to weight unit
      "g" -> WeightUnit.GRAMS
      "mg" -> WeightUnit.MILLIGRAMS
      "\u00b5g" -> WeightUnit.MICROGRAMS
      "kcal" -> WeightUnit.KCAL
      "IU" -> WeightUnit.IU
      else -> throw IllegalArgumentException("Unknown weight unit: $unit")
    }
  }

  override fun toString(): String = when(this) {  // Transforms weight unit to string
    WeightUnit.GRAMS -> "g"
    WeightUnit.MILLIGRAMS -> "mg"
    WeightUnit.MICROGRAMS -> "\u00b5g"
    WeightUnit.KCAL -> "kcal"
    WeightUnit.IU -> "IU"
  }
}
```

注意，将枚举实例映射到字符串时，**when**表达式详细地列出了各种情况，这里的逻辑本身较为简单，主要就是关于（API）返回哪些单元，并相应地进行映射。

到此为止，RDI所需数据都已经准备好了，你可以使用这些信息来丰富详情页DetailsActivity。bindUi和makeSection方法保持原样，我们只需要调整renderNutrient方法，因为我们想为每种营养成分显示额外的信息。代码清单8-115显示了对应的修改。

代码清单8-115　显示营养成分

```
private fun renderNutrient(nutrient: Nutrient): String = with(nutrient) {
  val name = name.substringBefore(",")
  val amount = amountPer100g.value.render()
  val unit = amountPer100g.unit
  val percent = getPercentOfRdi(nutrient).render()  // Is implemented next
  val rdiNote = if (percent.isNotEmpty()) "($percent% of RDI)" else ""
  "$name: $amount$unit $rdiNote"
}

private fun Double.render() = if (this >= 0.0) "%.2f".format(this) else ""
```

其中，amount 和 unit 现在需要从 Amount 对象中获取。此外，如果 RDI 百分比大于或等于零，也就是没有发生错误，则计算并显示该 RDI 百分比。render 方法是在 Double 上的一个简单扩展，它以两位小数的形式显示数据。

接下来，需要实现 getPercentOfRdi 方法，它能够计算给定营养物质所表示的 RDI 百分比是多少，代码清单 8-116 为其实现。

代码清单8-116　计算RDI的百分比

```
private fun getPercentOfRdi(nutrient: Nutrient): Double {
  val nutrientAmount: Double = nutrient.amountPer100g.normalized()  // Impl. next
  val rdi: Double = RDI[nutrient.id]?.normalized() ?: return -1.0

  return nutrientAmount / rdi * 100
}
```

RDI 的百分比只是食物中营养成分含量和 RDI 含量的简单划分。如果没有 RDI，则该方法返回一个负数，即默认值 -1.0。这时，render 方法也不会显示其百分比。

营养物质的价值可以用不同的单位表示，例如克或微克。因此，Amount 类有一个方法将不同单位进行标准化，如代码清单 8-117 所示。在基于该类执行任何计算之前，应该调用这个方法。

代码清单8-117　计算RDI的百分比

```
data class Amount(val value: Double, val unit: WeightUnit) {

  fun normalized() = when(unit) {  // Normalizes milligrams and micrograms to grams
    GRAMS, KCAL, IU -> value
    MILLIGRAMS -> value / 1000.0
    MICROGRAMS -> value / 1_000_000.0
  }
}
```

千卡和国际单位（IU）不需要标准化。但是对于重量，这个方法将它们统一为以克为单位的值，但你也可以选择这三个重点单位中的任何一个作为标准化的形式。

现在，用户可以在应用中看到每种食物所能提供的 RDI，从而选择满足他们营养需求的食物。这就是这个示例应用程序应该具备的所有功能。如果你想继续扩展其功能，你可以把它扩展为一个营养记录应用程序，用户可以在其中输入他们吃了多少食物，并查看当天他们的 RDI 所占的百分比。

8.14 优化用户体验

虽然应用程序的功能都完成了，但仍然还有一些收尾工作，通过向用户提供更好的反馈来改进这个应用程序。当涉及用户体验时，像这样的微妙之处的处理还有很长的路要走。

8.14.1 在搜索页面增加结果为空时的说明

在搜索页面中，用户可以看到一个搜索进度指示器，对用户很友好，但如果经过搜索后没有找到相关食物，用户不会得到通知，只会看到一个空屏幕。幸运的是，如果没有找到食物，我们很容易实现在结果条中显示结果为空的反馈。代码清单 8-118 调整 `updateListFor` 方法以显示反馈。

代码清单8-118 显示一个Snackbar来表示搜索为空的结果

```
private fun updateListFor(searchTerm: String) = launch {
  // …
  withContext(UI) {
    (rvFoods?.adapter as? SearchListAdapter)?.setItems(foods)
    swipeRefresh?.isRefreshing = false

    if (foods.isEmpty() && isAdded) {
      snackbar("No foods found")
    }
  }
}
```

如果搜索结果返回空列表，而 fragment 仍然需要绑定在 activity 上，此时会显示一个 `snackbar`，以告诉用户没有为给定的搜索项找到任何食物。`snackbar` 方法是在 `ViewExtensions.kt` 中定义的一个扩展方法，如代码清单 8-119 所示。

代码清单8-119 显示Snackbar的扩展方法

```
import android.support.design.widget.Snackbar
import android.view.View
```

```
fun Fragment.snackbar(
    msg: String, view: View = activity!!.findViewById<View>(android.R.id.content)) {
  Snackbar.make(view, msg, Snackbar.LENGTH_SHORT).show()
}
```

这个方法在其默认值中使用了一个不安全的调用，因此依赖于 fragment 和 activity 已绑定的关系。所以，在调用此方法前需要简单地使用 isAdded 进行判断，或者手动传入 view，将该方法导入搜索页后，就可以运行应用程序了。

8.14.2　在详情页增加进度说明

类似地，详情页 DetailsActivity 也应该显示一个 progressBar，以让用户知道应用现在正在获取的数据。这个页面没有使用 SwipeRefreshLayout 布局，所以第一步是向其布局文件 activity_detail.xml 中添加一个 ProgressBar，如代码清单 8-120 所示。此外，还为线性布局提供了一个 ID，以便在适当的时候显示和隐藏它。

代码清单8-120　为布局文件添加ProgressBar

```
<ScrollView …>

    <ProgressBar
        android:id="@+id/progress"
        android:layout_width="wrap_content"
        android:layout_height="wrap_content"
        android:layout_gravity="center"
        android:visibility="gone"
        style="?android:attr/progressBarStyle" />

    <LinearLayout android:id="@+id/content" …>
        <!-- sections as before -->
    </LinearLayout>

</ScrollView>
```

progressBar 的默认可见性是 GONE，意味着它不仅是隐藏的，而且完全不会影响布局。显示和隐藏 progressBar 的逻辑类似于搜索页面。如代码清单 8-121 所示，在详情页 DetailsActivity 引入了一个新的方法，并调整 updateUiWith 方法来显示和隐藏 progressBar。

代码清单8-121　显示和隐藏进度条

```
import android.view.View
// …
class DetailsActivity : AppCompatActivity() {
```

```
  // …
  private fun updateUiWith(foodId: String) {
    if (foodId.isBlank()) return
    setLoading(true)  // Indicates that app is loading
    launch {
      val details = detailsViewModel.getDetails(foodId)
      withContext(UI) {
        setLoading(false)  // Indicates that app finished loading
        bindUi(details)
      }
    }
  }

  private fun setLoading(isLoading: Boolean) {
    if (isLoading) {
      content.visibility = View.GONE
      progress.visibility = View.VISIBLE
    } else {
      progress.visibility = View.GONE
      content.visibility = View.VISIBLE
   }
  }
}
```

上述代码中的 setLoading 方法对 progressBar 和内容的可见性进行控制，显示 progressBar 的时候会隐藏内容，反之亦然。这样，在搜索查询时，就会显示进度条，直到获取数据为止。

像这样的调整对提高应用程序的可用性大有帮助，因此，尽管它与 Kotlin 没有太多的关联，但是这里为了表明改进用户体验的方面也包含了它们。

8.15 本章小结

在完成本章和第 7 章之后，现在你已经有了两个 Kotlin 应用程序，其中包含了 Android 和 Kotlin 开发的最佳实践和一些有用的扩展功能。现在你能够实现可回收视图、使用 fragment、创建领域类、DTO 和 DAO，并且熟悉了一些基本工具，例如 Retrofit、Moshi 和 Android 架构组件。你还使用了范围操作符、委托属性、可能的不变性、空处理等其他语言特性编写了常用代码。这些都可能在你将来的其他应用程序中使用到。

第 9 章 Chapter 9

Kotlin DSL

我们造了太多的墙，却没有修足够的桥。

——Joseph Fort Newton

领域特定语言（Domain-specific language，DSL）经常出现在 Kotlin 和 Scala 等现代编程语言相关的讨论中，因为这种编程语言允许在其中快速创建简单的 DSL。这些内部 DSL 可以极大地提高代码的可读性、开发效率和可变性。本章介绍了 DSL 以及如何在 Kotlin 中创建它们，还介绍了 Android 上最受欢迎的两个 Kotlin DSL：一个用于 Gradle 构建配置，而另一个用于创建 Android 的布局。

9.1 DSL 简介

DSL 并不是什么新的概念，对它的研究可以追溯到数十年前[1]，但直到最近才获得人们的更多关注，其内容从一般的语言建模[2]逐渐发展成为特有的 DSL[3]。如今，DSL 在软件开发中被广泛使用。本章将对该术语进行讲解并讨论 DSL 如何能够帮助你改进代码。

9.1.1 什么是 DSL

顾名思义，领域特定语言是一种专注于某个特定应用领域的语言，并且通常仅限于该

[1] https://onlinelibrary.wiley.com/doi/abs/10.1002/spe.4380070406。

[2] http://mdebook.irisa.fr/。

[3] http://www.se-rwth.de/publications/MontiCore-a-Framework-for-Compositional-Developmentof-Domain-Specific-Languages.pdf。

特定的应用领域中。你可能已经了解过一些 DSL，如 SQL、LaTeX[一]或正则表达式。它与通用语言形成鲜明的对比，如 Kotlin、Java、C++[二]、Python[三]等。

专注于特定的领域可以使其语法变得更为集中和清晰，从而能够提供更好的解决方案，这也是需要在特定方法与通用方法之间进行权衡的点。同样这也是像 COBOL[四]和 Fortran[五]这样的语言最初是为考虑特定域而创建出来的原因，它们关注的分别是业务处理和数值计算。

但是这又与 Kotlin 中使用的 DSL 不同，Kotlin 中的 DSL 属于独立语言。当你在 Kotlin 中创建 DSL 时，该 DSL 会嵌入通用语言，所以又称为嵌入式 DSL。对于 Kotlin 中 DSL 优缺点的讨论，有以下一些结论。

9.1.2 优点和缺点

与任何方法或工具一样，在开发或使用 DSL 时需要考虑其利与弊。Van Deursen、Klint 和 Visser[六]在他们的调查文献中给出了很好的结论。这里，我们从嵌入 Kotlin 的 DSL 出发来看待这些优缺点。

优点

Van Deursen 等人提出的主要优点如下：

- **解决方案可以从领域的抽象级别上表达**，能够被领域专家所理解、验证、优化，甚至能在 DSL 中开发自己的解决方案。这同样适用于 Kotlin DSL，但（无论如何）前提是需要对 DSL 进行完善的设计。
- **DSL 代码简洁、富有表现力且可以同样复用**。这同样适用于 Kotlin DSL，就像其他惯用的 Kotlin 代码一样。
- **DSL 即领域知识**，它使得这些领域知识便于记录且易于复用。这同样适用于那些设计完善的 DSL。

除此之外，Kotlin DSL 还具有如下优点：

- **它不会为你带来新的技术栈压力**，因为它也是 Kotlin 代码。
- **作为嵌入式 DSL，它允许你使用 Kotlin 的所有语言特性**，例如在变量中存储递归值或在 DSL 中使用循环。

[一] https://www.latex-project.org/。

[二] http://www.stroustrup.com/C++.html。

[三] https://www.python.org/。

[四] http://archive.computerhistory.org/resources/text/KnuthDonX4100/PDF_index/k-8-pdf/ k-8-u2776-Honeywell-mag-History-Cobol.pdf。

[五] http://www.ecma-international.org/publications/files/ECMA-ST-WITHDRAWN/ECMA-9, %201st%20 Edition,%20April%201965.pdf。

[六] http://sadiyahameed.pbworks.com/f/deursen+-+DSL+annotated.pdf。

- **因为它是纯 Kotlin 代码，所以你的 DSL 类型属于静态类型**，并且那些优秀的开发工具可以自动为你的 DSL 提供工作支持，这包括自动完成、跳转到声明处、显示文档和高亮显示代码。

总之，DSL 可以通过为开发人员和领域专家提供整洁且可读的 API 来展现领域知识和降低复杂度，因此它非常有用。

潜在的缺点

在 Van Deursen 等人的研究中还提到了关于 DSL 的一些缺点。同样我们还是从 Kotlin DSL 的角度出发来看待这些问题。DSL 潜在的缺点通常如下：

- **DSL 很难设计、实现和维护。**这部分也同样适用于 Kotlin DSL，一个好的 DSL 的设计过程必须引入领域专家[⊖]。但是，如同你在本章所看到的这些示例一样，开发人员本身就是本章所讨论的这些 DSL（如 Kotlin Gradle DSL）的领域专家。
- **教会用户使用 DSL 的代价往往非常高昂。**就像 Kotlin DSL，其使用者要么是已经了解 Kotlin 语言的开发者，要么是需要进行语言培训的领域专家。不过对于他们来说，DSL 代码相对于非 DSL 代码更易于理解。
- **很难为 DSL 划定合适的范围。**这点与是否使用 Kotlin DSL 无关。往往取决于你所熟知的领域，通常很难去选择合适的范围。在这一点上 Kotlin 能够提供帮助的一种方式是能快速地实现原型 DSL，从而允许从一个确定的范围去对 DSL 进行评估并根据需要调整其范围。
- **在特定领域和通用结构之间进行平衡往往非常困难。**这个问题在 Kotlin DSL（及其内嵌 DSL）中基本上得到了缓解，因为你可以在专注于特定领域部分的同时仍利用 Kotlin 的通用结构。事实上，寻找平衡相当于从设计 DSL 到使用 DSL 的转变。因为使用者可以在其所选择的任意程度上来使用通用语言特性（如果过度使用将会对可理解性产生阻碍）。
- **DSL 可能会比手动编码软件的效率低。**幸运的是，这并不适用于 Kotlin DSL，因为 Kotlin DSL 通常会编译成未使用 DSL 书写的冗长代码。由于 Kotlin DSL 大量使用高阶函数，因此使用内联函数对于避免开销至关重要。

嵌入式 DSL 的另一个缺点是其有限的表达力。DSL 一旦嵌入通用语言，其语法和表达方式自然会受到限制。对于 Kotlin DSL 来说，本章重点介绍的 DSL 可以使构建对象变得非常容易。

总而言之，DSL 的大多数常见的缺点并不会在 Kotlin DSL 上出现，或者可以得到些许缓解。但是并非每个对象的创建或配置都必须包装到 DSL 中，所以 DSL 并不是一把“金锤”。如果 DSL 可以用于封装样板代码、降低复杂性或者能够在领域专家做出贡献时提供帮助，那么它对于你的项目来说是非常有益的。嵌入式 DSL（如 Kotlin 中的嵌入式 DSL）

⊖ http://www.se-rwth.de/publications/Design-Guidelines-for-Domain-Specific-Languages.pdf。

避免了创建 DSL 时所涉及的大量工作，从而大大减少了将 DSL 引入工作流程时的障碍（但它的功能也会受到限制）。

9.2 在 Kotlin 中创建 DSL

在本节中，你将从头开始在 Kotlin 中编写属于你的 DSL，以此来了解 DSL 的底层结构。Kotlin DSL 语法主要基于高阶函数、带接收者的 Lambda 表达式、默认值和扩展函数。生成的 DSL 允许你使用代码清单 9-1 中的语法来创建用户对象。

代码清单9-1 使用DSL

```
user {
  username = "johndoe"
  birthday = 1 January 1984
  address {
    street = "Main Street"
    number = 42
    postCode = "12345"
    city = "New York"
  }
}
```

如你所见，这种创建对象的语法几乎跟 JSON 一模一样。它隐藏了 Kotlin 作为底层语言的事实（因为它避免使用通用语言结构），因此不需要用户必须了解 Kotlin。从而使非技术团队成员可以理解、验证和更改这个用户。

9.2.1 使用 DSL 来构建复杂对象

为了探究 DSL 是如何工作的，我们将自顶向下构建一个 DSL，该 DSL 的入口是 `user` 函数。你已经学过这样的技巧了，它是一个接收 Lambda 表达式来作为最后一个参数的高阶函数，并且可以使用代码清单 9-1 中的语法。`user` 函数可以像代码清单 9-2 中所示的那样被声明。

代码清单9-2 DSL的入口

```
fun user(init: User.() -> Unit): User {
  val user = User()
  user.init()
  return user
}
```

该函数接收一个带接收者的 Lambda 表达式，因此该 Lambda 表达式实际上变成了

User 类的扩展。这使得可以从 Lambda 中直接访问诸如 username 和 birthday 这样的属性。你可能已经注意到了，如果使用 Kotlin 中的 apply 函数就能够更好地编写这个函数，如代码清单 9-3 所示。

代码清单9-3　改进DSL的入口

```
fun user(init: User.() -> Unit) = User().apply(init)
```

User 是一个简单的 data 类，并且对于 DSL 的第一个版本来说，它部分使用可空字段来保持简单。代码清单 9-4 展示了如何声明它。

代码清单9-4　User data类

```
import java.time.LocalDate

data class User(
    var username: String = "",
    var birthday: LocalDate? = null,
    var address: Address? = null
)
```

到目前为止，代码在 DSL 语法中使用用户名和生日来创建用户，但是不能像在初始化示例中那样嵌套 address 对象。添加 address 只是重复这一过程，address 作为 User 类的成员函数的代码实现如代码清单 9-5 所示。

代码清单9-5　为User添加Address

```
data class User(…) {
  fun address(init: Address.() -> Unit) {
    address = Address().apply(init)
  }
}

data class Address(
    var street: String = "",
    var number: Int = -1,
    var postCode: String = "",
    var city: String = ""
)
```

address 函数与 user 函数具有相同的概念，只是额外地将创建的 address 赋给 user 的 address 属性。通过使用这几行代码，你现在能够使用代码清单 9-1 中的 DSL 语法来创建用户（日期除外）。

但是，目前的实现方式有以下几个缺点。

- 该实现方式依赖于那些能够谨慎地初始化所有字段的“天使”开发人员。但是，这往往很容易忘记初始化或赋予了无效值。
- 由于其属性可为空，所以在使用生产的 User 对象时并不方便。
- DSL 允许非期望的结构嵌套。

为了说明最后一个缺点，代码清单 9-6 展示了一个非期望但目前有效的 DSL 用法。

代码清单9-6 DSL当前的缺点

```
user {
  address {
    username = "this-should-not-work"
    user {
      address {
        birthday = LocalDate.of(1984, Month.JANUARY, 1)
      }
    }
  }
}
```

该构造没能体现 DSL 的可读性和降低代码复杂度的优点。外部作用域的属性是可见的，因此可以将 username 放在 address 代码块中，并且两者可随意嵌套。本章后面将讨论这个问题。

9.2.2 通过构建器来保持不变性

第一个能够改进的地方是可空属性和可变属性。所需的 DSL 实际上是一个类型安全的构建器[㊀]。因此，在底层实现中使用构建器[㊁]来积累对象数据、验证数据并最终构建 user 对象。首先，编写所需的 data 类，如代码清单 9-7 所示。

代码清单9-7 不可变data类

```
import java.time.LocalDate

data class User(val username: String, val birthday: LocalDate, val address: Address)

data class Address(
    val street: String,
    val number: Int,
    val postCode: String,
    val city: String
)
```

㊀ https://kotlinlang.org/docs/reference/type-safe-builders.html。

㊁ https://sourcemaking.com/design_patterns/builder。

因为 LocalDate 和 Address 都是不可变的，所以 User 类也是不可变的。现在这两个类的对象都是由构建器构建的，因此下一步是添加这些构建器。可以先从 UserBuilder 开始，如代码清单 9-8 所示。

代码清单9-8 User构建器

```
class UserBuilder {
  var username = ""                     // Gets assigned directly in DSL => public
  var birthday: LocalDate? = null       // Gets assigned directly in DSL => public
  private var address: Address? = null  // Is built via builder => private

  fun address(init: AddressBuilder.() -> Unit) {  // Nested function to build address
    address = AddressBuilder().apply(init).build()
  }

  fun build(): User {  // Validates data and builds user object
    val theBirthday = birthday
    val theAddress = address
    if (username.isBlank() || theBirthday == null || theAddress == null)
      throw IllegalStateException("Please set username, birthday, and address.")

    return User(username, theBirthday, theAddress)
  }
}
```

构建器将属性分为能够直接赋值的属性和需要使用内嵌 DSL 语法来创建的属性（如 address），前者是公开的，后者是私有的。将 address 函数从 User 类中移动到 UserBuilder 中，并且现在可以接收一个将 AddressBuilder 作为其接收者的 Lambda 表达式。此外，还可以在 build 方法中最终构建对象之前执行任意的验证语句，也可以使用它来实现可选的属性。接下来，你需要一个 address 对象构建器，如代码清单 9-9 所示。

代码清单9-9 Address构建器

```
class AddressBuilder {
  var street = ""
  var number = -1
  var postCode = ""
  var city = ""

  fun build(): Address {
    if (notReady())
      throw IllegalStateException("Please set street, number, postCode, and city.")

    return Address(street, number, postCode, city)
```

```
    }

    private fun notReady()
        = arrayOf(street, postCode, city).any { it.isBlank() } || number <= 0
}
```

在这种情况下，address 中不再有任何嵌套结构。因此构建器只拥有全部所需数据对应的公共属性和具有简单验证语句的 build 方法，但不再拥有嵌套构造器。

最后，DSL 的入口点必须改为使用构造器的方式，如代码清单 9-10 所示。

代码清单9-10 调整DSL的入口点

```
fun user(init: UserBuilder.() -> Unit) = UserBuilder().apply(init).build()
```

现在，Lambda 表达式的接收者是 UserBuilder。因此，init 函数被 UserBuilder 应用并且需要调用 build 方法。在 init 方法中可以直接初始化公共属性或调用 DSL 函数来构建更为复杂的对象，如 address 对象。

9.2.3 深入嵌套

当前 DSL 允许添加任意数量的 address 代码块，但是每个 address 代码块都会覆盖之前的 address 代码块。所以，一个 user 目前只能拥有一个 address，但是也有可能需要多个 address。可以使用不同的方法来设计 DSL 的这一部分。

- 检查你的 DSL 看 address 函数是否已经被调用并且禁止其他对象调用该函数，以便 user 只能拥有一个 address 以及 DSL 只允许拥有一个 address 代码块。
- 允许多次调用 address 函数并将新的 address 添加到列表中。
- 实现一个专门的 addresses 代码块来包含所有 address。

现在，假设 user 确实可以拥有多个 address，但没有专门的代码块来保存这些 address（第二种可能性）。轻松实现这一目标的一种方法是为 data 类提供一个 address 列表，然后在 address 中构建对象并将构建出来的对象添加到该列表中，如代码清单 9-11 所示。

代码清单9-11 允许多个address

```
data class User(…, val addresses: List<Address>)

class UserBuilder {
  // …
  private val addresses: MutableList<Address> = mutableListOf()

  fun address(init: AddressBuilder.() -> Unit) {
    addresses.add(AddressBuilder().apply(init).build())
  }
```

```
  fun build(): User { … }
}
```

现在可以添加多个 address 代码块，每个 address 代码块都会向 user 对象添加另一个 address。下一步，专用 addresses 代码块应包含所有的地址，如代码清单 9-12 所示。

代码清单9-12　专用address代码块语法

```
user {
  username = "johndoe"
  birthday = LocalDate.of(1984, Month.JANUARY, 1)
  addresses {  // New dedicated addresses block
    address {  // All address blocks must be placed here
      street = "Main Street"
      number = 42
      postCode = "12345"
      city = "New York"
    }
    address {
      street = "Plain Street"
      number = 1
      postCode = "54321"
      city = "York"
    }
  }
}
```

上述代码中，address 只能在 addresses 代码块中创建。要实现这样的附加嵌套需要一个辅助类，其对象由 addresses 代码块构建。代码清单 9-13 添加了一个代表 address 列表的类。

代码清单9-13　实现专用address代码块

```
class UserBuilder {
  // …
  private val addresses: MutableList<Address> = mutableListOf()

  inner class Addresses : ArrayList<Address>() {
    fun address(init: AddressBuilder.() -> Unit) {
      add(AddressBuilder().apply(init).build())
    }
  }

  fun addresses(init: Addresses.() -> Unit) {  // ‘Addresses’ is the receiver now
    addresses.addAll(Addresses().apply(init))
```

```
  }

  fun build(): User {
    val theBirthday = birthday
    if (username.isBlank() || theBirthday == null || addresses.isEmpty()) throw …

    return User(username, theBirthday, addresses)
  }
}
```

这就是想要使代码清单 9-12 中展示的语法能够正常使用所需的全部内容。通常为了能够使用任意深度的嵌套，需要引入适当的辅助类和方法，如本例中的 Addresses 类和 addresses 函数。一旦你熟悉了如何创建这样的 DSL，就可以生成（大部分的）底层代码，因为其结构始终遵循相同的模式。实际上，JetBrains 内部也是使用 React DSL 框架来生成 DSL 的[㊀]。

9.2.4 @DslMarker 注解简介

前文中小型的 DSL 现在基本已经完成，但是任意嵌套和访问外部作用域属性的问题依然存在（参见代码清单 9-6）。为了解决访问外部范围的问题，Kotlin 1.1 引入了 @DslMarker 注释。它是只能用于标记其他注解的元注解，例如代码清单 9-14 中的 @UserDsl 注解。

代码清单9-14　使用DSL注解

```
@DslMarker
annotation class UserDsl
```

现在，只要一个 Lambda 表达式拥有两个隐式接收者（例如，当嵌套深度超过 DSL 中的一个级别时），并且两者都使用 @UserDsl 进行注释，则只能访问最里面的接收者。如果对所有 DSL 类都使用该注解进行标记，则无法在 address 代码块（或 addresses 代码块）中访问 User 属性。它还可以防止将 address 代码块嵌入另一个 address 代码块，因为 address 函数属于外部接收者（UserBuilder）而非最内层的接收者。

但是这种方式能阻止从 DSL 内部的某个地方再次调用 user 函数，因为它只是一个顶级函数并且可以从任意地方访问。而且，这不太可能是开发人员意外犯的错误。如果想阻止这种调用方式，可以通过在 UserBuilder 中添加一个不推荐使用的成员方法来遮盖顶级函数，如代码清单 9-15 所示。

㊀ 来源："在 Kotlin 中创建你自己的 DSL"，Victor Kropp（https://youtu.be/tZIRovCbYM8）。

代码清单9-15 在UserBuilder中防止在入口点进行嵌套调用

```
@Deprecated("Out of scope", ReplaceWith(""), DeprecationLevel.ERROR)
fun user(init: UserBuilder.() -> Unit): Nothing = error("Cannot access user() here.")
```

通过这样的方式，当你尝试调用一个 user 的同时再去调用另一个 user 时，IDE 就会立即显示错误提示并且不会执行代码编译。

注意

即使是第三方扩展函数所使用的类（或者如果它们是用 Java 实现的），你也可以按照相同的过程实现类型安全的构建器 DSL。

对于注解来说有一种非常棘手的情况，那就是无法为第三方类添加注解。不过可以给 Lambda 接收者添加注解：

```
fun user(init: (@UserDsl UserBuilder).() -> Unit)
    = UserBuilder().apply(init).build()
```

想要让上面的注解类型起作用，需要添加相应的注解目标（同样，在编译后不需要保留注解信息）：

```
@DslMarker
@Target(AnnotationTarget.CLASS, AnnotationTarget.TYPE)  // Can be used on types
@Retention(AnnotationRetention.SOURCE)
annotation class UserDsl
```

9.2.5 语言特性

Kotlin DSL 作为嵌入式 DSL，可以利用 Kotlin 的语言特性。例如，你可以自然而然地在 DSL 中使用变量而无须做额外的工作（参见代码清单 9-16）。

代码清单9-16 在DSL中使用变量

```
user {
  // …
  val usercity = "New York"
  addresses {
    address {
      // …
      city = usercity
    }
    address {
      // …
      city = usercity
    }
  }
}
```

你还可以使用条件语句、循环语句以及其他结构语句。这使得 DSL 用户能够避免 DSL 内的代码重复，但这需要具备编程知识。通过使用诸如扩展函数、中缀函数和运算符等其他强大的特性能够使代码更自然地被阅读。例如代码清单 9-17 提供了一种更自然的方式来使用中缀扩展函数编写日期。

代码清单9-17 增强DSL的可读性

```
infix fun Int.January(year: Int) = LocalDate.of(year, Month.JANUARY, this)

user {
  username = "johndoe"
  birthday = 1 January 1984
  // …
}
```

事实上，想要覆盖所有的月份就需要 12 个扩展函数。只要 DSL 用户需要表示多个日期，这样做就是值得的。因为这样可以防止一个潜在的错误：日期和月份是从 0 开始计算还是从 1 开始计算。

通过添加此扩展函数，现在你可以编写如代码清单 9-1 所示的代码了，或者如果你更喜欢该约定，还可以使用专有的 addresses 代码块。因为当前的 DSL 为创建的 Lambda 对象带来了开销，所以仍有改进的余地。你可以通过内联高阶函数来解决此问题（参见代码清单 9-18）。

代码清单9-18 增强DSL的性能

```
@UserDsl
class UserBuilder {
  // …
  val addresses: MutableList<Address> = mutableListOf()

  inner class Addresses : ArrayList<Address>() {
    inline fun address(init: AddressBuilder.() -> Unit) { … }  // Now inlined
  }

  inline fun addresses(init: Addresses.() -> Unit) { … }       // Now inlined
  // …
}

inline fun user(init: UserBuilder.() -> Unit) =                // Now inlined
    UserBuilder().apply(init).build()
```

需要注意的是，为了使 addresses 函数成为内联函数，需要将 addresses 属性设置为公开。否则无法在内联的地方对它进行访问。其他两个高阶函数的内联不需要其他额外工作。现在，与直接使用构建器相比，使用 DSL 没有了性能上的开销。

9.3 DSL 在 Android 布局中的应用——使用 Anko

对于 DSL 来说，将其用于布局是一个非常好的使用场景。由类型安全的构造器 DSL 创建的底层对象是包含布局的根视图，如线性布局或约束布局。使用编程的方式来创建布局相较于 XML 布局来说有以下几个优点。

- DSL 布局具有类型安全和空安全的特点。
- 构建布局比 XML 方式更有效，它可以减少 CPU 运行时间和降低耗电量。
- DSL 布局可以频繁复用，而使用 XML 通常至少需要调整元素 ID。

在本节中，你首先将学习如何以编程的方式创建布局，接着会开始学习使用 Anko 布局，这是 JetBrains 的 Android 实用程序库 Anko[1]的组成部分。为此，本节将介绍如何使用 Anko 来重写 Kudoo 应用程序中的 AddTodoActivity 布局。

9.3.1 在代码中创建布局

在介绍 Anko 之前需要提醒你的一件事是，你可以在不使用任何库的情况下使用代码编程的方式创建布局。代码清单 9-19 为在没有使用 Anko 库的情况下以编程方式实现 AddTodoActivity 布局所需的代码。

代码清单9-19 使用编程方式来创建布局

```
class AddTodoActivity : AppCompatActivity() {
  // …
  override fun onCreate(savedInstanceState: Bundle?) {
    super.onCreate(savedInstanceState)
    setContentView(createView())  // No inflating of an XML layout
    viewModel = getViewModel(TodoViewModel::class)
  }

  private fun createView(): View {
    val linearLayout = LinearLayout(this).apply {  // Sets up the linear layout
      orientation = LinearLayout.VERTICAL
    }
    val etNewTodo = EditText(this).apply {  // Sets up the EditText
      hint = getString(R.string.enter_new_todo)
      textAppearance = android.R.style.TextAppearance_Medium
      layoutParams = ViewGroup.LayoutParams(
          ViewGroup.LayoutParams.MATCH_PARENT,
```

[1] https://github.com/Kotlin/anko。

```
            ViewGroup.LayoutParams.WRAP_CONTENT
        )
      }
      val btnAddTodo = Button(this).apply {  // Sets up the Button
        text = getString(R.string.add_to_do)
        textAppearance = android.R.style.TextAppearance
        layoutParams = LinearLayout.LayoutParams(
            ViewGroup.LayoutParams.WRAP_CONTENT,
            ViewGroup.LayoutParams.WRAP_CONTENT
        ).apply { gravity = Gravity.CENTER_HORIZONTAL }
        setOnClickListener {
          val newTodo = etNewTodo.text.toString()
          launch(DB) { viewModel.add(TodoItem(newTodo)) }
          finish()
        }
      }
      return linearLayout.apply {  // Adds views to the linear layout and returns it
        addView(etNewTodo)
        addView(btnAddTodo)
      }
    }
  }
```

在上述代码中你可以看到，尽管使用 Kotlin 的 apply 函数有助于简化代码，但是创建这样的布局依然非常冗长。而且在这种方式中没有提供对设置布局参数、定义监听器或使用字符串资源来设置文字的支持。幸运的是，你可以通过使用 Anko 来将这一切做得更好。

9.3.2 Anko 依赖

将 Anko 引入 Gradle 工程的第一种方式是使用包含所有 Anko 特性的元依赖项。除了 Anko Layouts 以外还包括 Anko Commons、Anko SQLite 以及其他内容。代码清单 9-20 展示了相应的 Gradle 依赖项。

代码清单9-20 Anko元依赖项

```
def anko_version = "0.10.5"
implementation "org.jetbrains.anko:anko:$anko_version"  // Includes all of Anko
```

你可能并不需要使用 Anko 的全部功能，所以可以使用更小范围的依赖项。对于本节中讨论的 Anko 布局，你只需按照代码清单 9-21 中所示的代码添加即可。

代码清单9-21　Anko布局的依赖项

```
implementation "org.jetbrains.anko:anko-sdk25:$anko_version"
implementation "org.jetbrains.anko:anko-sdk25-coroutines:$anko_version"
```

Anko 为 Android 支持库和协程提供了许多细粒度的依赖项，所有这些依赖项都被列举在其 GitHub 上[⊖]。

9.3.3　使用 Anko 创建布局

Anko 也采用了之前小节中所用到的创建布局的思路，这使得创建布局变得更为容易。例如，仅仅使用几行代码就可以创建一个线性布局，并且该布局包含一个带有监听器的按钮，如代码清单 9-22 所示。

代码清单9-22　简单的Anko布局

```
verticalLayout {
  button {
    text = "Receive reward"
    onClick { toast("So rewarding!") }
  }
}
```

`verticalLayout` 函数是创建具有垂直方向的 `LinearLayout` 布局的一种实用工具。通过嵌套在 Lambda 表达式中的另一个 view 内来自动将其添加到需要包含该布局的 view 中。在上述代码中，button 是线性布局的组成部分。为其设置文本并添加点击监听器就像分配属性和使用 `onClick` 方法一样简单。`toast` 函数也是 Anko 众多实用工具之一，它的工作方法跟自己编写代码实现的工作方式一致。

9.3.4　添加布局参数

诸如 width、height、margin 和 padding 这些属性是通过布局参数设置的，在 Anko 中可以通过使用 `lparams` 来简化书写。将这些属性设置链到 view 声明之后就可以定义该 view 如何在其父布局中展示。例如在代码清单 9-23 中，将 button 设置成与其父布局同宽并在所有方向上为该 button 添加了 margin。

代码清单9-23　使用Anko添加布局参数

```
verticalLayout {
  button { … }.lparams(width = matchParent) {
    margin = dip(5)
  }
}
```

⊖ https://github.com/Kotlin/anko#gradle-based-project。

在上述代码中，lparams 函数被链接到 button 调用之后。在 lparams 中对很多方法进行了重写，其中一个就是允许直接以参数的形式（在括号中）设置布局的 width 和 height 值。这两个值都被默认设置成 wrapContent，这与 XML 方式不同。如果默认值正是你需要使用的，则可以跳过对这两个值的设置。当默认值不适用时，Ando 提供了 matchParent 属性来匹配非默认情况。

可以在 lparams Lambda 表达式中设置 margin 和 padding。与在 XML 中一样，Anko 也为设置 margin 提供了相应的属性：margin（所有方向）、verticalMargin 和 horizontalMargin。设置 padding 的情况也与此类似。dip 函数可以用于设置 dp 值（与密度无关的像素），而 sp 函数可以用来设置字体大小（与比例无关的像素）。

小贴士

通过使用 Android Studio 的 Anko 插件，你可以在 Android Studio 的设计视图中预览 Anko 布局。前提是已经将布局模块化为 Anko 的组件形式：

```
class ExampleComponent : AnkoComponent<MainActivity> {
  override fun createView(ui: AnkoContext<MainActivity>): View = with(ui) {
    verticalLayout {
      button { … }.lparams(width = matchParent) { … }
    }
  }
}
```

不幸的是，预览需要重新构建，因此其反馈周期明显慢于 XML 布局。此外，该方式目前只适用于 Activity 而无法对 Fragment 使用。如果想兼具 XML 和 Anko 的好处，可以先用 XML 创建布局然后将其迁移到 Anko 方式。这个迁移过程非常简单，Anko 甚至还提供了一个 XML 至 Anko 的转换器。该转换器可以在 XML 布局中的“Code”-“Convert to Anko Layouts DSL”菜单下找到。

9.3.5 将 Kudoo 中的 AddTodoActivity 的布局迁移到 Anko 布局

通过重写 Kudoo App 中的部分布局来将之前提到的概念付诸实践。到目前为止所展示的示例已经涵盖了使用 Anko 创建布局所需的绝大部分内容。参照代码清单 9-24 中 AddTodoActivity 类所使用的代码结构就可以构建起基本的布局。

代码清单9-24 使用Anko来实现Activity的布局

```
class AddTodoActivity : AppCompatActivity() {
  // …
  override fun onCreate(savedInstanceState: Bundle?) {
    super.onCreate(savedInstanceState)
    setContentView(createView())  // Still no inflating of an XML layout
```

```
    viewModel = getViewModel(TodoViewModel::class)
  }

  private fun createView() = verticalLayout {  // Sets up vertical linear layout

    val etNewTodo = editText {  // Sets up EditText and adds it to the linear layout
      hintResource = R.string.enter_new_todo
      textAppearance = android.R.style.TextAppearance_Medium
    }.lparams(width = matchParent, height = wrapContent) {
      margin = dip(16)
    }

    button(R.string.add_to_do) {  // Sets up Button and adds it to the linear layout
      textAppearance = android.R.style.TextAppearance
    }.lparams(width = wrapContent, height = wrapContent) {
      gravity = Gravity.CENTER_HORIZONTAL
    }.setOnClickListener {        // Could also use onClick inside button {…} instead
      val newTodo = etNewTodo.text.toString()
      launch(DB) { viewModel.add(TodoItem(newTodo)) }
      finish()
    }
  }
}
```

在上述代码中，布局中通过采用 DSL 方式来很自然地使用变量和赋值。再次体现了嵌入式 DSL 的好处。其次，它使用了 Anko 提供的 `hintResource` 辅助属性来直接分配资源。这样就可以避免调用像 `getString` 这样的方法来读取 Android 资源的值。需要注意的是，在此布局中不需要使用 view 的 ID。当 view 需要在 DSL 外部使用时，可以通过将该 view 赋给外部变量的方式来实现对外提供该 view。

模块化 Anko 布局

代码清单 9-24 中的代码创建了一个布局为 `LinearLayout` 的 view。在该 Activity 的 `onCreate` 方法中可以直接创建并使用该 view 而不必使用 layout inflater。但更好的处理方式是使用 `AnkoComponent` 来将代码模块化，如代码清单 9-25 所示。

代码清单9-25 使用Anko Componet来将Activity布局模块化

```
class AddTodoActivity : AppCompatActivity() {
  // …
  override fun onCreate(savedInstanceState: Bundle?) {
    super.onCreate(savedInstanceState)
    setContentView(AddTodoActivityUi().createView(AnkoContext.create(ctx, this)))
    viewModel = getViewModel(TodoViewModel::class)
  }
```

```
  private inner class AddTodoActivityUi : AnkoComponent<AddTodoActivity> {

    override fun createView(ui: AnkoContext<AddTodoActivity>): View = with(ui) {

      verticalLayout {
        val etNewTodo = editText {
          hintResource = R.string.enter_new_todo
          textAppearance = android.R.style.TextAppearance_Medium
        }.lparams(width = matchParent, height = wrapContent) {
          margin = dip(16)
        }

        button(R.string.add_to_do) {
          textAppearance = android.R.style.TextAppearance
        }.lparams(width = wrapContent, height = wrapContent) {
          gravity = Gravity.CENTER_HORIZONTAL
        }.setOnClickListener {
          val newTodo = etNewTodo.text.toString()
          launch(DB) { viewModel.add(TodoItem(newTodo)) }
          finish()
        }
      }
    }
  }
}
```

9.3.6 增加自定义 view

Anko 为 Android 中所有的 view 都提供了 builder 函数，但是如果你有自定义 view 又该怎么办呢？如何将这些自定义 view 纳入布局 DSL ？幸运的是，Anko 在这方面是可扩展的，因此可以通过扩展函数来创建自定义 view，实现对支持自定义 view 的扩展，并且其语法也很相似。假设有一个自定义的 FrameLayout，如代码清单 9-26 所示。需要确保其 width 和 height 始终相同。

代码清单9-26 自定义FrameLayout

```
import android.content.Context
import android.util.AttributeSet
import android.widget.FrameLayout

class SquareFrameLayout(
    context: Context,
    attributes: AttributeSet? = null,
```

```
    defStyleAttr: Int = 0
) : FrameLayout(context, attributes, defStyleAttr) {

  override fun onMeasure(widthMeasureSpec: Int, heightMeasureSpec: Int) {
    super.onMeasure(widthMeasureSpec, widthMeasureSpec)  // Equal width and height
  }
}
```

通过为Android的ViewManager添加一个负责创建自定义view的扩展函数来将该自定义view纳入Anko布局DSL，如代码清单9-27所示。

代码清单9-27 将自定义布局集成到Anko中

```
import android.view.ViewManager
import org.jetbrains.anko.custom.ankoView

inline fun ViewManager.squareFrameLayout(init: SquareFrameLayout.() -> Unit) =
    ankoView({ SquareFrameLayout(it) }, theme = 0, init = init)
```

正如你所看到的，该函数签名与之前用来构建User DSL所使用的函数签名非常相似。即Lambda表达式参数成为SquareFrameLayout的扩展函数。ankoView方法用来创建view，它有一个可选的参数theme（主题），并且基于传入的Lambda表达式执行之后的初始化工作。它的实现方式与User DSL中的builder方法没有太大区别。它的第一个参数代表一个工厂，这样你就可以告诉它如何在应用init之前构造初始对象。这里仅使用了SquareFrameLayout(it)。你还可以向扩展函数中添加主题参数，并将其传给ankoView以允许用户设置主题。利用这种方式，你可以使用Anko DSL中的squareFrameLayout来构建自定义的视图对象。

9.3.7 比较Anko布局和XML布局

与本节开头列出的XML布局相比，Anko布局有几个优点，特别是在类型安全和提升性能方面，同时还能给手机节省更多电量。但是相较于XML，Ando布局也存在很多缺点。在本节的很多地方这些缺点已经开始显露。在这里将这些缺点梳理如下：

- XML布局在Android Studio设计视图中提供了更快的预览速度，从而加快了反馈周期，这在处理布局时至关重要。
- 自动补全功能在XML中运行得更快，因为搜索范围要小得多。
- 布局自然地与业务逻辑分离。而使用Anko时，需要自行负责将这些内容分离。

最后，哪一种布局方式是项目更好的选择取决于你优先考虑哪些方面。无论如何，我建议你先使用XML布局直到对创建的布局满意为止。然后，你可以评估一下将其迁移到Anko的可能性。

9.4 DSL 在 Gradle 构建脚本中的应用

2016 年，Gradle 宣布推出基于 Kotlin 的 DSL 作为 Groovy 编写构建脚本的替代方案，至此 Gradle Kotlin DSL[一]诞生了。做出这个决定的主要原因是，Kotlin 的静态类型在 Gradle 中可以得到更好的工具支持。从代码完成和导航，到使用所有 Kotlin 语言特性的能力[二]，正是这些内容使你可以更轻松地从头开始编写构建脚本。

Gradle Kotlin DSL 是通常使用的 Groovy 构建脚本的合理替代品，并且有其优点和缺点。它当然不是你现在必须使用的工具（在撰写本书时）。其自身仍然存在很多的问题，而且没有很好的文档化。但它依然值得我们探讨，尤其是在 Kotlin DSL 的背景下。因此在本节中，你将使用 Gradle Kotlin DSL 来重写 Nutrilicious 的构建脚本。

9.4.1 将项目 Nutrilicious 迁移到 Gradle Kotlin DSL

在本节中，你将基于现有的构建脚本逐步将其迁移到 Gradle Kotlin DSL。在这个过程中将揭示 Kotlin DSL 和 Groovy DSL 之间的许多相似之处和不同之处。

注意

在撰写本书时，Android Studio 可能无法立即识别 Gradle Kotlin DSL。在这种情况下，请尝试在 Gradle 视图中刷新所有 Gradle 项目，如果这样做还没有效果，请尝试重新启动 Android Studio。

迁移 Gradle 设置

首先开始迁移 Gradle 设置文件 `settings.gradle`。在 Nutrilicious 应用中，该文件只有一行代码并使用 Groovy 语言进行定义，如代码清单 9-28 中所示。

代码清单9-28 迁移Gradle设置文件（Groovy）

```
include ":app"
```

与 Groovy 语言不同，Kotlin 在方法调用时不允许省略括号，所以该代码相当于 Kotlin DSL 中使用括号的书写方式，如代码清单 9-29 所示。

代码清单9-29 settings.gradle.kts (Kotlin)

```
include(":app")
```

[一] https://github.com/gradle/kotlin-dsl。

[二] https://blog.gradle.org/kotlin-meets-gradle。

你必须将文件重命名为 settings.gradle.kts，以说明正在使用的是 Kotlin 脚本。除此之外不需要任何内容，项目工程就可以构建成功。

迁移根构建脚本

虽然没有 App 模块的构建脚本那么复杂，但根构建脚本引入了 Gradle Kotlin DSL 的几个新概念。

buildscript 代码块

buildscript 代码块定义了 Kotlin 版本的附加内容以及依赖仓库和依赖项。该代码块的 Groovy 代码实现如代码清单 9-30 所示。

代码清单9-30 buildscript代码块（Groovy）

```
buildscript {
  ext.kotlin_version = '1.2.50'  // Extra that stores Kotlin version
  repositories {
    google()
    jcenter()
  }
  dependencies {
    classpath 'com.android.tools.build:gradle:3.1.3'
    classpath "org.jetbrains.kotlin:kotlin-gradle-plugin:$kotlin_version"
  }
}
```

该代码块的实现与代码清单 9-31 中使用 Gradle Kotlin DSL 实现的代码块相似。

代码清单9-31 buildscript代码块（Kotlin）

```
buildscript {
  extra["kotlin_version"] = "1.2.50"
  repositories {
    jcenter()
    google()
  }
  dependencies {
    classpath("com.android.tools.build:gradle:3.1.3")
    classpath("org.jetbrains.kotlin:kotlin-gradle-plugin:${extra["kotlin_version"]}")
  }
}
```

唯一值得注意的区别就是定义扩展时使用了 extra["key"] = value 的方式。因此，在访问时也必须通过 extra["key"] 的方式来访问。此外，在调用 classpath 函数的时候不能省略括号。

allprojects 代码块

allprojects 代码块在两个 DSL 中完全相同，如代码清单 9-32 所示。

代码清单9-32 allprojects代码块（Groovy和Kotlin）

```
allprojects {
    repositories {
        jcenter()
        google()
    }
}
```

删除任务

创建任务的语法略有不同。在 Groovy 中，clean 任务的定义方式如代码清单 9-33 所示。

代码清单9-33 删除任务（Groovy）

```
task clean(type: Delete) {
    delete rootProject.buildDir
}
```

Kotlin 使用高阶函数创建任务。它使用任务类型作为泛型参数，任务名称作为字符串，以及定义任务内容的 Lambda 表达式，参见代码清单 9-34。

代码清单9-34 删除任务（Kotlin）

```
task<Delete>("clean") {
    delete(rootProject.buildDir)
}
```

除了方法调用的语法有所不同，其他内容完全一样。以上就是将根 build.gradle 文件迁移到 Gradle Kotlin DSL 所需的全部内容。要想使其正常工作，请将文件重命名为 build.gradle.kts。Android Studio 将会识别该文件为 Gradle 构建脚本。

迁移模块构建脚本

模块构建脚本的内容要比其他脚本内容多，但大部分迁移工作都很简单。

plugins 代码块

应用插件的语法是完全不同的。Kotlin 不需要在顶层为每个插件编写 apply plugin: 'my-plugin'，而是引入一个插件代码块，如代码清单 9-35 所示。

代码清单9-35 应用插件（Kotlin）

```
plugins {
  id("com.android.application")
  id("kotlin-android")
```

```
  id("kotlin-android-extensions")
  id("kotlin-kapt")
}
```

通过使用 id 函数就可以采用与 Groovy 语言中相同的字符串来标识插件；也可以使用 kotlin 函数，它预先将 org.jetbrains.kotlin 添加到给定的插件中。例如，可以使用 kotlin ("android") 来代替 id ("kotlin-android")。可以通过使用 Gradle 插件搜索[1]来查找 org.jetbrains.kotlin 中所有可用的插件。就个人而言我更喜欢使用 id 函数，它使代码看起来更为整齐。

android 代码块

接下来是 android 代码块。如代码清单 9-36 所示，它在 Kotlin 中的定义方式与使用 Groovy 的定义方式类似。

代码清单9-36　Android设置（Kotlin）

```
android {
  compileSdkVersion(27)
  defaultConfig {
    applicationId = "com.example.nutrilicious"
    minSdkVersion(19)
    targetSdkVersion(27)
    versionCode = 1
    versionName = "1.0"
    testInstrumentationRunner = "android.support.test.runner.AndroidJUnitRunner"
  }
  buildTypes {
    getByName("release") {
      isMinifyEnabled = false
      proguardFiles("proguard-rules.pro")
    }
  }
}
```

并不是总能明确知道哪些属性需要使用属性访问的方式，哪些属性需要使用方法调用的方式。幸运的是，自动补全功能可以帮助你完成这样的工作。对于 SDK 版本来说需要使用方法调用的方式，因为该属性类型本质上为 ApiVersion 类型，并且该方法会帮助你用给定的整数来创建其对象。

访问现有的构建类型需要用到 getByName 函数，而创建新的构建类型需要使用 create("buildtype") { … }。在访问和创建产品多渠道打包时也使用相似的两种方法，

[1] https://plugins.gradle.org/search?term=org.jetbrains.kotlin。

只不过这些方法都放在 productFlavors 代码块中。由于是静态类型，所以可以通过自动补全功能找到这些方法。

dependencies 代码块

在 Gradle Kotlin DSL 中添加依赖项非常简单。这里，我们省略了那些不含有新概念的依赖项，并将重点放在几个不同的依赖项，如代码清单 9-37 所示。

代码清单9-37 添加dependencies代码块（Kotlin）

```
dependencies {
  val kotlin_version: String by rootProject.extra  // Uses extra from root script
  implementation("org.jetbrains.kotlin:kotlin-stdlib-jdk7:$kotlin_version")
  // …
  val moshi_version = "1.6.0"
  implementation("com.squareup.moshi:moshi:$moshi_version")
  kapt("com.squareup.moshi:moshi-kotlin-codegen:$moshi_version")
  // …
  testImplementation("junit:junit:4.12")
  androidTestImplementation("com.android.support.test:runner:1.0.2")
  androidTestImplementation("com.android.support.test.espresso:espresso-core:3.0.2")
}
```

通过使用 rootProject.extra map 作为代理来访问根构建脚本中定义的额外内容（可以使用 map 作为代理，请牢记）。除此之外，只需以用 **val** 代替 **def** 和括号这样的方法调用方式。方法名与 Groovy 实现方式中保持一致，例如 implementation 和 kapt，所以这些方法很容易被找到。

实验特性

脚本中的最后一个代码块启用了还处于实验阶段的特性 Kotlin Android 扩展。不过在撰写本书时，启用实验性的 Android 扩展还无法按预期在 Kotlin DSL 中运行。但是 DSL 允许你随时注入 Groovy 闭包，这意味着你可以通过使用 Groovy 代码来规避这些问题，如代码清单 9-38 所示。

代码清单9-38 使用实验性Android扩展（Kotlin）

```
androidExtensions {
  configure(delegateClosureOf<AndroidExtensionsExtension> {  // Injects Groovy code
    isExperimental = true
  })
}
```

给定的 Lambda 表达式会转换为 Groovy Closure <AndroidExtensionsExtension>，AndroidExtensionsExtension 也是 AndroidExtensions Lambda 的接收者。所以闭包只用于传递参数。当你阅读此内容时，问题可能已经解决，因此我建议你先在不使用

configure 调用的情况下进行尝试。

9.4.2　在 Gradle 中使用 buildSrc

模块化 Gradle 构建的一种途径是使用 Gradle 的 buildSrc 目录。一旦将其添加到项目根目录下，Gradle 就会对其进行编译并将其所有声明添加到构建脚本的类路径中。buildSrc 目录需要放在项目根目录中（紧挨着 App 目录）。它的目录结构与其他模块相同，包含它的 Gradle 构建文件和 buildSrc/src/main/java 目录。在这个 java 目录下新建一个名为 GradleConfig.kt 的文件。该文件中的所有声明都可以在构建脚本中使用，因此可以将所有版本信息和依赖项提取到此文件中，如代码清单 9-39 所示。

代码清单9-39　buildSrc中的Gradle配置

```
private const val kotlinVersion = "1.2.50"
private const val androidGradleVersion = "3.1.3"

private const val supportVersion = "27.1.1"
private const val constraintLayoutVersion = "1.1.0"
// All versions as in build.gradle.kts…

object BuildPlugins {
  val androidGradle = "com.android.tools.build:gradle:$androidGradleVersion"
  val kotlinGradlePlugin = "org.jetbrains.kotlin:kotlin-gradle-plugin:$kotlinVersion"
}

object Android {
  val buildToolsVersion = "27.0.3"
  val minSdkVersion = 19
  val targetSdkVersion = 27
  val compileSdkVersion = 27
  val applicationId = "com.example.nutrilicious"
  val versionCode = 1
  val versionName = "1.0"
}

object Libs {
  val kotlin_std = "org.jetbrains.kotlin:kotlin-stdlib:$kotlinVersion"
  val appcompat = "com.android.support:appcompat-v7:$supportVersion"
  val design = "com.android.support:design:$supportVersion"
  // All dependencies as in build.gradle.kts…
}
```

现在该文件囊括了 App 中所有具体的版本信息和依赖项。要对属性进行范围调整，可以将它们放在相应的对象中。

接下来要在此模块中启用 Kotlin。可以将代码清单 9-40 中的 build.gradle.kts 脚本直接添加到 buildSrc 目录中。

代码清单9-40 buildSrc/build.gradle.kts

```
plugins {
  `kotlin-dsl`  // Uses ticks: ``
}
```

现在就可以在构建脚本中使用 GradleConfig 文件中的所有声明。为了简洁起见，代码清单 9-41 仅展示了部分代码。完整源代码可以在本书配套的 GitHub 仓库[⊖]中找到。

代码清单9-41 使用Gradle配置

```
android {
  // …
  targetSdkVersion(Android.targetSdkVersion)  // Uses the ‘Android’ object
  versionCode = Android.versionCode
  // …
}

dependencies {
  // …
  implementation(Libs.moshi)                   // Uses the ‘Libs’ object
  kapt(Libs.moshi_codegen)
  // …
}
```

BuildPlugins 对象可以在根构建脚本中以相同的方式被使用。需要注意的是，无须导入任何内容就可以在构建脚本中使用 buildSrc 中的声明。

9.4.3 优点和缺点

关于 Gradle Kotlin DSL 的优点之前已经提到过，而且这些优点基于通过静态类实现的工具支持。Android Studio 可以对那些可用的函数进行自动补全，以便完成更进一步的嵌套或对其他属性和方法进行调用。这在编写或扩展构建脚本时尤其有用。

另一方面，在撰写本书时 Android Studio 在迁移到 Gradle Kotlin DSL 时可能无法正确发现 DSL 方法。就像之前提到过的那样，通常可以通过重启 Android Studio 来解决该问题。不幸的是，在撰写本书时，Android Studio 似乎还不能正确地获取 settings.gradle.kts 文件，并且也没有在 Gradle Scripts 下显示它。

⊖ https://github.com/petersommerhoff/kotlin-for-android-app-development。

在使用 Gradle 的 buildSrc 时，目前 Android Studio 必须重新构建才能反映出文件的更新情况和提供正确的自动补全功能。此外，Android Studio 将不再提供依赖项有可用的新版本的提示信息（但有一个 Gradle 插件可以完成此功能[⊖]）。通过使用根构建脚本来存储版本和依赖项信息可以使构建脚本显得更为整洁。

目前，绝大多数问题都涉及 Android Studio，希望在新的版本中能够得到解决。使用 Kotlin 作为单一开发语言可以很方便地处理逻辑和构建脚本。但考虑到当前的工具限制，继续使用 Groovy 是一个合理的选择。

9.5 本章小结

现在，你可以通过组合高阶函数、扩展、中缀函数和其他语言特性来从头创建属于自己的简单 Kotlin DSL。你还了解了如何将这些概念应用到 Anko 的 Android 布局中和使用 Gradle Kotlin DSL 的 Gradle 构建脚本中。二者是目前用于 Android 开发的最流行的 Kotlin DSL，它们都有其各自的优点和缺点，所以在决定使用哪种方式之前需要仔细思考。总之，Kotlin DSL 是一个强大的工具，可以在你的工具箱中占有一席之地，通过使用它可以为构建复杂的对象或配置创建更为清晰的 API。

⊖ https://github.com/ben-manes/gradle-versions-plugin。

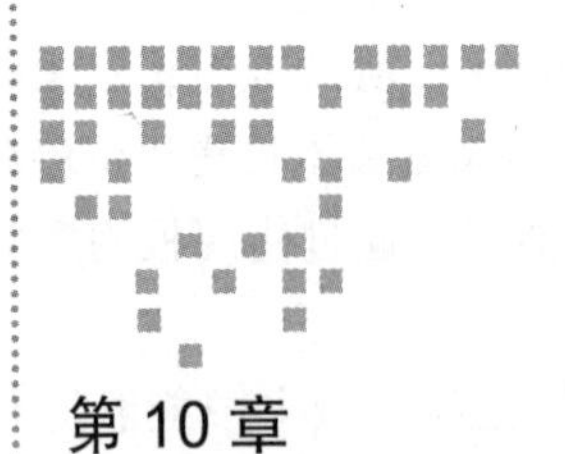

Chapter 10 第10章

迁移到 Kotlin

无法引发你对编程思维进行思考的语言不值得去了解。

——Alan J. Perlis

迁移到一种新的编程语言可能会让人望而生畏。本章给出了一些实践范例，包括一些公司成功完成迁移的实践。但是，由于迁移不仅仅是一个技术问题，本章还涵盖了所涉及的非技术方面，例如沟通、获得支持和需要考虑的风险。

10.1 软件中的移植

更改软件开发过程中涉及的任何工具、技术或方法都不仅仅是一个技术决策，因为它还可能影响到业务关注点，例如部署周期、用户满意度和预估工作量。由于这些原因，迁移需要整个团队和相关责任人的支持。

同样，作为一名技术人员，需要记住的很重要的一点是，从业务角度来看，影响项目成功的因素还有很多。因此，当你向经理推荐一种新的工具如编程语言时，你应该在考虑到构成项目的所有因素的基础上，对过个工具可能产生的影响有一个真实的认识。

风险和收益

每次迁移或者工具的变更都有其固有的风险。这意味着引入变化总是有一定困难的，而触发变化总是需要某种必需的“活化能”。风险存在于技术层面和业务层面。在技术层面，风险包括与工具链或现有技术栈的集成问题，意想不到的障碍，使用之前的工具或技术遗留下来的经验以及知识的转移。在业务层面，风险包括对生产力、团队和用户满意度的负面影响，而且即使在过渡阶段也要遵守截止日期。

如果迁移的影响主要是积极的，那么这些风险中的每一个都可以转换为收益。这些收益包括：增加满意度和动力、减少障碍以更加顺畅地开发、更好地与当前技术栈进行互操作等。根据经验，迁移到一个新的工具或技术可能会在短期内减慢你的开发速度，但这种最初的放缓应该在中长期内得到回报。当然，在迁移过程中可能很难证明其必要性——这也是为什么在尝试迁移到任何新技术或工具之前，得到支持是至关重要的。

注意

思考这些每一条的通用点时，也考虑一下，如果从 Java 迁移到 Kotlin，会有哪些好处和风险点。

通常来说，迁移必须有一个明确的目标——如果采用一项新的技术仅仅因为它正流行，这不算目的。这并不是说采用 Kotlin 没有任何目的——正如你后面会看到的，它有很多好处。而在进行任何迁移之前，都应该提出以下问题。

- 这个工具、技术或方法是否成熟且在实践中被证明是有效的？
- 其他公司在这方面获得成功了吗？
- 它有一个可支持的社区吗？
- 你的团队中是否有专家可以协助？
- 团队是否对使用和学习新工具或技术感兴趣？
- 它能够与当前的技术栈和工具很好地集成吗？

以 Kotlin 为例，它已被证明足够成熟，且可以集成到其他技术栈中，许多公司都成功地做到了这一点。这一点也有助于让 Kotlin 的社区非常活跃。其他问题取决于你的公司和团队，但你也可以去影响他们——你可以成为促成改变的专家，并使你的团队相信 Kotlin 能够激发他们对该语言的兴趣，并想要开始学习。

就 Kotlin 的工具而言，当然还有一些障碍需要克服。例如，编译器插件和静态分析工具对于 Kotlin 这种年轻的语言而言，就不像对 Java 那样丰富。此外，尽管 Gradle 正在积极地推动并支持 Kotlin，但其他构建工具并不对 Kotlin 提供特殊的支持，而且可能无法很好地发挥 Java 中不存在的语言特性。很多三方库都有这个问题，例如 Gson（一个 JSON 映射器）就是一个例子，它不能处理主构造器这样的概念。虽然在使用 Kotlin 时可以使用 Moshi 替换 Gson，但并不是所有的库都有这样一个可以直接替换的对应项。因此评估 Kotlin 的最佳方法是使用技术和工具栈来对其进行测试，以探索可能存在的问题。

10.2　引领改变

实现工具改变是一项需要领导力、沟通能力和最终能够说服别人的任务。尤其是涉及编程语言的更改时，开发人员往往有很强的意见和偏好，因为这是他们最直接的经常使用的工具之一——例如IDE和版本控制系统。因此，如果你的团队不喜欢一门新的语言，采用一门新语言可能是最难的改变之一——或者如果你能让团队对这门新语言感到兴奋，这也会变成最容易的改变之一。本节针对引领改变提供了指导和可操作的技巧。

10.2.1 获得认可

采用一种新的编程语言需要参与其中的每个人的支持——但如何才能做到这一点呢？这很大程度上取决于你想说服谁（技术人员还是业务人员），以及你在什么样的公司工作（初创公司还是大公司）。最终，在获得认可后，开发人员更有可能克服将来迁移过程中出现的障碍。

这里，我将粗略地区分"技术人员"和"业务人员"，并给出解决这两种观点的示例。最重要的是，要在相同背景下构建相同的潜在利益。你可以使用以下事实来吸引他们使用Kotlin。

- **空指针异常更少**：即使完全迁移到Kotlin上，也不能保证空指针完全安全，因为你仍然需要与Android SDK中的Java进行交互，而且很可能存在一些依赖项。但Kotlin仍然有助于减少空指针异常，从业务角度来说，这意味着更少的应用程序崩溃，更多的广告显示，更好的用户留存率等。
- **提交减少，代码审查更快**：Kotlin的代码（可读）量减少，开发人员可以更快地评审代码。此外，如果你在Kotlin中使用的大部分类型都是不可空的，那你在审查代码时考虑空用例的时间就更少，且可以专注于更有趣的方面。从业务角度来看，更快的代码审查意味着更大的生产力和更高的代码质量。
- **将语言特性映射到问题**：了解代码库中的常见问题，并将它们和Kotlin特性相映射，这些特性可以帮助缓解这些问题，这样你就有了Kotlin如何改进代码库的具体示例。2016年，Christina Lee等人用这种方法在Pinterest上介绍了Kotlin[一]。
- **兴奋且积极的开发人员**：指的是调查[二][三]显示Kotlin开发人员喜欢这种语言[四][五]，因此更有动力，也更有效率。
- **删除第三方依赖关系**：如果完全迁移到Kotlin，那么长远来看，像Retrolambda[六]、Butter Knife[七]、Lombok和AutoValue[八]这样的库就不再是必需的了，这也大大减少了方法数量和APK的大小。

[一] https://www.youtube.com/watch?v=mDpnc45WwlI。

[二] https://pusher.com/state-of-kotlin。

[三] https://www.jetbrains.com/research/devecosystem-2018/kotlin/。

[四] https://insights.stackoverflow.com/survey/2018/#technology-most-loved-dreaded-and-wanted-languages。

[五] https://zeroturnaround.com/rebellabs/developer-productivity-report-2017-why-do-you-use-java-tools-you-use/。

[六] https://github.com/luontola/retrolambda。

[七] http://jakewharton.github.io/butterknife/。

[八] https://github.com/google/auto/tree/master/value。

- **官方支持**：最后也是最重要的，Kotlin 是谷歌支持的 Android 上的官方语言。JetBrains 有一个庞大的团队致力于开发这种语言，这意味着它不会很快就消失。从业务角度来看，这意味着它是一个稳定的工具，不太可能在几年内就消失。

这些绝不是 Kotlin 的所有好处。你可以把在本书中学到的知识输出，以准确地描述 Kotlin 的优点和潜在的缺点，然后与其他对 Kotlin 感兴趣的伙伴一起领导改革。有了足够多的团队成员的支持，你就可以把这个想法推荐给其他相关人员，例如，通过编写一个简短文档来推荐 Kotlin 语言——就像 Jake wharton 在 square[1]推荐的一样。

尽管你希望更多地关注 Kotlin 的好处，但也需要管理期望。显然，你应该对该语言有一个准确的描述，并清楚地说明采用该语言会伴随一个学习曲线，该曲线最初会减慢团队的速度，但之后会进行摊销。此外，对于迁移这个决定必须进行彻底的评估；请记住，对于你或者你的公司来说，也许不迁移是更好的选择。

10.2.2　知识分享

在迁移之前和迁移时，共享知识是非常必要的，以便让人们了解技术及其功能。由于这将花费整个团队的时间和精力，所以应该提前计划。而成功分享知识的方法包括：

- **结对编程**：这允许同事之间的及时反馈，并引发关于最佳实践、代码习惯等的讨论。可以将更有经验的 Kotlin 开发人员和初学者配对，这样能够加快知识转移。
- **组织讨论、演讲和研讨会**：这些可以是内部的，也可以是在学习小组中，或者在像 KotlinConf[2]这样的大型会议中。
- **学习小组**：如果你周围还没有学习小组，可以考虑创建一个，向志同道合的开发人员征求意见，向他们学习，他们也可以向你学习。如果已经有学习小组了，这是让你和你的团队接触该语言的理想方法。
- **促进集体讨论**：尤其是在人们熟悉 Kotlin 的时候，解决他们的疑问、想法、问题和观点是非常重要的。且与整个团队讨论并为迁移制定一致的实践、约定和行动计划。
- **记录文档**：在内部 wiki 或者其他易于访问的资源处记录，将最佳实践、好处、风险、影响等所有与迁移相关的内容进行记录。
- **融入社区**：成功迁移的最好办法是向有迁移经验的人学习。幸运的是，Kotlin 社区非常活跃且可以给予开发者很多帮助，所以记得使用它。就我个人而言，我认为 Slack 是进入社区[3]的首要场所。

---

[1] https://docs.google.com/document/d/1ReS3ep-hjxWA8kZi0YqDbEhCqTt29hG8P44aA9W0DM8/。

[2] https://kotlinconf.com/。

[3] https://kotlinlang.org/community/。

10.3 部分或整体迁移

假设你已经成功说服团队采用Kotlin，或者你刚刚决定要迁移你的demo项。那么你需要一个迁移计划。本节主要讨论两种迁移类型——部分迁移和整体迁移的优点和缺点。正如你将看到的，这些结果完全不同。

10.3.1 部分迁移

部分迁移意味着在项目中混合使用Kotlin和Java。即使如此，你还是会获得以下几个好处：

- **减少代码行**：这会影响整个代码库的大小，代码评审和拉代码请求。
- **部署Kotlin的感觉**：显示了Kotlin可以在生产中使用，即显示了其可行性，并建立了信任，Kotlin能够毫无问题地在客户端部署。
- **获得经验**：任何与Kotlin相关的接触，尤其是自己写代码，都会增加知识和积累经验。你迁移得越多，就会变得越熟练。

这些是你已经知道的Kotlin所有好处中最重要的几个。不幸的是，部分迁移和混合语言的多语言代码库是有代价的，你需要知道的重要缺点包括：

- **难以维护**：在代码库中频繁地切换两种语言意味着大量的上下文切换，从而导致认知开销。此外，在Kotlin和Java混合代码的例子中，因为它们很相似，你可能会发现自己经常用另一种语言（语法）编写代码。
- **更难招人**：Kotlin开发人员要比Java开发人员少得多，因此，从业务角度来看，需要意识到要找到精通Kotlin的开发人员非常困难，从而导致项目入门时间增加。
- **构建时间增加**：在项目中混合使用Kotlin和Java将增加编译和构建时间。假设你正在使用Gradle，增量构建时间不会像全量构建那样增加，且Kotlin的构建时间也有了显著的增加。第一个转换的文件影响最大，之后每个Kotlin文件的构建时间都不会再受到显著的影响。图10-1展示了为什么会产生这种影响。主要原因是，只引入一个Kotlin文件需要Kotlin编译器编译它所依赖的所有Java文件，这将花费大量时间。

逐个模块迁移可以减少构建时间的增加，并减少集成点的数量，从而减少上下文切换。正如前面提到的，因为Gradle可以专门处理Kotlin的集成，因此若构建工具不是Gradle，则可能会显著增加构建的时间。

- **互操作性问题**：虽然Kotlin和Java的互操作性很好，但是仍然有一些地方需要注意——这也是为什么本书有一整章都在讨论互操作性。至少，如果你的代码完全使用Kotlin，那么许多互操作性问题都可以避免。
- **难以逆转**：从Java迁移和转换文件到Kotlin很容易，但很难逆转。实际上，如果进行了太多更改，版本控制就变得毫无用处，需要从头重写文件。

图 10-1 混合语言的编译过程。Kotlin 编译器同时使用 Java 和 Kotlin 源文件来正确地链接它们，但只产生 Kotlin 源文件

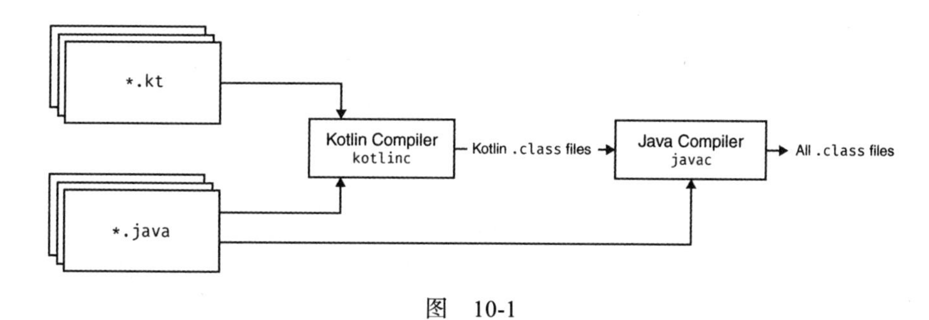

图　10-1

简而言之，在代码库中引入 Kotlin，使用多种语言的代码库可能会带来一些缺点，这些缺点可能会超过其优点。因此，在进行部分迁移（这可能是唯一可行的迁移选项）之前，实际地评估利弊非常重要。在大型项目中，即使你的目标是整体迁移，也可能不得不在很长一段时间内都处理这些问题。在较小的项目中，可以在合理的时间内完成，我建议将重点放在迅速迁移整个代码库上（或者根本不迁移）。

10.3.2　整体迁移

上面提到的关于部分迁移的所有优点也同样适用于整体迁移，同样整体迁移也有一些缺点。

- **仍然很难招到人**，但至少开发人员可以只精通 Kotlin。
- **这种迁移很难逆转**，一旦你在 Kotlin 中引入了足够多的变化，版本控制中的最后一个 Java 版本也是没有用的。
- **没有完全解决互操作问题**，因为至少生成的 k 文件和 BuildConfig 仍需使用 Java，和你使用的其他库的问题类似。

然而，致力于整体迁移带来了巨大的好处。除了列出的部分迁移所带来的所有好处之外，还包括：

- **优化了构建项目所需的时间**，因为开发者的所有模块都只使用 Kotlin，从而可以充分地利用这一点以减少构建耗时。
- **提升系统的可维护性**，因为单一语言的生产和测试代码之间需要更少的上下文切换，这样就减少了互操作性问题的引入，同时也使开发者可以更快地熟悉项目。

总之，既然做出了使用 Kotlin 的决定，那么开发者的目标就应该是整体迁移。对于较小的项目，这一目标可以在相对较短的时间内完成。而对于较大型的项目，由于第三方依赖关系、内部限制或者仅仅是所涉及的工作，导致整体迁移是不可行的。那么在这种情况下，开发者仍然可以遵循下面列出的迁移计划。

无论如何，开发者都应该有一个经过团队认可的统一迁移计划，每个相关人员都应该遵循计划，并且应该尽量趋于理想化的从某个模块中的某个包开始引入 Kotiln，完成一个模块的所有相关包迁移后，再开始下一个模块的迁移工作，以便将构建时间、集成点的数量和上下文切换频率最小化。

10.4 从何处开始

如果你已经决定将项目整体迁移到 Kotlin，那么下一个问题就是“应该从哪里开始呢？”本节将介绍三种把 Kotlin 集成到现有代码库中的方式，并说明每种方式的优缺点。

10.4.1 测试代码

第一种可以选用的方式是从测试用例入手，先尝试使用 Kotlin 编写或迁移测试用例。在撰写本书时，Android 开发者网站[⊖]提出了这一建议，并且也经过了多家公司的验证。由于测试代码相对简单，因此从这里开始迁移至 Kotlin 也是相对平缓的过程，另外，采用这种方式也使迁移回 Java 更加容易。

然而，同时也有很多开发者反对这种方式。现在有两种基本的场景：添加新的测试用例，或者迁移现有的测试用例。在第一个场景中，相当于开发者使用 Kotlin 在为已经完成的功能添加测试，而非测试优先的方式。另外，这种方式只有在测试没有完全覆盖功能时才有效。在另一个场景中，开发者正在将现有的 Java 测试用例迁移到 Kotlin，那么这将带来以下风险：

- **开发者在不知情的情况下，在测试代码中引入了 bug**，从而使相应的功能代码也产生了 bug ——尤其是对于没有太多 Kotlin 经验的开发者而言，这种风险的可能性会相对较大。例如，对于代码清单 10-1 中的细微差别，就很有可能在开发者不知情的情况下引入 bug。

代码清单10-1 细微的差异

```
val person: Person? = getPersonOrNull()

if (person != null) {
  person.getSpouseOrNull()              // Let's say this returns null
} else {
  println("No person found (if/else)") // Not printed
}

person?.let {
  person.getSpouseOrNull()              // Let's say this returns null
} ?: println("No person found (let)")  // Printed (because left-hand side is null)!
```

⊖ https://developer.android.com/kotlin/get-started#kotlin。

- **开发者不需要像重构生产代码那样重构测试用例**。因此，测试代码中的一个复杂错误可能会持续很长时间。
- **测试用例本身并没有被测试，所以基本上是黑箱操作**。大多数的测试代码都比较简单，但如果你确实犯了错误，那么不太可能注意到。
- **在测试代码中，通常不能充分利用 Kotlin 强大的语言特性**，这些特性提供了很多开发过程中的实际的好处。实际上，如果只是使用 Kotlin 来重写 JUnit[⊖]测试，那么并不能得到太多的 Kotlin 语言特性的便利——因为你会使用 Kotlin 编写类似 Java 的代码，这样做根本不会提高代码质量。

总而言之，尽管测试代码作为介绍 Kotlin 的起点非常流行，但我认为以下两种方式更好。

10.4.2 生产代码

在这里，假设你的生产代码已经经过了彻底的测试，所以可以放心地进行更改，且如果在迁移过程中引入了错误，那么其中的一个测试用例就会失败。这样在迁移过程中一旦做错了什么就能够马上发现。除此之外，其他方面的好处如下：

- **你正在实现实际的产品功能**，这不仅更激励人心，而且让你更有信心知道可以将 Kotlin 部署到用户的产品中去。
- **你可以充分利用 Kotlin 的语言特性**，即使是测试代码很少用到的特性，比如密封类、协程和委托属性。你可以直接将 Kotlin 的实现和之前的 Java 实现进行比较，以查看其好处。
- **你可以从非常简单的特性或者功能开始**，这样不太可能出错，然后逐步迁移应用程序中更复杂的部分。
- **你的产品代码会定期重构**，这样即使你确实引入了一个错误或编写了不干净的或不统一的代码，也能很快得到修复。

总之，不要认为从测试代码开始迁移就是最安全的方式。如果开发者的项目中有一个强大的测试插件，那么在这种情况下从测试开始对产品代码进行更改就会相对安全很多，因为开发者可以在引入 bug 时就得到直接的反馈。

如果开发者的项目中还没有一个好的测试插件，那么首先在 Kotlin 中添加新的测试是一个合理的替代方案。尽管没有遵循 TDD，但在这种情况下，添加测试始终比根本不测试要好一些，开发者可以将这些测试与迁移相应的生产代码相结合。

10.4.3 宠物程序

当开发者熟悉了 Kotlin 语言（在学完本书之后，开发者就一定已经掌握了这种语言），

⊖ https://junit.org/。

那么开始编写一个宠物项目（一个较小的demo项目）可能是获得Kotlin经验的最佳方式。在向公司推荐Kotlin之前，开发者应该做一些自己喜欢的项目，以进一步熟悉这门语言。如果其他团队成员对于评估Kotlin也感兴趣，那么这就是一起开发宠物项目的绝佳机会。如果开发者正在考虑是否在项目上使用Kotlin，那么就和团队一起尝试合作宠物项目，该项目将受到采纳数量的影响——理想情况下，使用相同的技术栈可能会提前遇到相同的问题。例如，Kotlin与Lombok的互操作性不尽人意。因此，如果开发者有一个使用Lombok的大型项目，那么就不能轻松地迁移所有使用Lombok的代码，因此就必须提前考虑如何处理这种不兼容性。

这种方式的缺点是耗费时间和精力，在产品开发上会较慢地取得直接进展。但是宠物项目使很多开发者从中受益，在下面列出了其优点，这也是其值得投资的原因。

- **宠物项目提供了一个安全的环境**来比较不同的解决方案和约定，比如在简洁性和可读性之间找到一个适当的平衡点，使用多少函数式编程概念，或者使用标准库可以轻松地解决什么问题。
- **团队中的每个成员都有机会评估Kotlin的优缺点**，并形成讨论与分享。
- **初学者可以在宠物项目中使用结对编程**，从而更快地从有经验的Kotlin开发者那里学习知识，引发讨论。
- **开发者可以收集数据**（理想情况下使用相同的技术栈），以便提前发现潜在问题。或使用Gradle Profiler[一]来度量构建时间。
- **在生产代码中使用Kotlin之前，开发者将会在准备阶段遇到一些问题**。无论是不能使用Spek[二]（一个用于Kotlin的测试框架）运行单独的测试用例，还是Mockito[三]不能顺利地使用Kotlin（MockK[四]是一个不错的替代方案），还是工具的开发趋势有些落后。

在考虑迁移之前，用宠物项目进行Kotlin评估非常有效。它不仅为你提供了研究构建工具集成、第三方库集成和其他集成点的机会，它还允许你开始开发内部库，这些库将常用的用例封装在定义良好的API中，这些在将来的项目中都非常有用。更重要的是，它还提供了评估测试最佳实践和测试基础设施的机会。

一般来说，建议从团队中的宠物项目开始，如果采用Kotlin，则从一个非业务关键型应用程序中简单且经过良好测试的功能开始。

10.4.4 制定计划

前面的小节已经概述了可以作为迁移计划中的一部分的通用实践。这里，我们再次对

[一] https://github.com/gradle/gradle-profiler。

[二] https://spekframework.org/。

[三] https://site.mockito.org/。

[四] http://mockk.io/。

它们进行总结和扩展。

- **从简单且经过全面测试的功能开始**，这样就不太可能在不注意的情况下引入 bug。
- **逐个模块迁移**，并在其中逐个包迁移，以改进构建时间和减少集成点。
- **计划何时迁移测试代码**，并在宠物项目中评估 Kotlin 的测试框架和基础设施。
- **隔离 Kotlin 的 API**，给更高级别的 Java 消费者使用，以避免使用 Kotlin 的标准库或来自 Java 的 API 带来的互操作性问题。
- **用 Kotlin 编写项目中的新功能**，并在 pull request 中强制执行。
- **对每个你接触到的需要迁移的文件**，考虑修复 bug 或者进行重构。
- **留出专门的时间来关注迁移**，尤其在大型项目中，例如，在每个 sprint 中（如果你使用 Scrum）。

这些一般规则有助于指导这个过程。例如，SoundCloud[一]和 Udacity[二]在采用 Kotlin[三] [四]时都遵循了最后三点。与你的团队有一组清晰的达成一致的规则，并根据上述想法制定一个具体的迁移计划。

10.5　工具支持

Java-to-Kotlin 转换器是一个加速迁移的有效工具。本节将介绍如何使用它，在使用之后要做什么、注意什么，以及能够帮助迁移的一些通用技巧。

10.5.1　Java-to-Kotlin 转换器

该转换器绑定在 Kotlin 插件中，因此默认情况下可以在 Android Studio 和 IntelliJ 中访问。它不仅有助于在集成 Kotlin 时快速取得进展，而且通过将生成的代码与原始 Java 代码进行比较，可以帮助初学者掌握 Kotlin 入门的基本知识。

有多种方式可以触发该转换器。第一种，可以在 Android Studio 菜单栏下选择 Code，然后选择 Convert Java File to Kotlin File，以将当前 Java 文件转换为 Kotlin 文件；第二种，无论何时将 Java 文件中的代码粘贴到 Kotlin 文件中，Android Studio 都会自动提示是否需要转换代码；第三种，尽管这个操作名字叫做作 Convert Java File to Kotlin File，但它也可以转换整个包、模块甚至项目，因此，可以右键单击项目视图中的任何目录，从那里选择触发操作，然后递归地转换所有的 Java 文件。

[一] https://soundcloud.com/。

[二] https://udacity.com/。

[三] https://fernandocejas.com/2017/10/20/smooth-your-migration-to-kotlin/。

[四] https://engineering.udacity.com/adopting-kotlin-c12f10fd85d1。

注意

如果没有计划和时间来遍历并重构所有转换后的文件，不要使用转换器自动转换代码库的大片代码。即使可以一次大量转换，仍然建议你逐个转换文件，然后逐个包逐个模块的迁移，以便更好地控制该过程。

10.5.2 调整自动转换的代码

无论你决定怎样使用转换器，你都需要调整大多数转换后的代码，以遵循最佳实践，使用常用模式，且提高可读性。毕竟，自动化工具能做到的也是有限的。下面列出了转换后需要修改的常见清单：

- **尽可能避免不安全的调用操作符（!!）**，在可能的情况下请毫不犹豫地调整代码结构，以避免出现空操作。
- **在适当的地方将 helper 方法移动到文件级别。**
- **避免对 Java 中的所有静态对象过度使用伴生对象**，考虑使用顶级声明，并考虑在顶级变量上使用 `const` 字段。
- **在声明属性的时候就进行初始化**，Android Studio 也建议这样做。
- **决定是否为方法保留 `@Throws` 注解**。回想一下，该方法是否用来输出文档或者为 Java 调用，以决定是否保留 @`Throw` 注解。
- **尽可能地使用函数式编程**，以简写语法，提高可读性。

更高级别的问题包括：

- **哪些方法可以作为扩展函数？**尤其是在转换实体类时，如果你将其中的 helper 方法转换为扩展方法，其他方法也能从中获益。
- **可以使用委托属性吗？**例如，你正在构建一个只在特定条件下才使用的复杂对象，那么可以将其放在 lazy 属性中。
- **可以将更多的变量声明为不可变吗？**重新考虑什么时候才应该使用可变数据和 **`var`** 关键字，以遵循 Kotlin 思想。当然在 Java 代码中也应该思考这个问题。
- **可以使用只读集合吗？**虽然严格来说它们不是不可变的，但比起可变集合，Kotlin 的只读集合优势要更大。而由于 Java 的标准库中只有可变集合，所以转换器将保留它们，并在 Kotlin 中使用 `ArrayList` 之类的类型。
- **中缀表达式或操作符能提高可读性吗？**开发者要谨慎地选择使用它们，尤其是操作符，但如果它们确实适合当前场景，则可以提高调用方的可读性。
- **自定义的 DSL 会对系统的某一部分有帮助吗？**例如，如果有一个复杂的类（无论是你自己的类还是第三方库的类），该类需要经常构建对象，那么类型安全的构建器 DSL 可能更合适。

- **协程会对异步代码有帮助吗**？例如，如果你正在使用许多 AsyncTasks，那么使用协程可以极大地降低复杂性。

并非所有的上述变化都是微不足道的，有些可能需要进行大量的重构。但如果想要写出高质量的代码，这些都是需要考虑的重要因素——毕竟，这就是你希望迁移到 Kotlin 的首要原因。希望这个清单能够帮助你找到一个所有开发人员都认为值得移植的代码库。

> **注意**
>
> 转换任何文件都会导致删除原始的 .java 文件，同时添加一个新的 .kt 文件。因此，在修改 Kotlin 代码时，Java 文件的版本控制历史记录就会变得毫无用处。

10.6　本章小结

本章涵盖了迁移到 Kotlin（或者一个新的工具）所需的技术和非技术方面的介绍。从构建时间和代码库质量方面的影响，到在公司中获得认可和推广采用。本节概括了迁移涉及的主要步骤，然后按照时间顺序进行排列。

- 对 Kotlin 有一个较好的理解——你在本书中已经做到了。
- 自己实现一个宠物项目——在本书的指导下，你已经创建两个小项目，接下来可以在没有步骤指导的情况下，尝试创建一个新项目。此外，如果你已经有一个 Java 的宠物项目，可以尝试将其迁移到 Kotlin。
- 观察公司代码库中的常见问题，并将它们映射到有助于解决这些问题的 Kotlin 特性中。
- 和你的同事聊聊 Kotlin，让他们知道 Kotlin 能做什么，不能做什么。准确描述 Kotlin 的优点和缺点，接受讨论和批评，建立一种学习文化，并从其他团队成员那里得到支持。
- 在公司中推广一份关于 Kotlin 的评估，例如，可以是一份包含特性、优点以及与公司现有技术栈相兼容的文档。
- 如果公司决定采用 Kotlin，请提前决定是否要进行整体迁移，并就迁移计划达成一致。
- 与团队成员一起开发一个宠物项目，并使用与将来最终要迁移项目相同的技术栈，并以此进行评估。
- 将一个经过良好测试的简单特性迁移到 Kotlin，并庆祝一下你们可以将 Kotlin 部署到生产环境中。
- 使用转换器，但需要在自动转换后能够对该代码进行调整。

- 如果你的目标是进行完整的迁移，不要在完成 90% 时停止，即使最后的包和模块迁移难度更大，也需要更大的重构，且有时也可以使用新的特性来替代。记住整体迁移的好处。

上述是迁移到 Kotlin 时的主要步骤的一个总结。请记住，并不是每个开发人员都想切换到新的编程语言，因为它会在技术和业务级别引入风险，且它实际上可能不是你公司的最佳选择。但是，Kotlin 可以极大地提高开发人员的体验、生产力、代码质量，并最终提高产品质量。本章的建议旨在帮助你评估案例中哪些是正确的。

附录 Appendix

更多资源

官方资源

Kotlin 官网参考：https://kotlinlang.org/docs/reference/

这是获取 Kotlin 相关信息的主要资源的文档，写得很好且语言简练，并且包含了 Kotlin 语言的所有方面。

Kotlin in Action：https://www.manning.com/books/kotlin-in-action

本书由来自于 JetBrains 的 Dmitry Jemerov 和 Svetlana Isakova 的 Kotlin 团队的两名成员编写，是关于 Kotlin 语言学习的一个非常好的资源。

Talking Kotlin：http://talkingkotlin.com/

在这篇博客中，JetBrains 的 Hadi Hariri 和 Kotlin 的开发人员谈论了关于 Kotlin 的一切。例如 DSL、第三方库、Groovy 和 Kotlin/Native，每集大约 40 分钟。

Talks from KotlinConf 2017：https://bit.ly/2zSB2fn

这次有史以来的第一次 Kotlin 会议包含了各种经验的高质量会谈，主题包括协程、构建 React 应用程序、互操作、数据科学等。在你阅读本书时，在 YouTube 上还能看到 KotlinConf 2018 的视频（上面的网址是简写的）。

社区

Kotlin Slack Channel：http://slack.kotlinlang.org/

这个官方的 Slack 频道有很多经验丰富的 Kotlin 开发者，无论你是初学者还是高级开发人员，他们都很乐意分享他们的知识并回答你的问题。

Kotlin Weekly Newsletter：http://www.kotlinweekly.net/

这个每周新闻有助于你及时了解关于 Kotlin 的最受欢迎的文章，并不断探索关于 Kotlin 的最新主题以及最佳实践。

全部社区资源：https://kotlinlang.org/community/

Kotlin 官方网站概述了所有的社区资源，你可以参加喜欢的社区并保持更新。

函数式编程

Kotlin Arrow: https://arrow-kt.io/

Arrow 库中包含函数类型和抽象类型，例如 monads、monoids 和 options，以使用 Kotlin 在应用程序中构建纯函数式代码。

Kotlin 领域特定语言（DSL）

Anko: https://github.com/Kotlin/anko

用于 Android 的 Anko 库包含一个 DSL，用于以编程方式创建布局并替换 XML 布局（参阅第 8 章）。

Kotlin Gradle DSL: https://github.com/gradle/kotlin-dsl

Kotlin Gradle DSL 可以使用 Kotlin 替代 Groovy 来编写脚本，且能够启用自动补全、代码导航和其他工具支持（参阅第 8 章）。

Kotlin HTML DSL: https://github.com/Kotlin/kotlinx.html

这个 DSL 允许在 Kotlin 中以类型安全的方式编写 HTML 代码，它是 Kotlin 生态系统中最常用的 DSL 之一，特别是当 Kotlin 和 JS 结合使用时。

迁移到 Kotlin

Christina Lee's talk on migration at Pinterest: https://youtu.be/mDpnc45WwlI

在她的演讲中，Christina Lee 介绍了她在迁移时遇到的困难，并介绍了 Kotlin 在 Pinterest 上的应用。

Jake Wharton's document to pitch at Square Inc: https://docs.google.com/document/d/1ReS3ephjxWA8kZi0YqDbEhCqTt29hG8P44aA9W0DM8/edit?usp=sharing

在该文中，Jake Wharton 总结了使用 Kotlin 的好处，并论证了为什么值得采用 Kotlin 来进行 Android 应用程序的开发。

Adoption at Udacity: https://engineering.udacity.com/adopting-kotlin-c12f10fd85d1

在该文中，Nate Ebel 分享了其团队在迁移到 Kotlin 时的经验，包括遇到的困难、他们使用的技巧以及在迁移过程中所遵循的原则。

测试

Spek: https://spekframework.org/

Spek 是由 JetBrains 开发的规范框架，允许你将测试编写为客户端可读的规范，并避免了在实现测试用例时出现误解。

KotlinTest: https://github.com/kotlintest/kotlintest

KotlinTest 是 Kotlin 的一个测试框架，也是 Spek 和 JUnit 的另一种替代方案，能够支持多种测试风格。

MockK: https://mockk.io/

MockK 是一个专门针对 Kotlin 的能够广泛进行模拟的库，它允许你模拟 final 类型的类，能够模拟 DSL、协程等。

注意

这些只是 Kotlin 可用的一小部分库、框架和资源。可以访问 https://kotlin.link/ 发现更多信息，这里提供了与 Kotlin 相关的所有内容的列表。

术 语 表

访问器（Accessor）：Getter 或 Setter，允许访问属性。

注解（Annotation）：附加到特定代码段（如类或函数）上的元数据。

注解处理器（Annotation processor）：处理来自注解元数据的工具，通常在编译时使用。

API（Application Programming Interface，应用程序接口）：一组定义良好的应用程序开发接口，例如，可重用构建块。

ART（Android Runtime，Android 运行时）：Android 运行时环境，用来将字节码转换为 Android 设备执行的本机指令。

块状代码（Block of code）：参见“代码块”。

阻塞（操作）（Blocking（operation））：阻塞线程执行的操作，如请求锁。

样板代码（Boilerplate）：执行某项特定任务所必需的重复代码，但不会增加代码的实际用途，而且可能影响可理解性。

调用处（Call site）：代码中调用函数的位置。参见“声明”“使用处”。

回调（Callback）：传递给另一个实体以便在适当的时机调用执行的函数。

可更改性（代码的）（Changeability（of code））：代码可以被程序员方便更改的能力。参见“可维护性”。

类（Class）：具有特定数据和功能的类型，可用于创建对象。

代码块（Code block）：（Kotlin 代码中）花括号范围内的代码块。

集合（Collection）：拥有 0 个或多个元素的数据结构，例如 list 和 set。

编译时错误（Compile-time error）：被编译器发现和指出的错误，因此可以在运行时造成崩溃之前被修复。

组合模式（Composite pattern）：允许创建嵌套对象层次结构的设计模式。参见“策略模式”。

组合（Composition）：将一个实体包含在另一个实体中。通常用于将某些特定任务委托给所包含的实体。参见“委托”。

简洁性（代码的）（Conciseness（of code））：代码的文本简洁程度。参见“语法”。

构造函数（Constructor）：允许在类中创建对象的特定函数。参见“类”。

D8：比之前 DX 编译器速度更快的 Android 编译器。

声明（Declaration）：引入一个有意义的新的标识符，例如，某个特定的函数或变量。参见“初始化”。

声明处（Declaration site）：代码中声明标识符的位置。参见“使用处”“调用处”。

委托（Delegation）：使用不同的实体或实现来实现功能。

分发接收器（Dispatch receiver）：含有扩展函数声明的类。

事件处理器（Event handler）：当给定的事件发生时会执行相应的回调，例如按钮点击。请参考“回调”。

表达式（Expression）：具有值的代码段，例如在Kotlin中调用一个函数或访问一个变量。

表达能力（代码的）(Expressiveness（of code）)：代码表达程序员意图和代码功能的能力。

扩展接收者（Extension receiver）：被扩展函数扩展过的类。

文件级声明（File-level declaration）：不用包含在其他声明方式中，可直接在文件中进行声明。Kotlin中不仅允许文件级的类和对象，还允许文件级的变量和方法。

一等公民（First-class citizen）：一种语言结构，它的一些常见操作有：作为值赋给变量，作为参数传递或作为返回值从函数返回。

函数（Function）：一段代码，可以接收输入（作为参数），执行函数体中所定义的操作，可以提供一个输出（作为返回值）。

生成器（Generator）：一种代码结构，可以将值序列中的值一次一个地发出。发出一系列值的代码构造，一次生成一个值。

I/O：输入输出，例如：读写数据库、文件或发出接收网络请求。

不变性（Immutability）：参见“可变性”。

继承（Inheritance）：子类从父类继承数据和功能的能力。

初始化（Initialization）：对变量赋予初始值，通常在声明变量的时候进行。参见“声明”。

JVM（Java Virtual Machine，Java虚拟机）：运行Java字节码的环境，这些Java字节码可以从Kotlin、Java或者其他JVM语言编译而来。JVM从操作系统（OS）中抽象出来，这样程序就可以在任何操作系统上运行。

关键字（Keyword）：具有特殊意义的保留字，例如while、try或null。软关键字可以用作标识符，但硬关键字不行。参见“修饰符”。

可维护性（代码的）(Maintainability（of code）)：代码能够被程序员轻松地更改、改进和扩展的能力。

内存泄漏（Memory leak）：内存无法对程序不再使用的数据进行释放。例如，当有不被使用的数据引用存在就会造成内存泄漏。

方法（Method）：类或对象中的函数（非文件级）。参见“函数”“文件级声明”。

修饰符（Modifier）：在声明中具有特殊意义的保留字。例如open、private和suspend。可在其他上下文中作为标识符。参见“声明”。

可变性（Mutability）：标识符或数据在初始化后可以被更改的能力。

互斥（Mutual exclusion）：将对关键代码段的访问限制为单个并发单元（通常是线程或Kotlin中的协程）。参见共享（可变）状态。

为空性（Nullability）：变量或数据可被赋予空值（null）的能力。

运算符（Operator）：Kotlin中函数调用的简短写法，如+、-、in或%。

可读性（代码的）(Readability（of code）)：代码能够被程序员轻松阅读和理解的能力。

接收者类（扩展函数的）（Receiver class（of an extension function））：参见“扩展接收者”。

重构（Refactoring）：改进代码的内部结构而不改变其外部行为。

可靠性（代码的）(Reliability（of code）)：代码按照预期运行并且没有发生错误的级别。

运行时错误（Runtime error）：仅在运行时发生的错误，可能会导致程序或应用崩溃。参见“编译时错误”。

作用域（Scope）：变量的作用域是代码中变量可见性（可访问性）的一部分。

语义（Semantics）：语言中语法结构的含义（比如 val，表示不可重新赋值的变量申明）。参见“语法”。

共享（可变）状态（Shared（mutable）state）：由多个并发单元（线程或协程）共享的程序状态。如果状态是可变的，可能会导致同步问题。参见“互斥”。

单例（Singleton）：一种设计模式，在程序运行时类只能初始化一个实例。

智能转换（Smart cast）：当类型的约束和代码执行的上下文允许时，Kotlin 编译器会自动强制类型转换。参见“类型转换”。

语句（Statement）：定义了要执行的操作但没有值的代码片段。

静态类型（Static typing）：表达式类型在编译前就已经被定义，仅基于源代码，以支持类型安全。

策略模式（Strategy pattern）：在运行时选择要使用的算法的设计模式。参见“组合模式”。

语法（Syntax）：构成有效程序的文本规则。另请参见“语义”。

顶级声明（Top-level declaration）：参见“文件级别声明”。

类型（Type）：具有共同特征的变量或数据。包括类、实例化的泛型类和函数类型。参见“类”。

类型转换（Type cast）：将某种类型的变量或数据转换为另一种类型。

使用处（Use site）：代码中使用标识符的位置。参见“声明处”“调用处”。